# 仪器分析实训教程

任雪峰　主编

科学出版社

北京

# 内 容 简 介

本书共 14 章，包括仪器分析实训的基本知识、气相色谱法、高效液相色谱法、离子色谱法、电位分析法、电导分析法、电解和库仑分析法、极谱法和伏安法、原子吸收光谱法、原子发射光谱法、紫外吸收光谱法、红外吸收光谱法、荧光分析法、核磁共振波谱法。本书介绍了目前常用的一些仪器分析方法的基本知识、方法原理、仪器组成和应用，并详细介绍了常见主流仪器的操作及使用方法。

本书可作为高等学校化学及相关专业仪器分析实验课程的本科生教材，也可作为厂矿企业、科研单位、从事理化检验和品质监控人员的培训教材或自学教材。

图书在版编目（CIP）数据

仪器分析实训教程／任雪峰主编. —北京：科学出版社，2017.6
ISBN 978-7-03-053462-0

Ⅰ. ①仪… Ⅱ. ①任… Ⅲ. ①仪器分析-教材 Ⅳ. ①O657

中国版本图书馆 CIP 数据核字（2017）第 125771 号

责任编辑：丁 里 / 责任校对：何艳萍
责任印制：徐晓晨 / 封面设计：迷底书装

科 学 出 版 社 出版
北京东黄城根北街 16 号
邮政编码：100717
http://www.sciencep.com

北京教图印刷有限公司 印刷
科学出版社发行 各地新华书店经销
*
2017 年 6 月第 一 版 开本：787×1092 1/16
2017 年 7 月第二次印刷 印张 15 3/4
字数：410 000
**定价：35.00 元**
（如有印装质量问题，我社负责调换）

# 《仪器分析实训教程》编写委员会

**主　编**　任雪峰

**副主编**　宋　海　冯　雷

**编　委**（按姓名汉语拼音排序）

　　　　　冯　雷　韩玉琦　刘晓晴　齐亚娥

　　　　　任雪峰　宋　海　卫阳飞　宗盈晓

# 前　言

　　仪器分析是综合性大学化学类专业的基础课。该课程包含的内容繁多，且多种新的仪器分析方法不断出现，内容更新速度快，各种教材之间也有较大的差异，学生在学习时普遍感到学习难度较大，缺乏合适的教材。本书是河西学院化学实验教学省级示范中心组织编写的化学实验系列教材之一，根据"高等学校基础课实验教学示范中心建设标准"和"普通高等学校本科化学专业规范"中化学实验教学基本内容编写。编者针对仪器分析课程的特点，力求使学生在了解教学基本要求的前提下，通过重点内容回顾、典型仪器操作和综合能力训练，更扎实地掌握并灵活运用课程主要内容。

　　全书共14章：第1章为仪器分析实训的基本要求与实验报告的相关要求、分析试样的准备和分解等仪器分析实验的前期准备内容；第2～14章为实验内容和主流分析仪器的操作及使用方法，包括气相色谱法、高效液相色谱法、离子色谱法、电位分析法、电导分析法、电解和库仑分析法、极谱法和伏安法、原子吸收光谱法、原子发射光谱法、紫外吸收光谱法、红外吸收光谱法、荧光分析法、核磁共振波谱法；常见主流仪器包括1260高效液相色谱仪、9790Ⅱ气相色谱仪、ICS-1600离子色谱仪、CHI 600E电化学工作站、ZEEnit 700P火焰-石墨炉原子吸收光谱仪、Optima 8000等离子体原子发射光谱仪、Nicolet iS50红外光谱仪、F-7000荧光分光光度计、AVANCEⅢ 400MHz核磁共振谱仪等。教材内容具有较广的适用性，且注重体现新技术、新方法，使学生掌握经典的方法的同时，又能加强学生设计实验的能力，以培养学生的创新精神，提高他们的实践能力。

　　本书的指导思想和教学体系是河西学院教师在多年教学改革实践中形成的，是河西学院化学实验教学省级示范中心全体教师长期教学经验的积累，并在历届教学中逐步完善。本书由任雪峰担任主编，宋海、冯雷为副主编。编写人员有任雪峰（第1章、第5～8章和附录）、宋海（第2章、第14章）、卫阳飞（第3、4章）、齐亚娥（第8章实验16，8.4节）、宗盈晓（第9、10章）、冯雷（第11章、第13章）、韩玉琦（第12章），全书由刘晓晴统稿，任雪峰审定。

　　本书的出版得到甘肃省河西走廊特色资源利用重点实验室、河西学院化学实验教学省级示范中心、河西学院硕士点建设工程、河西学院教材立项等项目支持，也得到科学出版社的支持与帮助，编者在此表示衷心的感谢。同时感谢在相关实验讲义使用过程中提出宝贵意见的老师和历届学生。

　　限于编者的学识和经验，书中的疏漏之处在所难免，恳请专家和读者批评指正。

编　者

2017年3月

# 目　　录

前言
第1章　仪器分析实训的基本知识 ……………………………………………………… 1
　1.1　仪器分析实训的基本要求 ……………………………………………………… 1
　1.2　实验报告和实验结果处理 ……………………………………………………… 2
　1.3　分析试样 ………………………………………………………………………… 4
　1.4　特殊器皿的使用 ………………………………………………………………… 13
　1.5　气体钢瓶的使用及注意事项 …………………………………………………… 16
　1.6　常用分析仪器的种类 …………………………………………………………… 20
　1.7　分析仪器的性能参数和分析方法的评价 ……………………………………… 20
　1.8　仪器设备使用守则 ……………………………………………………………… 26
　1.9　实验室安全规则 ………………………………………………………………… 26
第2章　气相色谱法 ……………………………………………………………………… 28
　2.1　基本原理 ………………………………………………………………………… 28
　2.2　气相色谱仪 ……………………………………………………………………… 28
　2.3　实验部分 ………………………………………………………………………… 30
　实验1　气相色谱性能测定及定性分析 …………………………………………… 30
　实验2　空气中苯、甲苯、二甲苯的气相色谱分析 ……………………………… 33
　2.4　9790Ⅱ气相色谱仪操作流程 …………………………………………………… 35
第3章　高效液相色谱法 ………………………………………………………………… 43
　3.1　基本原理 ………………………………………………………………………… 43
　3.2　高效液相色谱系统 ……………………………………………………………… 45
　3.3　实验部分 ………………………………………………………………………… 51
　实验3　高效液相色谱法测定可乐饮料中咖啡因的含量 ………………………… 51
　实验4　高效液相色谱法测定健胃消食片中橙皮苷 ……………………………… 54
　3.4　1260高效液相色谱仪操作流程 ………………………………………………… 57
第4章　离子色谱法 ……………………………………………………………………… 61
　4.1　基本原理 ………………………………………………………………………… 61
　4.2　离子色谱仪 ……………………………………………………………………… 63
　4.3　实验部分 ………………………………………………………………………… 67
　实验5　离子色谱法测定自来水中常见阴离子的含量 …………………………… 67
　实验6　离子色谱法比较不同啤酒中常见阳离子的含量 ………………………… 70
　4.5　ICS-1600离子色谱仪操作规程 ………………………………………………… 74
第5章　电位分析法 ……………………………………………………………………… 78
　5.1　基本原理 ………………………………………………………………………… 78

5.2　电极和测量仪器 ································································································· 79

5.3　实验部分 ·········································································································· 81

实验 7　直接电位法测定水溶液 pH ········································································· 81

实验 8　离子选择性电极法测定牙膏中氟的含量 ····················································· 83

实验 9　电位滴定法测定乙酸的含量 ······································································· 86

5.4　pHS-3C 型酸度计操作规程 ················································································ 88

第 6 章　电导分析法 ······································································································· 94

6.1　基本原理 ·········································································································· 94

6.2　仪器结构与原理 ································································································ 96

6.3　实验部分 ·········································································································· 97

实验 10　水及溶液电导率的测定 ············································································ 97

实验 11　电导滴定法测定食用白醋中乙酸的含量 ···················································· 99

6.4　DDS-11A 型电导率仪操作规程 ········································································· 100

第 7 章　电解和库仑分析法 ···························································································· 102

7.1　基本原理 ········································································································· 102

7.2　仪器结构与原理 ······························································································ 106

7.3　实验部分 ········································································································· 107

实验 12　库仑滴定法测定维生素 C 药片中抗坏血酸的含量 ····································· 107

实验 13　库仑滴定法测定 $Na_2S_2O_3$ 的浓度 ·························································· 109

7.4　KLT-1 型通用库仑仪操作规程 ········································································· 111

第 8 章　极谱法和伏安法 ································································································ 113

8.1　基本原理 ········································································································· 113

8.2　伏安分析仪器的基本组成 ·················································································· 121

8.3　实验部分 ········································································································· 122

实验 14　单扫描极谱法同时测定铅和镉 ································································· 122

实验 15　循环伏安法测定电极反应参数 ································································· 124

实验 16　差分脉冲伏安法测定维生素 C 药片中抗坏血酸的含量 ······························ 126

8.4　CHI600E 电化学工作站操作规程 ······································································· 127

第 9 章　原子吸收光谱法 ································································································ 131

9.1　基本原理 ········································································································· 131

9.2　原子吸收光谱仪 ······························································································ 132

9.3　实验部分 ········································································································· 136

实验 17　火焰原子吸收法测定自来水中钙、镁的含量 ············································ 136

实验 18　原子吸收光谱法测定黄芪中常见金属元素含量 ·········································· 138

9.4　ZEEnit 700P 火焰-石墨炉原子吸收光谱仪操作规程 ············································ 141

第 10 章　原子发射光谱法 ······························································································ 150

10.1　基本原理 ······································································································· 150

10.2　原子发射光谱仪 ······························································································ 152

10.3　实验部分 ······································································································· 154

实验 19 ICP 原子发射光谱法测定水中常见的金属离子含量 ·····························154

实验 20 微波消解 ICP-AES 法测定当地土壤中的常见重金属含量 ·····················156

10.4 Optima 8000 等离子体原子发射光谱仪操作规程 ·······························158

第 11 章 紫外吸收光谱法 ·················································································166

11.1 基本原理 ·············································································································166

11.2 紫外-可见分光光度计 ·······················································································169

11.3 实验部分 ·············································································································170

实验 21 紫外吸收光谱鉴定物质的纯度 ·····································································170

实验 22 紫外分光光度法测定维生素 C 的含量 ·························································173

11.4 U-3900H 紫外-可见分光光度计操作规程 ··························································175

11.5 Lambda 35 紫外-可见分光光度计操作规程 ······················································182

第 12 章 红外吸收光谱法 ·················································································187

12.1 基本原理 ·············································································································187

12.2 红外光谱仪 ·········································································································188

12.3 试样的制备 ·········································································································190

12.4 实验部分 ·············································································································191

实验 23 溴化钾压片法测绘苯甲酸的红外吸收光谱 ·················································191

实验 24 液体试样乙酸乙酯的红外吸收光谱测定 ·····················································192

12.5 Nicolet iS50 红外光谱仪操作规程 ·····································································193

第 13 章 荧光分析法 ·······················································································196

13.1 基本原理 ·············································································································196

13.2 荧光分析仪 ·········································································································198

13.3 实验部分 ·············································································································199

实验 25 荧光光度分析法测定维生素 $B_2$ ·································································199

实验 26 荧光分析法测定邻-羟基苯甲酸和间-羟基苯甲酸 ·······································201

13.4 F-7000 荧光分光光度计操作规程 ·······································································204

第 14 章 核磁共振波谱法 ·················································································211

14.1 基本原理 ·············································································································211

14.2 脉冲傅里叶变换核磁共振谱仪的基本组成 ·······················································213

14.3 实验部分 ·············································································································215

实验 27 $^1$H 核磁共振波谱法测定有机化合物的结构 ··············································215

14.4 AVANCE III 400MHz 核磁共振谱仪操作流程 ··················································218

参考文献 ···························································································································224

附录 ·································································································································225

附录 1 一些基本物理常量 ···················································································225

附录 2 气相色谱常用固定液 ···············································································226

附录 3 气相色谱相对质量校正因子($f$) ······························································227

附录 4 高效液相色谱固定相与应用 ·····································································229

附录 5 高效液相色谱法常用流动相的性质 ···························································230

附录 6　部分离子选择性电极的特性 ……………………………………………… 231

附录 7　KCl 溶液的电导率 ………………………………………………………… 232

附录 8　无限稀释时常见离子的摩尔电导率(25℃) ……………………………… 233

附录 9　常见火焰类型及最高温度 ………………………………………………… 233

附录 10　常见待测元素标准溶液的制备方法 …………………………………… 234

附录 11　紫外光谱吸收特征及计算 ……………………………………………… 236

附录 12　有机化合物的键能(kJ · mol$^{-1}$) ……………………………………… 239

附录 13　基团振动与波数的关系 ………………………………………………… 239

附录 14　荧光物质的波长 ………………………………………………………… 241

# 第1章 仪器分析实训的基本知识

## 1.1 仪器分析实训的基本要求

### 1.1.1 仪器分析实训的教学目的

仪器分析作为获得有关物质结构、组成，甚至微观上时间或空间分布状态等方面信息的主要手段，已经成为高等学校中许多专业的重要课程之一。仪器分析的一些基本原理和实验技术已成为化学工作所必须掌握的基础技能。要想学好仪器分析这门课程，必须认真做好仪器分析实训。

通过仪器分析实训的系统学习，要求学生达到以下目的：

(1)理解并掌握必要的仪器分析实训基础知识、基本概念及基本理论。

(2)了解常用分析仪器的分析原理，掌握仪器的特点和应用范围。

(3)学会典型仪器的使用和维护，掌握其基本操作和主要参数的选择、设定，了解其常见故障的判断和处理。

(4)培养对实验中所产生的各种误差的分析与判断能力，掌握实验数据的正确处理方法与各类图谱的解析方法。

(5)提高学生独立思考、分析问题和解决问题的能力，为未来的科学研究及实际工作打下良好的基础。

### 1.1.2 仪器分析实训的教学要求

仪器分析实验大多会使用一些精密仪器，这些精密仪器都有严格的操作规范，为了保证良好的学习和工作环境，必须遵守以下要求：

(1)实验之前必须做好预习工作，认真阅读实验教材，明确实验的目的要求、基本原理、实验方法与步骤，未预习者不得进行实验。

(2)对初次接触的仪器，尤其是大型分析仪器，应服从教师的指导，未经允许不得擅自开启仪器，以防仪器损坏。

(3)认真听教师讲解实验及注意事项，明确操作顺序及操作过程中的注意事项，实验时必须严守操作规程，保证实验操作正确无误。

(4)实验过程中应保持实验场所安静、整洁，遵守实验室安全规则，本着节约的原则，不得浪费水、气、电及实验药品等耗材。

(5)实验中发现异常情况，应及时报告教师或工作人员，以便及时处理，不得擅自排除故障。

(6)实验结束后，使用操作软件在线分析并保存测定结果，按要求及时处理实验数据，如发现测定数据与理论不符，应尊重实验事实，并认真分析和检查原因。

(7)仪器使用完毕，应将所用仪器复原，对于实验中使用过的玻璃仪器及时清洗干净，使用过的工具、药品、试剂等清理后按要求存放，废液、废渣、废物统一回收到指定场所，认真填写仪器使用记录。

(8)实验完成后按要求及时写出实验报告，不得抄袭他人实验成果，一经发现，该次实验成绩为零。

(9)打扫实验室内卫生，在征得教师同意后方可按要求关闭水、气、电，检查合格后才可离开实验室。

### 1.1.3　仪器分析实训的操作规则

#### 1. 预习

实训前应认真预习，写好预习报告，预习报告要简明扼要，不可一味抄写实验教材。因实验中涉及的精密仪器大多较为昂贵，且有严格的操作规程，对于初次接触的实验仪器，在实验前务必认真阅读教材中相关仪器的操作规程、分析方法及工作的基本原理，保证实验操作的规范化。

#### 2. 听讲

认真听教师讲解实验内容，积极回答教师提问，仔细观察教师示范操作，明确实验操作顺序及操作过程中的注意事项，注重培养规范操作的实验习惯。

#### 3. 实验

实验中要保持安静，严格按照操作规范进行实验，认真观察实验现象，注意记录实验数据，实验中如果发现仪器不正常应及时报告教师，不得随意自行处理。

#### 4. 安全

为了预防事故的发生，保证实验正常进行，实验者必须严格遵守实验室安全规则，熟悉并掌握一般安全事故的处理方法。

## 1.2　实验报告和实验结果处理

### 1.2.1　评价分析方法和分析结果的基本指标

分析方法及分析结果的评价对于化学分析研究工作的建立、选择和应用都很重要，其评价指标一般有以下几种。

#### 1. 准确度

准确度(accuracy)是表示在一定测定精密度条件下多次测定平均值与真实值之间的符合程度，其优劣取决于系统误差，常用绝对误差或相对误差表示。

#### 2. 精密度

精密度(precision)表示用同一分析方法对样品多次测定结果的离散程度。它反映了分析方法或测量系统存在的随机误差的大小，体现了测定结果的再现性。平行测定结果越接近，分析结果的精密度越高。

### 3. 线性范围、检出限及测定限

线性范围(linear range)：对于不同浓度 $X$ 和相应信号值 $Y$，经一元线性回归处理所得到的校正曲线(或标准曲线)具有良好线性关系所包含的范围值。当线性关系良好时，其回归方程对应的相关系数 $R$ 将趋近绝对值 1。

检出限(detection limit)：指适当置信度内被检出组分的最小量或最小浓度。检出限除与分析中所用试剂和水的空白有关外，还与仪器的稳定性及噪声水平有关。

测定限：指定量范围的两端，分为测定上限和测定下限。在测定误差能满足预定要求的前提下，用特定方法能准确地定量测定待测物质的最小浓度或量(最大浓度或量)称为该方法的测定下限(测定上限)。

### 4. 灵敏度

灵敏度(sensitivity)指某种方法对单位浓度或单位量待测物质变化所导致的响应量变化程度，它可以用仪器的响应量或其他指示量与对应的待测物质的浓度或量之比来描述。

一个好的分析方法应具有良好的检测能力，可获得可靠的测定结果，且具有广泛的适用性和操作的简便性。其检测能力用检出限表示，测定结果的可靠性用准确度和精密度表示，应根据具体情况选择适合实验的评价指标。

## 1.2.2　实验报告

实验完成后应按要求及时写出实验报告，不得抄袭他人实验成果。实验报告应包括以下项目：实验名称、实验目的、实验原理(简单地用文字、化学反应式、计算式说明)、主要试剂和仪器、实验步骤(流程图)或仿真步骤、实验数据及其处理(对于仿真实验需要实验截图)、问题讨论等。

写实验报告时要忠于原始记录，测定数据如与理论不符时应认真分析和检查原因，不得涂改数据。报告中所列实验数据要符合有效数字的表示方式，各种数据与结论表达要简明正确、符合逻辑、有条理性，还要附上应有的原始资料与图表(原始资料应附在本次实验主要操作者的实验报告上，同组的合作者要复制原始资料)。对实验结果的分析与讨论是实验报告的重要部分，其内容虽无固定模式，但一般涉及对实验原理的进一步深化理解，做好实验的关键，失败的教训及自己的体会，实验现象的分析和解释，结果的误差分析及对该实验的改进意见等各个方面，以上内容学生可就其中体会较深者讨论一项或几项。如果本次实验失败了，应找出失败的原因及以后实验应注意的事项，不要简单地复述教材上的理论而缺乏自己主动思考的内容。总之，要对实验结果进行客观的评价，然后综合各种实验因素提出更加切实可行的实验方案。

## 1.2.3　实验数据及分析结果的表达

仪器分析实验会得到许多实验数据，需要对数据处理后才能表达实验的最终结果。获得数据后，应以简明的方式表达出来，通过对数据的整理、计算、分析、拟合等，从中获得实验结果或验证相应的规律。实验数据及分析结果的表达一般有以下几种方法：

（1）文字叙述。根据实验目的将原始资料系统化、条理化，用准确的专业术语客观地描述实验现象和结果，要有时间顺序以及各项指标在时间上的关系。

（2）列表法。将实验数据按一定规律用列表方式表达出来是记录和处理实验数据最常用的方法。实验前要根据实验内容设计合理的表格，记录的数据应符合有效数字的规定，以便更好地比较分析数据。

（3）作图法。在坐标纸上用图线表示物理量之间的关系，揭示物理量之间的联系。作图法能简明、直观、形象地表达数据之间的关系，便于更好地比较研究实验结果。

（4）曲线法。应用记录仪器描出曲线图，图中指标的变化趋势更形象生动、直观明了，通过对曲线的分析可以获得物质结构、组成等重要信息。

与其他化学实验相比，仪器分析实验的数据和信息量大得多。对于自带适合自身实验数据处理的软件的分析仪器，在实验结束后，要及时使用操作软件在线分析并保存测定结果；对于没有处理软件的实验，要注意利用熟悉的软件处理数据，如 Microsoft Excel、Origin、Chemdraw、SigmaPlot 等，这些软件可以针对原始数据，利用公式、函数、图表之间的关系进行数据的传递、链接、编辑等操作，从而实现对原始数据的综合处理。

## 1.3　分　析　试　样

### 1.3.1　分析试样的准备

送到实验室分析的试样，对一整批物料应具有代表性。在制备分析试样的过程中，不使其失去足够的代表性，与分析结果的准确性同等重要。下面介绍各种类型试样的采取方法。

1. 气体试样的采取

（1）常压下取样：用一般吸气装置，如吸筒、抽气泵，使盛气瓶产生真空，自由吸入气体试样。

（2）气体压力高于常压取样：可用球胆、盛气瓶直接盛取试样。

（3）气体压力低于常压取样：先将取样器抽成真空，再用取样管接通进行取样。

2. 液体试样的采取

（1）装在大容器中的液体试样的采取：采用搅拌器搅拌或用无油污、水等杂质的空气深入容器底部充分搅拌，然后用直径约 1cm、长 80～100cm 的玻璃管，在容器的不同深度和不同部位取样，经混匀后供分析。

（2）密封式容器的采样：先弃去前面放出的一部分，再接取供分析的试样。

（3）几个小容器分装的液体试样的采取：先分别将各容器中试样混匀，然后按该产品规定取样量，从各容器中取近等量的试样于一个试样瓶中，混匀供分析。

（4）炉水按密封式容器的采样方法取样。

（5）管中样品的采取：应先放去管内净水，取一根橡皮管，其一端套在水管上，另一端伸入取样瓶底部，在瓶中装满水后，让其溢出瓶口少许即可。

（6）河、池等水源中采样：在尽可能背阴的地方，离水面 0.5cm 深度，离岸 1～2m 采取。

3. 固体试样的采取

(1)粉状或松散试样(如精矿、石英砂等)的采取：其组成较均匀，可用碳料钻插入包内钻取。

(2)金属锭块或制件试样的采取：一般可用钻、刨、切削、击碎等方法，按锭块或制件的采样规定采取试样。如无明确规定，则从锭块或制件的纵横各部位采取。如送检单位有特殊要求，可协商采取。

(3)大块物料试样(如矿石、焦炭、块煤等)的采取：这种物料不但组分不均匀，而且其大小相差很大。所以，采样时应以适当的间距，从不同部位采取小样，原始试样一般按全部物料的万分之三至千分之一采集小样。对极不均匀的物料，有时取五百分之一，取样深度为 0.3～0.5m。固体试样加工的一般程序如图 1-1 所示。

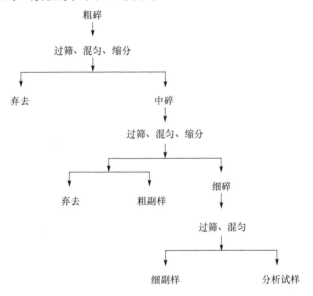

图 1-1 固体试样加工程序

实际上不可能把全部试样都加工为分析试样，因此在处理过程中要不断进行缩分。具有足够代表性的试样的最低可靠质量，按照切乔特(Qegott)公式进行计算：

$$Q=kd^2$$

式中，$Q$ 为试样的最低可靠质量，kg；$k$ 为根据物料特性确定的缩分系数；$d$ 为试样中最大颗粒的直径，mm。

试样的最大颗粒直径($d$)，以粉碎后试样能全部通过的孔径最小的筛号孔径为准。

根据试样的颗粒大小和缩分系数，可以从手册上查到试样最低可靠质量($Q$)，最后将试样研细到符合分析试样的要求。

缩分采用四分法，即将试样混匀后堆成锥状，然后略微压平，通过中心分成四等份，弃去任意对角的两份。由于试样不同粒度、不同密度的颗粒大体上分布均匀，留下试样的量是原样的一半，仍然代表原样的成分。

缩分的次数不是任意的。每次缩分时，试样的粒度与保留试样之间都应符合切乔特公式，否则就应进一步破碎。如此反复经过多次破碎缩分，直到试样的质量减至供分析用的标准，然后放入玛瑙研钵中磨到规定的细度。根据试样的分解难易，一般要求试样通过 100～200 号筛，这在生产单位均有具体规定。

我国现用分样筛的筛号和孔径大小如表 1-1 所示。

**表 1-1 分样筛的筛号（目数）和孔径**

| 筛号 | 3 | 5 | 10 | 20 | 40 | 60 | 80 | 100 | 120 | 200 |
|---|---|---|---|---|---|---|---|---|---|---|
| 孔径/mm | 5.72 | 4.00 | 2.00 | 0.84 | 0.42 | 0.25 | 0.177 | 0.149 | 0.125 | 0.074 |

### 4. 特殊试样的处理方法

有些试样本身性质不够稳定，或受环境的影响其组成容易发生变化。对于这类特殊试样，在采样后需进行一定的后处理，以保持待测组分含量不变。

1）水样

对于一般水样，采样和分析的时间间隔越短，分析结果越可靠。对于某些物理性质和组分的测定，以进行现场分析为宜，因为在放置期间试样性质可能发生变化。一般认为，各种水样允许的放置时间为：清洁水，72h；轻度污染水，48h；严重污染水，12h。

水样如不能及时分析，则针对不同的被测组分，应加入不同的保护剂或建立不同的保存条件进行保存，以防止在保存时间内，组分由于挥发、吸附、细菌分解等因素而发生变化。例如，在测定水样中的金属含量时，加入适量的硝酸可防止金属离子沉淀或被容器壁所吸附；测定水样中的油脂、化学需氧量（COD）时，加入硫酸可抑制细菌的分解作用；在测定水样中氰化物、硫化物时，加入氢氧化钠可阻止这类物质的挥发损失或细菌的分解作用；对于有机物、生化需氧量（BOD）、色度等项目测定，冷藏保存（4℃）可减慢反应速率，有利于待测物质的保存；有时还可采用加配合剂、防腐剂及暗处储藏等手段来保存水样。

2）气样

气样采集后，一般要求立即分析，但有些项目由于受条件的限制不能立即进行，可以放入冰箱（4℃下）中保存。

近年来，用固体吸附剂富集采样的方法逐渐增加。把大气中的被测组分吸附富集在采样管中，密封管口，则可在相当长的时间内使有关成分保持不变。例如，用活性炭管采集空气中的苯蒸气，采样后的富集管密封放置两个多月，其含量稳定不变。

3）土样、生物样

土样和生物样在放置过程中，往往会发生氧化、生菌、霉变等作用。通常需要根据它们的作用不同，备选一种或几种方法进行保护。例如，需测定土壤中金属元素的不同形态和价态时，必须控制其氧化作用，一般可采用低温（4℃）或在氮气气氛中保存的方法。又如，为了防止细菌的侵蚀，土样可用紫外线或γ射线灭菌，生物样可加入防腐剂（苯甲酸钠、氯化汞等）；酶可使生物样中的金属形态发生变化或使有机物和农药发生降解，采用冷冻干燥的方式可抑制酶的作用。

### 5. 试样的保存

采集的样品保存时间越短，分析结果越可靠。能够在现场进行测定的项目，应在现场完成分析，以免在样品的运送过程中，待测组分由于挥发、分解和被污染等而损失。若样品必须保存，则应根据样品的物理性质、化学性质和分析要求，采取合适的方法保存样品。采用低温、冷冻、真空、冷冻真空干燥，加稳定剂、防腐剂和保存剂，通过化学反应使不稳定成分转化为稳定成分等措施，可延长保存期。普通玻璃瓶、棕色玻璃瓶、石英试剂瓶、聚乙烯瓶、袋或桶等常用于保存样品。

### 1.3.2 试样的分解

分解试样的目的是把固体试样转变为溶液，或将组成复杂的试样处理为组成简单、便于分离和测定的形式。因此，选择合适的分解方法对于拟订准确而又快速的分析方法显得十分重要。

衡量一个分解方法是否合适，可从以下几方面加以考虑：

(1)所选用的试剂和分解条件应使试样中的被测组分全部进入溶液。

(2)所选用的试剂应不干扰以后的测定步骤，也不可引入待测组分。

(3)不能使待测组分在分解过程中有所损失。例如，在测定钢铁中的磷时，不能单独用盐酸或硫酸分解试样，而应当用盐酸+硫酸或硫酸+硝酸的混合酸，避免部分磷生成挥发性的磷化氢($PH_3$)而损失。测定硅酸盐中硅($Si$)的含量时，不能用氢氟酸溶解样品，以免生成挥发性的四氟化硅($SiF_4$)而影响测定。

(4)如有可能，试样的分解过程最好能与干扰组分的分离结合起来，以便简化分析步骤。例如，在测定矿石中铬的含量时，用 $Na_2O_2$ 熔融，熔块用水浸出，这时铬被氧化成铬酸根离子进入溶液，而试样中铁、锰等元素则形成氢氧化物沉淀，从而达到分离的目的。

常见的分解方法有溶解法、熔融法(又称烧结法)等。

#### 1. 溶解法

溶解法溶解过程比较简单、快速，因此分解试样尽量采用此法。常见的方法有如下几种。

1)酸溶解法

用酸作为溶解试剂，除利用酸的氢离子效应外，不同酸还具有不同的作用，如氧化还原作用、配合作用等。

由于酸易于提纯，过量的酸(磷酸、硫酸除外)又易于去除，溶解过程操作简单，且不会引入除氢离子以外的阳离子，故在分解试样时尽可能用酸溶解法。该法的不足之处是对有些矿物的分解能力较差，对某些元素可能会引起挥发损失。常用的酸溶剂有下列几种。

(1)盐酸：最高沸点 108℃，强酸性。比氢活泼的金属，如铁、铝、镍、锌等，普通钢，高铬钢，多数金属氧化物等均易溶于盐酸，且大多数金属(银、铅、亚汞除外)的氯化物易溶于水。

盐酸具有弱还原性，故为软锰矿($MnO_2$)、赤铁矿($Fe_2O_3$)的良好溶剂。为了提高盐酸的溶解能力，有时采用盐酸与其他酸或氧化剂、还原剂的混合溶剂。

高温下许多氯化物具有挥发性，如氯化铋、氯化硼、氯化碲、氯化砷、氯化锡等。分解时应注意这一点。

(2)硝酸：最高沸点 121℃，强酸性，浓酸又有强氧化性，能使铁、铝、铬、钛等金属表面钝化而不被溶解。几乎所有的硝酸盐均易溶于水，硫化物(除锑、锡、钨外)均溶于硝酸。如果试样中的有机物质干扰测定，加入浓硝酸并加热可使之氧化去除。但是用硝酸溶解试样后，生成的氮氧化物往往会干扰后面的测定，需煮沸溶液将它们去除。

(3) 硫酸: 最高沸点 338℃, 强酸性, 热的浓硫酸是强氧化剂, 并有强脱水能力。硫酸可溶解铁、钴、镍、钾等金属及其合金和铝、锰、铀矿石。加热至冒 $SO_3$ 白烟, 可除去除磷酸外的其他低沸点酸和挥发性组分。

(4) 磷酸: 最高沸点 213℃, 强酸性, 并有一定的配位能力, 热的浓磷酸能分解很难溶的铬铁矿、金红石、钛铁矿等, 尤其适用于钢铁试样的分解。

(5) 高氯酸: 最高沸点 203℃ (含 $HClO_4$ 72%), 为已知酸中最强的酸。热的浓高氯酸是最强的氧化剂和脱水剂, 能将组分氧化成高价态, 如能把铬氧化成 $Cr_2O_7^{2-}$, 钒氧化成 $VO_3^-$, 硫氧化成 $SO_4^{2-}$ 等。几乎所有的高氯酸盐都溶于水。

浓、热的高氯酸与有机物反应容易发生爆炸, 所以当试样含有机物时, 应先用高温灼烧或加热浓硝酸破坏有机物后, 再用高氯酸溶解。高氯酸的蒸气会在通风橱和烟道中凝聚, 故需定期用水冲洗通风橱和烟道。

(6) 氢氟酸: 最高沸点 120℃, 对硅、铝、铁具有很强的配合能力, 主要用于分解硅酸盐, 分解时生成挥发性 $SiF_4$:

$$SiO_2 + 4HF \longrightarrow SiF_4\uparrow + 2H_2O$$

在分解硅酸盐及含硅化合物时, 氢氟酸常与硫酸混合使用。分解应在铂皿或聚四氟乙烯器皿中进行 (<250℃), 也可在高压聚乙烯、聚丙烯器皿中进行 (<135℃)。

氢氟酸对人体有毒性, 对皮肤有腐蚀性, 使用时应注意勿与皮肤接触, 以免灼伤。

(7) 混合溶剂: 在实际工作中常使用混合溶剂。混合溶剂具有新的、更强的溶解能力。常用的混合溶剂有混合酸 (王水、硫酸+磷酸、硫酸+氢氟酸), 酸+氧化剂 (浓硝酸+过氧化氢、浓盐酸+氯酸钾、浓硫酸+高氯酸等) 和酸+还原剂 (浓盐酸+氯化亚锡) 等。

2) 碱溶解法

碱溶解法的实例有: 20%～30%氢氧化钠溶液用于分解铝及铝合金、锌及锌合金, 某些金属氧化物 (如三氧化钨、三氧化钼) 等; 用氨水溶解三氧化钨、三氧化钼、氧化银等; 在测定土样中有效氮、磷、钾时, 可用稀的碳酸氢钠溶液溶解试样。

有关溶解法中所用的溶剂及其适用的对象可参阅表 1-2。

### 表 1-2 溶解法分解试样

| 溶剂 | 适用对象 | 附注 |
| --- | --- | --- |
| 一、单一溶剂 | | |
| 水 | 碱金属盐类, 铵盐, 无机硝酸盐及大多数碱土金属盐, 无机卤化物等 | 溶液若浑浊时加少量酸 |
| 稀盐酸 | 铍、钴、镍、铬、铁等金属, 铝合金, 铍合金, 硅铁, 含钴、镍的钢, 含硼试样, 碱金属为主成分的矿物, 碱土金属为主成分的矿物 (菱苦土矿、白云石)、菱铁矿 | 还原性溶解, 天然氧化物不溶, 试样中挥发性物质需注意 |
| 浓盐酸 | 二氧化锰, 二氧化铅, 锑合金, 锡合金, 橄榄石, 含锑铅矿, 沸石, 低硅含量硅酸盐及碱性炉渣 | |
| 稀硝酸 | 金属铀, 银合金, 镉合金, 铝合金, 汞齐, 铜合金, 含铅矿石 | |
| 浓硝酸 | 汞, 硒, 硫化物, 砷化物, 碲化物, 铋合金, 钴合金, 镍合金, 钒合金, 锌合金, 银合金, 铋、镉、铜、铝、锡、镍、钼等硫化物矿物 | 氧化性溶解, 注意发生钝化 |
| 发烟硝酸 | 砷化物、硫化物矿物 | |
| 稀硫酸 | 铍及其氧化物, 铬及铬钢, 镍铁, 铝、镁、锌等非铁合金 | |

续表

| 溶剂 | 适用对象 | 附注 |
|---|---|---|
| **一、单一溶剂** | | |
| 浓硫酸 | 砷、钼、铂、铼、锑等金属，砷合金，锑合金，含稀土元素的矿物 | |
| 磷酸 | 锰铁、铬铁、高钨、高铬合金钢，锰矿，独居石，钛铁矿 | |
| 氢氟酸 | 铌、钽、钛、锆金属，氧化铌，锆合金，硅铁，石英岩，硅酸盐 | 需要铂皿或聚四氟乙烯器皿 |
| 氢碘酸 | 汞的硫化物，钡、钙、铬、铅、锶等硫酸盐，锡石 | |
| 高氯酸 | 镍铬合金，高铬合金钢，不锈钢，汞的硫化物，铬矿石，氟矿石 | |
| 氢氧化钠和氢氧化钾溶液 | 钼、钨的无水氧化物，铝、锌等两性金属及合金 | |
| 氨水 | 钼、钨的无水氧化物，氯化银，溴化银 | |
| 乙酸铵溶液 | 硫酸铅等难溶硫酸盐 | |
| 氰化钾溶液 | 氧化银，溴化银 | |
| **二、混合溶剂** | | |
| **（一）混合酸** | | |
| 王水 | 金、钼、钯、铂、钨等金属，铋、铜、镓、铟、镍、铅、铀、钒等合金，铁、钴、镍、钼、铜、铋、铅、锑、汞、砷等硫化物矿物，砷、碲矿物 | 王水 $HNO_3$：$HCl$＝1∶3（体积比）；用于分解金、铂、钯时，$HNO_3$∶$HCl$∶$H_2O$＝1∶3∶4（体积比） |
| 浓硫酸+浓硝酸+浓盐酸（硫王水） | 含硅多的铝合金及矿物 | 用于硅的定量分析 |
| 硫酸+磷酸 | 高合金钢，普通低合金钢，铁矿，锰矿，铬铁矿，钒钛矿及含铌、钽、钨、钼的矿物 | |
| 氢氟酸+硫酸 | 碱金属盐类，硅酸盐，钛矿石，高温处理过的氧化铍 | 使用铂皿或聚四氟乙烯器皿 |
| 氢氟酸+硝酸 | 铪、钼、铌、钽、钍、钛、钨、锆等金属，氧化物，氮化物，硼化物，钨、铁、锰合金、铀合金、含硅合金及矿物 | 使用铂皿或聚四氟乙烯器皿 |
| **（二）酸+氧化剂** | | |
| 浓硝酸+溴 | 砷化物，硫化物矿物 | |
| 浓硝酸+过氧化氢 | 金属汞 | |
| 浓盐酸+氯酸钾 | 含砷、硒、锑矿物，硫化物矿物 | |
| 浓硝酸+氯酸钾 | 砷化物矿物，硫化物矿物 | |
| 浓硫酸+高氯酸 | 镓金属，铬矿石 | |
| 磷酸+高氯酸 | 金属钨粉末，铬铁，铬钢 | |
| **（三）酸+还原剂** | | |
| 浓盐酸+氯化亚锡 | 磁铁矿、赤铁矿、褐铁矿等氧化物矿物 | 以铁为测定对象 |
| **三、其他** | | |
| 三氯化铝溶液 | 氟化钙 | 形成配合物 |
| 酒石酸+无机酸 | 锑合金 | 形成配合物 |
| 草酸 | 铌、钽氧化物 | 形成配合物 |
| 乙二胺四乙酸（EDTA）二钠盐溶液 | 硫酸钡、硫酸铅 | 形成配合物 |

3) 加压溶解法

在密闭容器中，用酸加热分解试样，由于压力增加，提高了酸的沸点，从而使原先较难溶解的试样获得良好的分解，这样就扩大了酸溶解法的应用范围。

另外，加压溶解法无挥发损失的危险存在，这对于测定试样中所有的组分，以及在测定试样中痕量组分时特别有意义。

加压溶解法可以在封闭玻璃管中或在金属弹中进行，后者由于操作方便、安全性大而得到广泛应用(表1-3)。加压溶解用的金属弹，其外套由钢制成，内衬由聚四氟乙烯或铂制成。聚四氟乙烯内衬使用温度小于 250℃；铂内衬使用温度(<400℃)可提高。加压溶解的效果取决于温度、溶解时间、酸的种类和浓度及试样的细度等因素。

**表 1-3　加压溶解法分解试样**

| 溶剂 | 使用对象 | 容器及温度 |
|---|---|---|
| 氢氟酸 | 绿柱石、铍硅石、锆石、辉石、微斜长石、金绿宝石、蓝晶石、假蓝宝石、花岗岩 | 铂金管，400℃ |
| 盐酸 | 镍铁、氧化铈、$BaTiO_3$、$SrTiO_3$、氧化铝 | 聚四氟乙烯管，240℃以下 |
| 硝酸 | 氧化铈 | 聚四氟乙烯管，240℃以下 |
| 硫酸 | 金红石(合成)、磁铁矿、黄铁矿、尖晶石(合成钛铁矿、氮化硼、磷云母、锐钛矿) | 聚四氟乙烯管，240℃以下 |
| 盐酸+硝酸(或过氧化氢) | 铂族金属 | 玻璃管，140℃ |
| 盐酸+高氯酸(1∶1) | 金属铑粉 | 聚四氟乙烯管，240℃以下 |
| 硫酸+氢氟酸(1∶1) | 电气石、氧化锆、相石、铬矿、铬铁矿 | 聚四氟乙烯管，240℃以下 |
| 磷酸+氢氟酸 | 十字石、红柱石、绿柱石 | 聚四氟乙烯管，240℃以下 |

**2. 熔融法**

对于一些用酸或其他溶剂不能完全溶解的试样，可用熔融法加以分解。熔融法是将熔剂与试样相混后，在高温下熔融，利用酸性或碱性熔剂与试样在高温下的复分解反应，转变成易溶于水或酸的化合物。由于熔融时，反应物的浓度和温度都比溶解法高得多，故分解能力大大提高。有关各种熔剂的操作条件和适用对象见表1-4。

**表 1-4　熔融法分解试样**

| 熔剂 | 熔剂配法及操作时间 | 温度/℃ | 使用坩埚 | 适用对象 |
|---|---|---|---|---|
| 一、碱性熔剂 | | | | |
| 碳酸钠(或碳酸钾) | 试样的6~8倍用量，徐徐升温(40~50min) | 900~1200 | 铁、镍、铂 | 铌、钽、钛、锆等氧化物，酸不溶性残渣，硅酸盐，不溶性碳酸盐，铍、铁、镁、锰等矿物 |
| 碳酸钠+碳酸钾(2∶1) | 试样的5~8倍用量 | | | 钒合金，铝及含碱土金属的矿物，氟化物矿物 |
| 氢氧化钠 | 试样的10~20倍用量(30min) | <500 | 铁、镍、银 | 锑、铬、锡、锌、锆等矿物，两性元素氧化物，硫化物(测硫) |

续表

| 熔剂 | 熔剂配法及操作时间 | 温度/℃ | 使用坩埚 | 适用对象 |
|---|---|---|---|---|
| 一、碱性熔剂 | | | | |
| 碳酸钙+氯化铵 | 与试样等量氯化铵与8倍用量碳酸钙混合 | 900 | 镍、铂 | 硅酸盐,岩石中碱金属定量测定,含硫多的试样氯化铵可用氯化钡代替 |
| 二、酸性熔剂 | | | | |
| 硫酸氢钾(或焦硫酸钾) | 试样的6～8倍用量,徐徐升温,形成焦硫酸盐(40～60min) | 300 | 铂、石英、瓷 | 铝、铍、铁、钽、钛、锆等氧化物,硅酸盐,铬铁矿,冶炼炉渣,稀土元素含量多的矿物 |
| 氧化硼(熔融后研细备用) | 试样的5～8倍用量 | 580 | 铂 | 硅酸盐,许多金属氧化物 |
| 铵盐溶剂(可用氟化铵、硝酸铵、硫酸铵及其混合物) | 试样的10～20倍用量 | 110～350 | 瓷 | 铜、锌、铅的硫化物矿物,铁矿,镍矿、锰矿、硅酸盐 |
| 三、还原性熔剂 | | | | |
| 氢氧化钠+氢氧化钾(3∶0.1) | 试样的8～12倍用量 | 400 | 铁、镍、银 | 锡石 |
| 碳酸钠+硫(0.1∶0.4) | | 300 | 瓷 | 砷、汞、锑、锡的硫化物 |
| 四、氧化性熔剂 | | | | |
| 过氧化钠 | 试样的10倍用量,先在坩埚内壁粘上一层碳酸钠可以防止腐蚀(15min) | 600～700 | 铁、镍、银 | 铬合金、铬矿、铬铁矿、钼、镍、锑、锡、钒、铀等矿石,硅铁,硫化物矿物,砷化物,铈、铈等金属 |
| 氢氧化钠+过氧化钠 | 试样∶氢氧化钠∶过氧化钠=1∶2∶5 | >600 | 铁、镍、银 | 铂族合金,钒合金,铬矿,钼矿,闪锌矿 |
| 碳酸钠+过氧化钠 | 试样的10倍用量 | 500 | 铁、镍、银 | 砷矿物,铬矿物,硫化物矿物,硅铁 |
| 碳酸钠+硝酸钾(4∶1) | 试样的10倍用量(以过氧化钠为准) | 700 | 铁、镍、银 | 钒合金,铬矿,铬铁矿,铝矿,闪锌矿,含砷、碲矿物 |

### 3. 半熔法(烧结法)

半熔法是在低于熔剂熔点的温度下,使试样与最低量固体熔剂进行反应,由于所用的温度较低,熔剂用量又限于低水平,因此可以减轻熔融物对坩埚的侵蚀作用。例如,在测定矿石或煤中的硫含量时,用碳酸钠+氧化锌作熔剂在800℃加热,这时碳酸钠起熔剂作用,氧化锌起疏松通气作用,使硫化物氧化成 $SO_4^{2-}$,并将硅酸盐转化成 $ZnSiO_3$ 沉淀。

用于半熔法的熔剂还有碳酸钙+氯化铵、碳酸钠+氧化镁等。

### 4. 有机试样的分解

少数有机试样可用水溶解,如低级醇、多元酸、氨基酸、尿素及有机酸的碱金属盐等。多数有机试样不溶于水,但易溶于有机溶剂,可根据相似相溶原理,选用合适的有机溶剂溶解。例如,极性有机物易溶于甲醇等极性溶剂,非极性有机物易溶于氯仿、四氯化碳、苯、甲苯等溶剂。另外，有机酸易溶于乙二胺、丁胺等碱性有机溶剂；有机碱易溶于冰醋酸、甲酸等酸性有机溶剂。

在选择有机溶剂时，还需注意不能干扰以后的测定步骤。例如，若用紫外吸收光谱法测定试样中的组分时，所选的溶剂应在测定的波长范围内无吸收。当试样中含有机物而测定试样中的无机组分时，有时有机物的存在对测定步骤有干扰，需在测定之前进行预处理，目的是除去干扰的有机物而被测组分又不致受损失，还具有富集被测组分的作用。预处理的方法有湿法分解和干法分解两类(表1-5)。

**表1-5　有机试样分解方法**

| 分类 | 方法或溶剂 | 适用对象 | 容器与操作 | 附注 |
|---|---|---|---|---|
| 干法分解 | 坩埚灰化法 | 铝、铬、铜、铁、硅、锡 | 铂坩埚，500～550℃变为氧化物后溶解 | |
| | | 银、金、铂 | 瓷坩埚，变成金属后用硝酸或王水溶解 | |
| | | 钡、钙、镉、锂、镁、锰、钠、铅、锶 | 铂坩埚，变成硫酸盐 | 铅存在时，为防止其还原需加硝酸 |
| | 氧瓶燃烧法 | 卤素、硫、微量元素 | 试样在置有吸收液和氧气的三角烧瓶中燃烧 | Schoniger法 |
| | 燃烧法 | 卤素、硫 | 燃烧管，氧化流中20～30min，$Na_2SO_3$-$Na_2CO_3$吸收液吸收 | Pregl法 |
| | 低温灰化法 | 银、砷、金、镉、钴、铜、铁、汞、钯、碘、钼、锰、钠、镍、铅、锑、硒、铂族(食品、石墨、滤纸、离子交换树脂) | 低温碳化装置，<100℃ | 借高频激发的氧气进行氧化分解 |
| 湿法分解 | 单一酸：浓硫酸 浓硝酸 | 用浓硝酸有不溶性氧化物生成时等 | 硬质玻璃容器 | 不是强力分解剂，良好的氧化剂 |
| | 混合酸：浓硫酸+浓硝酸 硝酸+高氯酸 | 砷、铋、钴、铜、锑等金属元素(汞除外)、砷、磷、硫等(蛋白质、赛璐珞、高分子聚合物、煤、燃料油、橡胶) | 凯氏烧瓶，67%$HNO_3$∶76%$HClO_4$=1∶1，由室温徐徐升温 | 钒、铬作为催化剂 |
| | 酸+氧化剂：浓硫酸+过氧化氢 浓硫酸+重铬酸钾 硝酸+高锰酸钾 | 含银、金、砷、铯、汞、锑等金属有机化合物，含有机色素的物质(合成橡胶等)、卤素、汞(食品) | 试样中先加硫酸后加30%过氧化氢 硫酸+硝酸加热，冷却后滴加过氧化氢(2～3滴) 凯氏烧瓶 | 过氧化氢沿壁加入，冷却管并用，使用回流冷却器 |
| | 发烟硝酸 | 镍、铬、硫等挥发性有机金属化合物 | 发烟硝酸与硝酸银在试管中加热(259～300℃，5～6h) | Cariusi法(碘不适用) |
| | 过氧化氢、硫酸亚铁 | 一般有机物(油脂、塑料除外) | 试样碎片，30%$H_2O_2$，稀$HNO_3$调节pH，$FeSO_4$约0.001mol·$L^{-1}$，90～95℃加热2h | Sansoni法 |

**5. 微波溶样**

该技术是20世纪70年代中期产生的一种有前途的分析技术。微波是指电磁波中位于远红外线与无线电之间的电磁辐射，具有较强的穿透能力，是一种特殊的能源。使用煤气灯、电热板、马弗炉等传统的加热技术是"由表及里"的"外加热"。微波加热是一种"内加热"，即样品与酸的混合物在微波产生的交变磁场作用下发生介质分子极化，极性分子随高频磁场交替排列，导致分子高速振荡，使加热物内部分子间产生剧烈的振动和碰撞，被加热物质内部的温度迅速升高。分子间的剧烈碰撞搅动并清除已溶解的试样表面，促进酸与试样更有效地接触，从而使样品迅速被分解。微波溶样设备有实验室专用的微波炉和微波马弗炉等。常压和高压微波溶样是两种常用的方法。微波溶样的条件应根据微波功率、分解时间、温度、压力和样品量之间的关系来选择。

微波溶样具有以下优点：

(1)被加热物质内外一起加热，瞬间可达高温，热能损耗少，利用率高。

(2)微波穿透深度强，加热均匀，对某些难溶样品的分解尤为有效。例如，用目前最有效的高压消解法分解锆英石，即使对不稳定的锆英石，在 2000℃下也需要加热 2d，而用微波加热在 2h 之内即可完成分解。

(3)传统加热都需要相当长的预热时间才能达到加热必需的温度，微波加热在微波管启动 10～15min 便可奏效，溶样时间大为缩短。

(4)封闭容器微波溶样所用试剂量少，空白值显著降低，且避免了痕量元素的挥发损失及样品的污染，提高了分析的准确性。

(5)微波溶样最彻底的变革之一是易实现分析自动化。因此，它已广泛应用于环境、生物、地质、冶金和其他物料的分析。

## 1.4　特殊器皿的使用

在化学实验中，根据各种化学试剂的性质、实验要求及实验方法的不同，需用到不同材料制成的器皿。不同器皿有不同的使用和维护方法，尤其是对用铂、银、玛瑙、石英等制成的贵重器皿，要按照各自不同的要求进行正确操作。

### 1. 铂质器皿

铂是一种不活泼金属，不溶于一般的强酸中，但能溶于王水，也能与强碱共熔起反应。在室温时，不和氧、硫、氟、氯起反应，但在 250℃以上能与氯和氟起反应。铱和铂形成合金后能增加铂的硬度，常用铂质器皿往往用铂铱合金和铂铑合金制成。

使用注意事项如下：

(1)铂质器皿允许加热到 1000～1200℃，由于铂易和碳形成碳化铂而使器皿变脆，所以严禁在还原焰上加热，只能在氧化焰或高温炉内灼烧或加热；在灼烧带沉淀的滤纸或有机物含量较高的试样时，必须先在通风的情况下将滤纸灰化，或将有机物烧掉，然后再灼烧。不能将烧红的铂质器皿放入冷水中。

(2)由于铂的硫化物、磷化物很脆，所以铂质器皿不能用来加热或熔融硫代硫酸钠及含磷和硫的物质。

(3)碱金属的氧化物、氢氧化物、硝酸盐、亚硝酸盐、碳酸盐、氯化物、氰化物及氧化钡等在高温下都能侵蚀铂质器皿，所以不能用铂质器皿加热或熔融上述物质。

(4)铂在受热时，特别在红热状态，易与其他金属生成脆性合金，故在红热状态下，不允许铂质器皿和其他金属接触。

夹持灼烧的坩埚只能用包有铂头的坩埚钳。由于同样原因，对含金属的试样，必须处理掉金属后才能用铂质器皿。

(5)卤素对铂有严重的侵蚀作用，不能用铂质器皿加热或灼烧含有卤素或能分解出卤素的物质，如王水、溴水、三氯化铁等，盐酸与氧化剂(过氧化氢、氯酸盐、高锰酸盐、铬酸盐、硝酸盐等)的混合物、卤化物与氧化剂的混合物均不能用铂质器皿加热或灼烧。

(6)对不知成分的样品，不能用铂质器皿加热或灼烧。

(7)铂质器皿较软，极易变形，使用时不要用力夹，避免与硬物碰撞，以免变形。若已变形，可放在木板上一边滚动，一边用牛角匙轻轻碾压内壁。如要刮剥附着物，必须用淀帚。

(8)新的铂质器皿在使用前要进行灼烧，然后用盐酸洗涤。使用过的铂质器皿可在 1.5～2mol·L⁻¹ 或 6mol·L⁻¹ 的稀盐酸(不能含有硝酸、过氧化氢等氧化剂)中煮沸，也可在稀硝酸中煮沸，但不能在硫酸中煮沸。若酸洗不干净，可再用焦硫酸钾、碳酸钠或硼砂熔融清洗 5～10min，或放在熔融的氯化镁和氯化铵混合物中(1200℃)清洗。取出冷却后，再在热水中煮沸10min。被有机物沾污，可用洗液清洗；被碳酸盐和氧化物沾污，可用盐酸或硝酸清洗；被硅酸盐或二氧化硅沾污，可用熔融的碳酸钠或硼砂清洗；被耐酸的氧化物沾污，可在熔融的焦硫酸钾中清洗后，再在沸水中溶解清洗；被氧化铁沾污后呈现棕色斑点时，可放在稀盐酸中加入少量金属锡或 1～2mL 二氯化锡溶液加热清洗。

### 2. 银质器皿

银的熔点是 960℃，化学性质也不活泼，在空气中加热不变暗。加热时可与硫和硫化氢发生反应，生成硫化银，使表面发暗，失去光泽。室温时与卤素缓慢作用，随温度升高，反应加快。有氧存在时，银能与氢卤酸作用。银能溶于稀硝酸和热的硫酸中。银在熔融的苛性碱中仅发生轻微的作用。

使用注意事项如下：

(1)使用温度不能超过 700℃，时间不能超过 30min。

(2)不能用来分解或灼烧含硫的物质，不能使用碱性硫化物溶剂。

(3)在浸取熔融物时，不能用酸，更不能接触浓酸，尤其是硝酸和硫酸。

(4)加热时易在表面生成氧化银薄膜，因此不能用作沉淀的灼烧和称量器皿。

(5)在银质器皿中，用过氧化钠或碱熔处理试样时，时间不得超过 30min。

(6)在熔融状态时，铝、锌、锡、铅、汞等金属的盐类都会使银质器皿变脆。

(7)可用氢氧化钠熔融清洗，或用 1∶3 的盐酸短时间浸泡，再用滑石粉摩擦，并依次用自来水、蒸馏水冲洗，然后干燥。

### 3. 铁质器皿

铁的熔点是 1535℃，在潮湿的空气中会生锈，在 150℃干燥空气中不与氧作用。铁能溶于稀酸中，浸在发烟硝酸中形成保护膜，变成"钝态"。铁质器皿由于价格低，所以使用较广泛，它主要用于过氧化钠和强碱性熔剂的熔融操作。使用时表面可作钝化处理，即先用稀盐酸洗涤器皿，用细砂纸擦净表面后，放入含有 5%的稀硫酸和 5%的稀硝酸溶液中浸泡 10min，取出后洗净、干燥，然后在 300～400℃下灼烧 10min 即可。

每次使用后都要及时洗净并干燥，以免腐蚀。

**4. 镍质器皿**

镍的熔点是 1492℃，常温下对水和空气是稳定的，能溶于稀酸，与强碱不发生作用，遇到发烟硝酸会和铁一样呈"钝态"。在加热时，与氧、氯、溴等发生剧烈作用。

使用注意事项如下：

(1)一般使用温度在 700℃左右，不超过 900℃。

(2)可以代替铂质器皿使用，但不能用作沉淀的灼烧和称量器皿。

(3)可用于过氧化钠和氢氧化钠等强碱性试剂的熔融操作，但不能用于硫酸氢钠(钾)、焦磷酸钠(钾)、硼砂及碱性硫化物的熔融操作。

(4)在熔融状态时，铝、锌、锡、铅、钒、银、汞等金属的盐类都能使镍质器皿变脆，不能用镍质器皿灼烧或熔融这些金属盐。

(5)镍质器皿中常含有微量铬、铁，使用时要注意。

(6)新的镍质器皿应先在马弗炉中灼烧成深紫色或灰黑色，除去表面的油污，并使表面生成氧化膜，然后用稀盐酸(1∶20)煮沸片刻，用水冲洗干净。用过的器皿，先在水中煮沸数分钟，必要时可用很稀的盐酸稍煮片刻，取出后用 100 目细砂纸摩擦清洗并干燥。

**5. 石英器皿**

石英的主要成分是二氧化硅，化学性质很不活泼，不溶于水和一般的酸，只能溶于氢氟酸。与碱共熔或与碳酸钠共熔都能生成硅酸盐。石英的热稳定性高，在 1700℃以下不会软化，也不挥发，但在 1100～1200℃开始失效。它质地较脆，价格较高。

使用注意事项如下：

(1)可作为酸性或中性盐类熔融的器皿，如作为熔融硫酸氢钠(钾)、焦硫酸钠(钾)、硫代硫酸钠等熔剂的器皿，但不能用来熔融碱性物质。

(2)清洗时，除氢氟酸外，普通稀无机酸均可作清洗液。

(3)石英质脆，使用时应仔细小心。

**6. 玛瑙器皿**

玛瑙是一种天然的贵重非金属矿物，主要成分也是二氧化硅，含有铝、钙、镁、锰等的氧化物，是石英的一种变体。它硬度很大，但很脆，与大多数化学试剂不起反应，主要用来制研钵，是研磨各种高纯物质的极好器皿。

使用注意事项如下：

(1)不能接触氢氟酸，不能受热。

(2)大块或晶块样品应先粉碎后才能在研钵中磨细。不能研磨硬度过大的物质。

(3)价格昂贵，使用时要十分仔细、小心。

(4)洗涤时先用水冲洗，必要时用稀盐酸洗涤，再用水冲洗。若仍不干净，可放入少许氯化钠固体，研磨若干时间后，再倒去洗净。若污斑黏结得很牢，不得已时可用细砂或金刚砂纸擦洗。

### 7. 刚玉器皿

刚玉由高纯氧化铝成型熔烧制成，具有质坚、耐高温的特点，只适用于熔融某些碱性溶剂，不能熔融酸性溶剂。

### 8. 瓷质器皿

瓷质器皿是以氧化铝和二氧化硅为原料制成的。加热到1200℃以上，冷却后不改变质量。吸水性差，易于恒量，是质量分析中的称量容器。抗腐蚀性优于玻璃。忌用氢氟酸处理，也不能用来分解或熔融碱金属碳酸盐、氢氧化钠、过氧化钠、焦磷酸盐等。洗涤方法与玻璃器皿的相同。

### 9. 聚四氟乙烯器皿

聚四氟乙烯器皿使用时应注意以下两点：
(1)使用温度可在-195~200℃，当温度高于250℃时会分解，并产生有毒气体。
(2)对于酸碱都有较强的抗蚀能力，不受氢氟酸侵蚀，且溶样时不会带入金属杂质。

# 1.5　气体钢瓶的使用及注意事项

## 1.5.1　高压气体钢瓶内装气体的分类

高压气体钢瓶内装的气体主要分为压缩气体、液化气体和溶解气体三类。

(1)压缩气体。临界温度低于-10℃的气体，经加高压压缩仍处于气态的称为压缩气体，如氧气、氮气、氢气、空气、氩气等。这类气体钢瓶若设计压力大于或等于12MPa，则称为高压气瓶。

(2)液化气体。临界温度高于或等于-10℃的气体，经加高压压缩转为液态并与其蒸气处于平衡状态的称为液化气体。临界温度为-10~70℃的称为高压液化气体，如二氧化碳、氧化亚氮；临界温度高于70℃，且在60℃时饱和蒸气压大于0.1MPa的称为低压液化气体，如氨气、氯气、硫化氢等。

(3)溶解气体。溶解气体是指单纯加高压压缩，可产生分解、爆炸等危险性的气体，必须在加高压的同时将其溶解于适当溶剂，并由多孔性固体物充盛。

根据气体的性质分类，可分为剧毒气体，如氟气、氯气等；易燃气体，如氢气、一氧化碳等；助燃气体，如氧气、氧化亚氮等；不燃气体，如氮气、二氧化碳等。

## 1.5.2　高压气体钢瓶的存放与安全操作

高压气体钢瓶(气瓶)的存放一定要注意安全。

1)存放地点

气瓶必须存放在阴凉、干燥、远离热源的房间，并且要严禁明火，防曝晒。除不燃气体外，一律不得放在实验楼内。使用中的气瓶要直立固定。

2)气瓶的颜色及阀门转向

为了保证安全，气瓶用颜色标志，不致使各种气体错装、混装。同时为了不使配件混乱，各种气瓶根据性质不同，阀门转向不同。

通则：易燃气体气瓶为红色，左转；有毒气体气瓶为黄色；不燃气体右转。

压缩气瓶颜色及阀门转向见表 1-6。

表 1-6 压缩气瓶颜色及阀门转向一览表

| 气体名称 | 瓶身颜色 | | 瓶肩颜色 | | 阀门转向 |
|---|---|---|---|---|---|
| | 工业 | 医药 | 工业 | 医药 | |
| 氧气($O_2$) | 黑 | 黑 | — | 白 | 右 |
| 氮气($N_2$) | 灰 | — | 黑 | | 右 |
| 氢气($H_2$) | 红 | — | — | — | 左 |
| 乙炔($C_2H_2$) | 棕 | 灰 | — | 黑白 | 左 |
| 一氧化碳(CO) | 红 | | | | 左 |
| 煤气 | 红 | — | — | | 左 |
| 氯气($Cl_2$) | 黄 | | — | — | 右 |
| 氨气($NH_3$) | 黑 | | 黄/红 | — | 左 |
| 二氧化硫($SO_2$) | 绿 | — | 黄 | — | 右 |
| 二氧化碳($CO_2$) | | | 灰 | | 右 |
| 空气 | 灰 | — | | | 右 |
| 氦气(He) | | | | | 右 |

3）气瓶的存放

（1）气瓶应储存于通风阴凉处，不能过冷、过热或忽冷忽热，也不能暴露于日光及一切热源照射下，因为暴露于热源中，瓶壁强度可能减弱，瓶内气体膨胀，压力迅速增大，可能引起爆炸。

（2）气瓶附近不能有还原性有机物，如有油污的棉纱、棉布等，不要用塑料布、油毡等遮盖，以免爆炸。

（3）勿放于通道处，以免碰倒。

（4）不用的气瓶不要放在实验室，应有专库保存。

（5）不同气瓶不能混放，空瓶与装有气体的钢瓶应分别存放。

（6）在实验室中，不要将气瓶倒放、卧倒，以防止开启阀门时喷出压缩液体。要牢固地直立，固定于墙边或实验桌边，最好用固定架固定。

（7）接收气瓶时，应用肥皂水试验阀门有无漏气，如果漏气，要退回厂家；否则会发生危险。

4）气瓶的搬运

气瓶要避免敲击、撞击及滚动。阀门是最脆弱的部分，要加以保护，因此搬运气瓶时要注意遵守以下规则。

（1）一般规定：搬运气瓶时，不使气瓶突出车旁或两端，并应采取充分措施防止气瓶从车上掉下。运输时不可散置，以免在车辆行进中发生碰撞。不可用磁铁或铁链悬吊，可以用绳索系牢吊装，每次不可超过一个。如果用起重机装卸超过一个时，应用正式设计托架。

(2)气瓶搬运时，应罩好气瓶帽，保护阀门。

(3)避免使用染有油脂的手、手套、抹布接触搬运气瓶。

(4)搬运前，应将连接气瓶的一切附件如压力调节器、橡皮管等卸去。

5)气瓶的使用

(1)气瓶必须连接压力调节器，经降压后，再流出气体，不要直接连接气瓶阀门使用气体。各种气体的调节器及配管不要混乱使用，使用氧气时要尤其注意此问题，否则可能发生爆炸。最好配件和气瓶均漆上同一颜色的标志。

(2)要用绝对合适的调节器、配管。如不合适，绝不能用力强求其吻合，接合口不要放润滑油，不要焊接。安装后，测试接口，若不漏气方可使用。

(3)保持阀门清洁，防止砂砾、秽物或污水等侵入阀门套管，引起漏气。清理时，由有经验的人慢慢开阀门，排出少量气体冲走污物，操作人员应稍远离气瓶阀门。

(4)打开阀门时，应徐徐进行；关闭阀门时，以能将气体截止流出即可，适可而止，不要过度用力。

(5)易燃气体的气瓶，经压力调节器后，应装单向阀门，防止回火。

(6)气瓶不要和电器、电线接触，以免产生电弧，使瓶内气体受热发生危险。如使用乙炔气焊接或切割金属，要使气瓶远离火源及熔渣。

(7)点火前，要确保空气排尽，不发生回火才可以进行。为此，可用试管收集气体进行实验，如为氢气，收集气体不爆炸后，才能点火。使用乙炔焊枪，也应放一会儿气，保证不混空气，再点燃焊枪。

(8)对于易燃气体或腐蚀气体，每次实验完毕，都应将它们与仪器的连接管拆除，不要连接过夜。

(9)气瓶内的气体不能用尽，即输入气体压力表指压不应为零；否则可能混入空气，再重装气体时会发生危险。

(10)气瓶附近必须有合适的灭火器，且工作场所通风良好。

6)特别注意及事故处理

(1)乙炔的铜盐、银盐是爆炸物，乙炔气及气瓶切勿与铜或含铜70%以上的合金接触，一切附件不能用这些金属。

(2)气瓶与仪器中间应有安全瓶，防止药品回吸入瓶中，发生危险。

(3)如发生回火或气瓶瓶身发热现象，应立即关闭气瓶阀门，将气瓶搬至室外空旷处，并将气瓶浸入冷水中，或浇以大量冷水，降低温度，将阀门徐徐打开，继续保持冷却至气体放完为止。

(4)乙炔、氢气、石油气是最危险的易燃气体。

(5)氧气虽然不是易燃物，但助燃性强，一定不能接触污物、有机物。

(6)使用腐蚀性气体，气瓶和附件都要勤检查。不用时，不要放在实验室中。

7)压力调节器的用途和操作

压力调节器是准确的仪器。它的设计是使气瓶输出压力降至安全范围才流出气体，使流出气体压力限制在安全范围内，防止任何仪器或装置被超压撞坏，同时使气流压力稳定。好的压力调节器应有以下性能：

(1)气瓶输入气体改变压力，调节器输出气体压力能维持常压。

(2)压力调节器不因气体输出速度改变而改变压力，偏差很小，基本维持恒压。

(3)停止工作时，系统内的终压不会提高。

8)操作方法

(1)在与气瓶连接之前，查看调节器入口和气瓶阀门出口有无异物；如有，用布擦去。但氧气瓶不能用布擦。此时，小心慢慢稍开气瓶阀门，吹走出口的脏物。对于脏的氧气压力调节器，入口用四氯化碳和三氯乙烯洗干净，用氮气吹干，再使用。

(2)用平板钳拧紧气瓶出口和调节器入口的连接，但不要加力于螺纹。有的气瓶要在出入口间垫上密合垫，用聚四氟乙烯垫时，不要过于用力；否则密合垫被挤入阀门开口，阻挡气体流出。

(3)向逆时针方向松开调节螺旋至无张力，就关上调节器。

(4)检查输出气体的针形阀是否关上。

(5)开气时，首先慢慢打开气瓶的阀门，至输入表读出气瓶全压力。打开时，一定要全开阀门，调节器的输出压力才能维持恒定。

(6)向顺时针方向拧动调节螺旋，将输出压力调至要求的工作压力。

(7)调动针形阀调整流速。

(8)关气时，首先关气瓶阀门。

(9)打开针形阀，将压力调节器内的气体排净。此时两个压力表的读数均应为零。

(10)向逆时针方向松开调节螺旋至无张力，将调节器关上。关上调节器输出的针形阀。

9)及时拆下压力调节器并保存

(1)压力调节器保存于干净无腐蚀性气体的地方。

(2)用于腐蚀性气体或易燃气体的调节器，用完后立即用干燥氮气冲洗。冲洗时，将螺旋向顺时针方向打开，接上氮气，通入入口管，冲洗 10min 以上。

(3)用原胶带将入口管封住，保持清洁。

10)压力调节器的检查

调节器要经常检查，尤其是强腐蚀性气体的调节器，使用一周就要检查一次，其他的可隔一两个月检查一次。完好的压力调节器应符合下述技术条件：

(1)无压力时两表读数都应为零。

(2)打开气瓶阀门，调松螺旋后，应读出气瓶最高压力。

(3)关上调节器输入针形阀，在 5~10min 内，输出压力表的压力不应上升；否则内部阀门有漏气处。

(4)顺时针方向转动调节螺旋，应指出正常输出压力；如达不到，表示内部有堵塞，稍后使输出压力上升，这称为缓慢现象，呈现缓慢现象的调节器不能使用。

(5)关上气瓶阀门，在 5~10min 内，输入输出压力均不应有变化；如下降，表明有漏气的地方，可能在输入管、针形阀、安全装置隔膜等处漏气。

(6)在操作时，输出压力异常下降，表示压力表内有故障。

出现任何不正常现象，都要维修好才能使用。

注意：任何气体的压力调节器用过后，都不能用作氧气压力调节器！原则上，每种气体的调节器都不能混用，除非使用者非常了解该两种气体特性，确定其不发生反应！

## 1.6　常用分析仪器的种类

分析仪器通常由样品的采集与处理系统、组分的解析与分析系统、检测与传感系统、信号处理与显示系统、数据处理与数据库五个基本部分组成。

目前，分析仪器的型号、种类繁多，并且涉及的原理不相同。根据其原理可将分析仪器分为八类，见表 1-7。

表 1-7　分析仪器分类

| 仪器类别 | 仪器品种 |
| --- | --- |
| 电化学式仪器 | 酸度计(离子计)、电位滴定仪、电导仪、库仑仪、极谱仪等 |
| 热力学式仪器 | 热导式分析仪、热化学式分析仪、热差式分析仪 |
| 磁式仪器 | 热磁式分析仪、核磁共振波谱仪 |
| 光学式仪器 | 吸收式光谱分析仪(分光光度计)、发射光谱分析仪、荧光计、磷光计 |
| 机械仪器 | X射线分析仪、放射性同位素分析仪、电子探针等 |
| 离子和电子光学式仪器 | 质谱仪、电子显微镜、电子能谱仪 |
| 色谱仪器 | 气相色谱仪、液相色谱仪 |
| 物理特性式仪器 | 黏度计、密度计、水分仪、浊度仪、气敏式分析仪等 |

## 1.7　分析仪器的性能参数和分析方法的评价

### 1.7.1　分析仪器的性能参数

分析仪器的性能参数表征仪器的主要功能，测量所能达到的灵敏度、精密度和稳定性，主要运行参数范围和精确度及适用的样品。仪器的性能参数通常由仪器厂商提供。分析仪器的性能指标有助于使用者对同一类型不同型号的仪器进行比较，评价仪器的工作状况，为不同的分析任务和样品选择合适的仪器类型和型号。同时，仪器的性能参数也是选择仪器测量条件和样品分析方案的重要参考。目前国内外关于各种分析仪器的性能及指标尚无统一的认识和标准，不同类型的分析仪器，同类型但不同厂家的分析仪器，甚至同厂家同类型但不同型号的仪器，性能参数可能都有所不同。一般性的性能参数和指标主要有以下几个方面。

1. 精密度

精密度是衡量仪器测量稳定性和重复性的指标，是指在相同的仪器条件下，对同一标准溶液进行多次测量所得数据间的一致程度，表征随机误差的大小。衡量仪器的测量精密度用相对标准偏差(RSD)。

2. 灵敏度

灵敏度是指特定的分析仪器对待测物浓度变化的响应敏感程度，即单位浓度变化时引起的输出信号的变化。灵敏度可通过校正曲线的斜率得到。对同一仪器，不同类型的化合物，灵敏度不同。因此，选择特定的标准物来衡量不同类型的分析仪器的灵敏度，仪器制造商一般会提供仪器的灵敏度数据和测量数据的条件及试样。

考虑仪器的噪声水平，灵敏度常用信噪比衡量，许多仪器用特定化合物或参数的信噪比表示灵敏度。例如，目前荧光光度计一般采用 350nm 激发时纯水在 397nm 的拉曼峰的信噪比作为荧光光度计的灵敏度指标。质谱仪则用利血平测量的信噪比表示，如 10pg 利血平在选择离子峰 $m/z$ 609.3 的信噪比为 100∶1。原子吸收分光光度计一般以特征浓度，即获得 1%吸收时或能产生吸光度为 0.0044 所对应的元素浓度，常用 Cu 或 Cd 元素测定。

### 3. 稳定性

稳定性(stability)是指仪器在一定的运行时间内信号值的波动情况，常用信号波动的幅度表示，如某质谱仪在室温下 12h 内，信号值变化小于等于 $0.1m/z$；也可以用信号值的相对标准偏差或偏离百分数表示。信号值的波动越小，说明仪器越稳定。目前的大型商品仪器都有较好的稳定性。

值得注意的是，仪器的稳定性容易受到环境因素的影响，因此实际应用时常达不到厂家提供的稳定性。例如，不稳定的电源会引起光谱、极谱及色谱等仪器工作时基线不稳定，光源达到或超过使用寿命也会导致信号值有较大的波动。此外，室内环境(如湿度、温度及清洁程度)都会导致信号不稳。仪器运行时需要的气体和液体的纯度也是影响稳定性的重要因素，如色谱仪使用的流动相如果纯度达不到要求，基线的漂移会非常严重。因此，分析仪器特别是大型精密仪器对运行环境要求十分严格。

### 4. 分辨率

分辨率(resolution)是指仪器能够区分相近组分信号间的最小差异，有时和仪器能够测量读数的精确度有关。例如，有的分光光度计能够达到的分辨率是±2nm，一些性能较高的分光光度计可以达到±0.1nm。不同仪器表示分辨率的指标和方法不一样，原子发射光谱仪的分辨率指将波长相近的谱线分开的能力；质谱仪的分辨率指能够分辨的最小 $m/z$ 值，如果两个分子片段相差 $0.1m/z$，仪器就能检测出来；色谱仪的分辨率往往与配备的检测器的分辨率相关，而色谱峰的分离度则是各个分析条件下总体的体现；核磁共振波谱仪有其独特的分辨率指标，以邻二氯苯中特定峰在最大峰的半宽度(以 Hz 为单位)表示分辨率大小。

### 5. 响应速度(时间)

响应速度是指仪器对于被测物质产生检测信号的反应速度，定义为仪器达到信号总变化量一定的百分数所需的时间，也称响应时间(response time)。一般是指仪器达到信号总变化量的 90%所需要的时间。

### 6. 检出限和动态响应范围

仪器的检出限是指在一定的置信水平下，能检出被测物的最小量或最低浓度，一般是 3 倍信噪比所对应的浓度。由于不同化合物的检出限不同，因此仪器大多给出灵敏度或针对某种典型化合物标准溶液的检出限。

仪器的检出限是用标准溶液测定的。动态响应范围（dynamic range）和校正曲线有区别，校正曲线是指仪器对组分浓度变化的动态响应曲线，其中包括线性部分和偏离线性但仍有一定变化的部分；动态响应范围为起点到信号达到平台区的浓度范围，比线性范围宽。

### 1.7.2　分析方法的评价

仪器分析的主要目的是对样品中待测组分进行测定，给出待测组分准确可靠的结果。根据待测物的性质和样品的组成，选择合适的分析仪器，优化选择各种仪器测量条件，选择合适的样品前处理条件，在选择的样品处理方法和仪器测量条件下，建立定性和定量分析方法。然而，一种分析方法是否具有良好的检测能力、较强的抗干扰能力和可操作性，在什么条件和范围内能给出可靠准确的分析结果，是否适用于特定的样品，需要进行方法学研究，通过特定参数指标测定对分析方法进行评价。如果研究建立新的分析方法，对分析方法评价是实验研究的重要环节。评价分析方法的一些参数和上述仪器性能指标的名称虽然一样，但意义不同。

#### 1. 检出限

国际纯粹与应用化学联合会（IUPAC）规定，方法的检出限（LOD）是指产生一个能可靠地被检出的分析信号所需的被测组分的最小浓度或含量。这里的检出是指定性检出，即判定样品中存在浓度高于仪器背景噪声水平的待测物质。噪声是指仪器的背景信号，包括仪器的电子噪声、室内温度、压力的变化、试剂的纯度及空白样品的背景。待测物产生的信号与噪声水平的比值称为信噪比。在测量误差服从正态分布的条件下，当检测信号和噪声水平显著性差异达到一定程度（置信度为 99.7%）时，即检测信号值和噪声平均值相差 $3s_b$，即 3 倍的信噪比时，检测信号所对应的浓度则为检出限：

$$c_{LOD}（或 q_{LOD}）= \frac{\overline{X}_L - \overline{X}_b}{m} = \frac{3s_b}{m}$$

式中，$c_{LOD}$（或 $q_{LOD}$）为检出浓度（或检出量）；$\overline{X}_L$ 和 $\overline{X}_b$ 分别为低浓度测量的信号和噪声的平均值；$m$ 为低浓度区校正曲线的斜率。

对于特定的分析方法，空白样品经过和样品同样的处理过程后测定的信号为空白值。因此，检出限中的噪声实际上是空白值。空白值的标准偏差可以通过对空白样品多次平行测定得到的测定值计算。在进行空白值的测定时，应在仪器灵敏度挡位于最高的情况下进行，否则空白值的差异测定不出来，得到的检出限偏低。噪声水平也可以从仪器给出的背景信号测定。噪声水平的大小一般为峰对峰的大小，信号的大小所对应的浓度即为检出限。

检出限虽然可以通过空白值或噪声的标准偏差计算出来，但是必须要配制接近检出限浓度的标准溶液进行测定，确定是否能够得到 3 倍空白值的信号值，并给出实验结果。不能仅依据空白值的测定给出检出限的结果。

灵敏度是指特定的分析仪器对待测物浓度变化的响应敏感程度，即单位浓度变化时引起的输出信号的变化。校正曲线的斜率可以表征仪器的灵敏度，是仪器的性能指标之一。

分析方法的检出限和特定分析仪器的检出限也有差异。仪器的检出限一般是配制标准溶液直接测定，或直接测得仪器噪声，得到检出的最小浓度，即 3 倍信噪比所对应的浓度。方法的检出限则是包括样品处理、富集或稀释并考虑样品基体背景的最小浓度，这里的信噪比是信号与空白值的比值。

### 2. 定量限

检出限是指定性检出的最小浓度，进行定量分析时，则需确定能够准确定量的最小浓度值。定量限(LOQ)是线性范围的测定下限。定量限的大小一般取 10 倍信噪比，有时也用 3 倍或 4 倍检出限作为定量限。

### 3. 线性范围和动态响应范围

仪器的响应信号与浓度变化呈现一定的相关关系，称为动态响应范围，见图 1-2。从最低浓度直至信号达到信号平台区为测量的动态响应范围，在平台区，仪器响应不再随浓度发生变化。为了能准确进行定量分析，仪器的响应信号应直接与浓度呈线性比例关系。在有些分析方法中，仪器的响应可能不直接与浓度呈线性，应对浓度或信号做数学转换，再进行线性回归计算。线性范围是浓度和信号之间能够呈线性关系的浓度范围，是能够准确进行定量分析的浓度范围。线性范围的测定是配制一系列 5 个或 5 个以上不同浓度的标准溶液，如已知样品的浓度，浓度范围应为预计样品测定含量的 80%～120%，测定出标准曲线。仪器的响应信号应直接与浓度呈比例关系。标准曲线拟合的回归方程的截距应接近于零，截距过大或为负值说明分析过程中背景值较高，有较为严重的干扰或存在较大的测量误差。线性范围的下限为定量限，线性范围的上限为校正曲线上端偏离中心线 5%所对应的浓度。方法的线性范围应给出浓度范围，根据标准曲线拟合的线性回归方程和线性相关系数($R^2$)、检出限、定量限和线性范围见图 1-2。

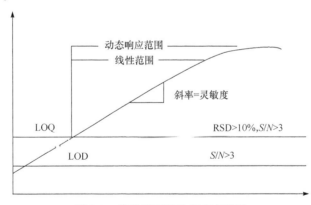

图 1-2　线性范围和动态响应范围

### 4. 方法精密度

精密度是用特定的分析方法对一样品进行多次重复测定时，所得的测量值之间的离散程度，用标准偏差和相对标准偏差表示。

精密度有 3 个评价水平：重复性(repeatability)，室内精密度或中间精密度(intermediate precision)，重现性(reproducibility)。

重复性是指用同样的方法和条件，在同一实验室对一样品进行多次重复测定时测定结果的精密度。重复性测定至少平行测定 6 次，或在 3 个不同的浓度水平(低、中和高)下各测定 3 次。

　　室内精密度是指在同一实验室，但测量的某些条件改变时对同一样品进行多次重复测定的精密度，如测量的时间不同，从事测定的人员不同，测量的仪器型号或部件不同（如不同批号的色谱柱）及样品的批次等有变化等。

　　重现性是指不同的实验室间进行同一方法的精密度。重现性对于方法的实用价值非常重要。不同的实验室环境条件和操作条件均有所不同，用同样的分析方法在不同的实验室对样品进行分析，如能得到统计学允许的误差范围内的分析结果，才能有实际应用的价值。

　　在评价分析方法的精密度时，应注意以下问题：

　　(1)精密度和被测物的浓度大小有关，因此在测量精密度数据时，必须给出测量的浓度水平，应在两个或两个以上的浓度水平进行精密度测量，其中应有一个接近定量限的低浓度水平。

　　(2)用标准溶液测定方法的精密度和分析实际样品的精密度存在一定的差异，对分析样品进行测定时，要有足够的测量次数，并计算精密度。

### 5. 准确度和回收率

　　准确度是指样品的测量结果和真实值的吻合程度。分析方法的准确度评价可以有以下几种方式。

　　首先，准确度评价可以采用标准方法或目前公认的可靠方法对同一样品进行分析，用统计学方法评价所建立的分析方法和标准方法所得结果之间的差异（$F$ 检验），如果显著性水平在允许的误差范围内，则说明分析方法的准确度较好。

　　其次，还可以将分析方法用于国家相关标准部门制备的标准样品的测定，标准样品具有明确的标示量，而标示量的不确定度和置信区间已经经过多个实验室测量确定。标准样品应和被测样品的种类相同，被测物含量也应较为接近。如果分析方法用于茶叶样品，则标准样品也应是茶叶，最好是同种茶叶，如都是绿茶或红茶等。如果分析方法用于矿物，则应选用相应的矿物标准样品。对标准样品测定的分析结果应与标准值进行 $t$ 检验，以评价分析方法的准确度。采用标准样品或标准方法评价分析方法虽然较为可靠，但是目前已有的标准样品种类不够齐全，或由于条件所限，实行标准方法或其他方法进行比较有一定限制，因此加标回收的方法常用于方法准确度的评价。

　　加标回收率的测定是在样品中加入准确浓度和体积的被测物标准溶液，用待评价的分析方法进行测定，比较分析结果与加入量，得到回收率（recovery）：

$$R = \frac{A_x - A_0}{A_s} \times 100\%$$

式中，$R$ 为加标回收率；$A_x$ 为加标后的分析结果，可以是待测物的含量或仪器测定的信号值；$A_0$ 为不加标样品的本底值；$A_s$ 为所加标准溶液的含量或仪器测定的信号值。加标回收率不需要达到100%，根据样品的类型不同，被测物的浓度水平不同，以及样品基体的复杂程度，加标回收率的要求也不一样。例如，测定环境水样中的多环芳香烃，浓度水平为 $ng \cdot L^{-1}$，加标回收率为 60%～120% 都是允许的。

　　加标回收有空白加标和样品加标两种方式。

　　(1)空白加标回收：在没有被测物质的空白样品基质中加入定量的标准物，按样品的处理步骤分析，得到的结果与理论值的比值即为空白加标回收率。空白加标回收率能较好地评价分析测量中存在的各种影响准确度的因素，但是空白样品必须和被测样品(除不含被测物外)的组成相同，要制备或采集空白样品有一定的难度。

(2)样品加标回收：相同的样品取两份，其中一份加入定量的待测成分标准物质；两份同时按相同的分析步骤分析，加标的一份所得的结果减去未加标一份所得的结果，其差值与加入标准物质的理论值之比即为样品加标回收率。样品加标回收是最常用的加标回收方式。但是样品的加标回收是被测物在样品本底值水平上进行加标，而且加标样品和不加标样品是在相同条件下进行测量的。样品中如存在较低水平的干扰物质，测定中如有固有的系统误差和不正确操作等因素，所导致的效果相等。当以其测定结果的减差计算回收率时，常不能确切反映样品测定结果的实际效果。

加标回收实验的加标浓度应涵盖线性范围，一般应在 3 个浓度水平进行实验，每个浓度水平平行做 3 份。最低浓度应接近线性范围的定量限、中等水平和线性范围的上限。如果是针对特定的样品，加标量中一个浓度水平应尽量与样品中待测物含量相等或相近，其他两个浓度水平应高于或低于待测物的含量。在任何情况下，加标量均不得大于待测物含量的 3 倍，加标后的测定值不应超出方法测定上限的 90%。

加标时应注意校正加标溶液的体积和使用的溶剂对样品浓度的影响。加标的体积如果远小于样品的体积，如样品体积为 100mL，加标的体积为 0.5mL 或 1mL，则可忽略体积的变化。对于分析方法的准确度评价，加标应直接加到待测样品中；如果是固体样品，应尽可能均匀，不应加到处理后的样品溶液中。如果是考察分析过程中的特定步骤的影响，则根据情况确定加标方式。

### 6. 选择性或专属性

选择性(selectivity)是指在其他组分存在下，分析方法对于被测物质检测的识别和抗干扰能力。其他组分是指样品的基质、样品中的杂质或被测物质的降解产物和结构类似物等。专属性(specificity)则是指分析方法只识别样品中某单一目标物，产生信号，酶免疫分析常具有较好的专属性。

加标回收实验在一定程度上可以反映分析方法的选择性，但不足以评价方法的选择性。

对于单一分析技术建立的分析方法，选择性可以采用干扰实验来评价，在测量溶液中添加不同浓度水平的可能干扰物质，考察添加物质对目标物测量的影响，一般以待测目标物信号值影响±5%以内为不产生干扰。添加的潜在干扰物质可以是样品中大量存在的常量组分、与被测物质结构和性质类似的物质等。

如果是色谱分析方法，样品中其他组分是否也在待测物色谱峰所在位置出峰将影响选择性，应对色谱峰的纯度进行评价。可以用不含被测物的空白样品进样，考察是否在样品出峰位置有杂质峰；如果是二极管阵列检测器(diode array detector，DAD)，可以采用在线扫描紫外(UV)光谱的方法，要提高准确度，可以在色谱峰两侧分别扫描光谱，比较所得光谱是否一致。如果得到一致的光谱，则峰比较纯；如果光谱不一致，则其中可能存在其他物质。但是这种方法不够准确，因为很多有机化合物的紫外吸收光谱较为接近。现在的气相色谱-质谱(GC-MS)和液相色谱-质谱(LC-MS)方法可以用质谱对待测物质的色谱峰进行检验，准确度和选择性均有很大提高。

对于复杂样品的分析，分析方法的选择性很大程度上依赖于样品处理方法的选择性。目前，很多样品处理新方法都着眼于选择性提取被测物质，提高了从复杂基体中提取目标物的能力。对于选择性的样品处理方法，也应评价方法的选择性。

### 7. 分析方法的稳健性

稳健性（robustness）表示当测定条件在一定程度内变动时，测定结果不受影响的承受程度。为测定方法的稳健性，一系列方法的参数，如 pH、温度、检测波长、样品的用量，在色谱分析中如进样体积、流速、同性质不同批次或品牌的色谱柱、流动相组成等应在一定合理范围内变化，在此基础上应用分析方法进行样品定量测定。如果参数的变化对分析结果的影响在允许的范围内，则分析方法对该参数有较好的耐受度，当在不同实验室或环境下使用该分析方法时，该条件的改变不会影响分析结果。如果在稳健性研究中发现分析方法对某个或某些实验条件敏感或要求苛刻，在分析方法中应予以说明。在建立新的分析方法时，条件的优化和选择应考虑到方法的耐用性，在一些条件下，虽然灵敏度可能比较高，但是条件很苛刻，微小的变化就会影响分析结果的精密度，如有其他选择，则可牺牲一点灵敏度。

稳健性研究对于方法的适用性很重要，在不同的环境下采用该方法时，方法的稳健性数据可以帮助实验者判断是否需要对分析方法重新评价。

不同行业对分析方法的评价有不同的要求，依据新的原理或技术建立分析方法时，对方法进行评价应考虑方法的应用范围。

## 1.8　仪器设备使用守则

（1）分析仪器应有严格的日常管理规章制度及仪器使用操作规程。

（2）分析仪器设备一般由专职实验技术人员负责日常管理、使用及维护。管理人员应具有一定的专业知识，热爱本职工作，遵纪守法，熟悉仪器的基本情况，掌握该仪器的正确操作方法及一般故障处理，并有责任指导和监督他人正确使用该仪器。

（3）操作者使用前，应认真阅读、研究仪器使用说明书，待充分熟悉仪器的使用方法和操作规程后方可使用。严禁不懂仪器使用方法的人随意测试，使仪器受到损害。

（4）仪器使用者均应爱护仪器设备，必须严格按操作规程进行操作，切忌野蛮操作。

（5）仪器出现问题时应向实验室管理人员汇报，由管理人员负责处理解决，不得擅自拆卸、移动仪器。

（6）分析仪器应建立完整的使用记录。仪器使用完毕要严格登记，填好相关使用记录。

（7）仪器使用完毕，使用者应按规定对仪器进行清洁，并将仪器恢复到最初状态。

（8）未经相关责任部门允许，不得将仪器设备随便外借。

## 1.9　实验室安全规则

实验是进行教学和课题研究的重要环节，每一次实验都需要认真设计和准备。在安全问题上，要认真考虑实验及试剂的安全性，尤其要考虑到防护措施；在日常的实验操作中，要根据自己的知识和经验，随时留意自己或他人正在进行的实验是否存在安全方面的隐患。为了保证实验的正常进行、设备及人身的安全，必须严格遵守实验室的安全规则：

(1) 凡进入实验室工作、学习的人员，必须遵守实验室有关规章制度，不得擅自动用实验室的仪器设备和安全设施。

(2) 进行实验之前认真查阅文献和手册，了解实验和试剂的危险性及正确的操作方法与防护措施，以便实验发生危险时能及时采取正确的处理措施。

(3) 实验室内严禁烟火，不准饮食。实验室内要保持安静，不要在实验室喧哗和随意打闹，除发生紧急情况外，不准在实验室奔跑。

(4) 实验台面要经常保持整洁和干燥，物品摆放有序。用过的器皿要及时清洗。实验过程中散落的药品要及时清理，实验中产生的废液、废渣、废物统一回收到指定场所。

(5) 了解水、气阀门及电闸的位置，在使用仪器前应检查是否漏气或漏电，实验结束后经教师允许方可按要求关闭相应阀门。

(6) 仪器设备的使用方法要提前了解，认真听教师讲解实验内容，明确操作顺序及操作过程中的注意事项，禁止私自更改仪器设备各项设置，对因违反操作规程或不听从指导造成仪器设备损坏等事故的，按有关规定进行处理。

(7) 实验中发现异常情况或遇到故障应及时报告教师或工作人员，以便及时处理。待故障排除后，可继续进行后续实验。

(8) 所有实验室人员必须清楚知道逃生通道的位置，要知道灭火器、灭火毯等消防设施的位置并懂得如何使用，发生危险时应及时报告教师，并根据实验性质采取适当的处理措施。

# 第2章　气相色谱法

气相色谱法(gas chromatography，GC)是一种把混合物分离成单个组分的实验技术，是以气体为流动相的柱色谱法。该方法具有分析速度快和分离效率高的特点，现在已成为一种成熟且应用广泛的分离复杂混合物的分析技术，在石化分析、药物分析、食品分析、环境分析、高聚物分析等领域均得到广泛应用，是工业、农业、国防、建设、科学研究中的重要工具。

## 2.1　基 本 原 理

气相色谱是对气体物质或可以在一定温度下转化为气体的物质进行分析检测的方法。由于物质的物理性质不同，其试样中各组分在气相和固定相间的分配系数不同，当气化后的试样被载气带入色谱柱中运行时，组分就在其中的两相间进行反复多次分配，由于固定相对各组分的吸附或溶解能力不同，各组分在色谱柱中的运行速度就不同，经过一定时间的流动后彼此分离，按顺序离开色谱柱进入检测器，产生的信号经放大后，在记录器上得到色谱图。根据出峰位置，确定组分的名称，根据峰面积确定浓度大小。

## 2.2　气相色谱仪

### 2.2.1　气相色谱仪基本流程

气相色谱法的基本流程为载气系统输送的载气由高压钢瓶中流出，经减压阀将压力降低到所需压力后，通过净化干燥管使载气净化，再经稳压阀和流量计后，以稳定的压力、恒定的速度流经气化室与气化的样品混合，将样品气体带入色谱柱中进行分离。分离后的各组分随着载气先后流入检测系统，然后载气放空。检测系统将物质的浓度或质量的变化转变为一定的电信号，信号经放大后在数据处理系统上记录下来，就得到色谱流出曲线，即色谱图。

### 2.2.2　仪器结构与原理

气相色谱仪仪器型号繁多，但其基本结构是相似的，主要由载气系统、进样系统、分离系统(色谱柱)、检测系统及数据处理系统构成(图2-1)。

图 2-1　气相色谱仪基本结构

## 1. 载气系统

载气系统包括气源、气体净化器、气路控制系统。载气是气相色谱过程的流动相，原则上只要没有腐蚀性，且不干扰样品分析的气体都可以作载气。常用的载气有 $H_2$、$He$、$N_2$、$Ar$ 等。在实际应用中载气的选择主要根据检测器的特性决定，同时考虑色谱柱的分离效能和分析时间。载气的纯度、流速对色谱柱的分离效能、检测器的灵敏度均有很大影响，气路控制系统的作用就是将载气及辅助气进行稳压、稳流及净化，以满足气相色谱分析的要求。

关于操作气相色谱仪如何选用不同气体纯度的气源作载气和辅助气体，原则上，气体纯度的选择主要取决于分析对象、色谱柱中填充物及检测器。建议在满足分析要求的前提下，尽可能选用纯度较高的气体。这样不但会提高(保持)仪器的高灵敏度，而且会延长色谱柱和整台仪器(气路控制部件、气体过滤器)的寿命。实践证明，如果中高档仪器长期使用较低纯度的气体气源，一旦要求分析低浓度的样品时，要想恢复仪器的高灵敏度有时十分困难。对于低档仪器，进行常量或半微量分析时若选用高纯度的气体，不但增加了运行成本，有时还增加了气路的复杂性，更容易出现漏气或其他问题而影响仪器的正常操作。

## 2. 进样系统

进样系统包括进样器和气化室，它的功能是引入试样，并使试样瞬间气化。气相色谱常用的进样装置是注射进样口和进样阀器，此外还有固相微萃取(SPME)进样器、液体自动进样器、吹扫捕集进样器、热解吸进样器、顶空进样器、热裂解进样器等。气体样品可以用六通阀进样，进样量由定量管控制，可以按需要更换，进样量的重复性可达 0.5%。液体样品可用微量注射器进样，但重复性较差，使用时注意进样量与所选用的注射器相匹配，最好是在注射器最大容量下使用。工业流程色谱分析和大批量样品的常规分析上常用自动进样器，重复性很好。在毛细管柱气相色谱中，由于毛细管柱样品容量很小，一般采用分流进样器，进样量较多，样品气化后只有一小部分被载气带入色谱柱，大部分被放空。气化室的作用是把液体样品瞬间加热变成蒸气，然后由载气带入色谱柱。

## 3. 分离系统

分离系统由色谱柱和柱箱组成。

色谱柱可视为气相色谱仪的心脏，它的功能是使试样在柱内运行的同时得到分离。色谱柱可分为填充柱和毛细管柱。填充柱一般采用不锈钢、玻璃钢或聚四氟乙烯材料制成，内径为 2～6mm，长度为 1～10m，形状有 U 形、螺旋形等，内装固定相。毛细管柱通常内径为 0.1～0.5mm、长度为 25～300m 的石英玻璃柱，呈螺旋形，其固定相涂在或键合在毛细管壁上，用毛细管作分离柱，其分离效率比填充柱高得多。

色谱柱通常安装在可控温的柱箱内，因为温度对分离的影响很大。色谱柱箱一般具有恒温和程序升温两种控温方式。对柱箱的要求是使用温度范围宽，控温精度高，比热容小，升温、降温速度快，保温性好。

## 4. 检测系统

检测系统的功能是将柱后已被分离的组分的信息转变为便于记录的电信号，然后对各组分的组成和含量进行鉴定和测量，是色谱仪的"眼睛"。原则上，被测组分和载气在性质上的任何差异都可以作为设计检测器的依据，但在实际中常用的检测器只有几种，它们结构简单，使用方便，具有通用性或选择性。检测器的选择要依据分析对象和目的确定。气相色谱仪常用检测器见表 2-1。

**表 2-1　气相色谱仪常用检测器**

| 检测器名称 | 代号 | 适用范围 | 载气 | 线性范围 | 检测限/g |
|---|---|---|---|---|---|
| 热导检测器 | TCD | 普遍适用 | He，$H_2$，$N_2$ | $10^5$ | $10^{-8}$ |
| 氢火焰离子化检测器 | FID | 有机物 | He，$H_2$，$N_2$ | $10^7$ | $10^{-12}$ |
| 电子捕获检测器 | ECD | 含卤素、氧、氮等电负性物质 | $N_2$，Ar | $10^4$ | $10^{-13}$ |
| 火焰光度检测器 | FPD | 硫、磷有机化合物 | He，$N_2$ | 硫(对数)$10^2$<br>磷 $10^4$ | $10^{-11}$ |
| 热离子化检测器 | NPD | 硫、磷、氮化合物 | He，$N_2$ | $10^8$ | $10^{-14}$ |
| 光离子化检测器 | PID | 电离能低于 10.2eV 的化合物 | $N_2$，$H_2$ | $10^8$ | $10^{-3}$ |
| 氦离子化检测器 | HID | 普遍适用 | He | $10^5$ | $10^{-14}$ |
| 氩离子化检测器 | AID | 普遍适用 | Ar | $10^5$ | $10^{-14}$ |
| 催化离子化检测器 | CID | 普遍适用 | He,$H_2$ | $10^3$ | $10^{-9}$ |
| 气体密度天平 | GDB | 可用于测定相对分子质量 | $CO_2$，Ar，He，$H_2$ | $10^5$ | $10^{-9}$ |
| 微库仑检测器 | MCD | 卤化物、硫、氮化合物 | Ar，He，$N_2$ | $10^4$ | $10^{-9}$ |
| 截面积电离检测器 | CSD | 普遍适用 | $H_2$ | $10^5$ | $10^{-9}$ |
| 微波等离子体检测器 | MPD | 可同时测 C、H、O、N、S、P、卤素等 | Ar，He | $10^4$ | $10^{-10}$ |
| 质谱仪 | MS | 与气相色谱仪联用 | He，$H_2$ | $10^6$ | $10^{-9}$ |
| 红外光谱仪 | IR | 与气相色谱仪联用 | He，$N_2$ | | $10^{-6}$ |
| 体积检测器<br>(积分型) | GVD | 永久性气体和不溶于碱的气体 | $CO_2$ | $10^4$ | $10^{-4}$<br>(mmol) |

**5. 数据处理系统**

数据处理系统目前多采用配备操作软件包的工作站，用计算机控制，既可以对色谱数据进行自动处理，又可对色谱系统的参数进行自动控制。

# 2.3　实验部分

## 实验 1　气相色谱性能测定及定性分析

### 一、实验目的

(1)掌握气相色谱仪的一般使用方法。

(2)了解气相色谱仪的结构、气路系统。

(3)学习利用纯物对照法和加入纯物增加峰高法的定性方法。

(4)熟悉色谱工作站的一般使用方法。

## 二、实验原理

### 1. 柱效能的测定

色谱柱的分离效能主要由柱效率和分离度衡量。柱效率是以样品中验证分离组分的保留值用峰宽来计算的理论塔板数或塔板高度表示的。

理论塔板数：$n=5.54\left(\dfrac{t_R}{W_{1/2}}\right)^2=16\left(\dfrac{t_R}{W_b}\right)^2$

理论塔板高度：$H=\dfrac{L}{n}$

式中，$t_R$ 为保留值，s 或 mim；$W_{1/2}$ 为半峰宽，s 或 mim；$W_b$ 为峰底宽，s 或 mim；$L$ 为柱长，cm。

理论塔板数越大或塔板高度越小，说明柱效率越好。但柱效率只反映了色谱对某一组分的柱效能，不能反映相邻组分的分离度，因此还需计算最难分离物质对的分离度。

分离度是指色谱柱对样品中相邻两组分的分离程度。成功地分离一个混合试样是气相色谱法完成定性及定量分析的前提和基础。分离度 $R$ 的计算方法为

$$R=\frac{t_{R2}-t_{R1}}{W_{1/2(1)}+W_{1/2(2)}}\quad \text{或}\quad R=\frac{2(t_{R2}-t_{R1})}{W_{b1}+W_{b2}}$$

分离度数值越大，两组分分开程度越大，当 $R$ 值达到 1.5 时，可以认为两组分完全分开。

### 2. 样品的定性

用纯物质的保留值对照定性。在确定的色谱条件下，每个物质都有一个确定的保留值，所以在相同条件下，未知物的保留值和已知物的保留值相同时，就可以认为未知物即是用于对照的已知纯物质。但是，有不少物质在同一条件下可能有非常相近且不容易察觉差异的保留值。所以，当样品组分未知时，仅用纯物质的保留值与样品组分的保留值对照定性是困难的。这种情况下，需用两根不同极性的柱子或两种以上不同极性固定液配成的柱子，对于一些组成基本上可以估计的样品，可以准备这样一些纯物质，在同样的色谱条件下，以纯物质的保留时间对照，用来判断其色谱峰属于什么组分，这是一种简单而方便的定性方法。

用标准加入法定性。首先在一定的色谱条件下采集混合物样品的色谱峰，然后在一定量的混合物样品中加入怀疑有的物质的纯物质，在相同的色谱条件下采集加入某纯物质的色谱峰，比较两个色谱图，如果两个色谱图上某一个峰的保留值相同，但加了某纯物质的色谱图上的色谱峰的峰高增加、峰面积增大，则此峰即为该纯物质。

### 3. 归一化法定量

归一化法定量的依据是，当样品的所有组分均出峰时，则 $\sum fA$ 就代表了样品的进样量，其某一部分的进样量则为 $f_iA_i$，$i$ 组分含量为

$$W_i=\frac{m_i}{m_{\text{样}}}\times100\%=\frac{f_iA_i}{f_1A_1+f_2A_2+\cdots+f_nA_n}\times100\%=\frac{f_iA_i}{\displaystyle\sum_{i=1}^{n}f_iA_i}\times100\%$$

所以，采用归一化法测定时，就是在测知组分的相对校正因子后，将样品中所有组分的峰面积测出，按上式计算各组分的质量分数。

### 三、主要仪器和试剂

1. 仪器

气相色谱仪(氢火焰离子化检测器)，微量注射器(10μL)，色谱柱(DB-5 毛细管柱，柱长30m，内径 0.25mm)。

2. 试剂

乙醇(色谱纯)，乙酸乙酯(色谱纯)，未知乙醇、乙酸乙酯混合试样。

### 四、实验步骤

(1)气路密封性检查。将 9790Ⅱ气相色谱仪气路调节面板的"总压"置于关，"空气"置于空，"氢气"置于关，将气体干燥器三路气体开关置于开，打开氮气瓶总阀、空气瓶总阀、氢气瓶总阀，调节输出压力至 0.3MPa，待输出压力稳定后，关闭三路气体总阀，等待 5min，如果输出压力一直稳定于 0.3MPa，则表明气密性良好，如果某一路气体输出压力下降，则表示该路气体有漏气现象。可用肥皂水溶液检漏，若某部位有气泡出现，即为漏处，此时应拧紧气路连接处至不再漏气为止。

(2)根据气相色谱仪操作规程，设置色谱仪分析条件。

柱温：90℃；检测器温度：200℃；气化室温度：150℃；载气：氮气($1mL \cdot min^{-1}$)，空气($300mL \cdot min^{-1}$)，氢气($30mL \cdot min^{-1}$)。

(3)分别进样乙醇、乙酸乙酯纯物质 2μL，记录色谱图上各峰的保留时间。

(4)进未知试样 2μL，记录色谱图上各峰的保留时间及各色谱峰面积、半峰宽。

### 五、数据处理

(1)将试样组分峰的保留时间与纯物质的保留时间对照，确定试样中各峰代表的物质。
(2)计算理论塔板高度。
(3)计算乙醇、乙酸乙酯之间的分离度。

### 六、思考题

(1)如何检查气相色谱气路系统是否漏气？
(2)如何选择柱温、气化室温度和检测器温度？
(3)常用检测器的主要性能有哪些？各有何特点？

### 七、注意事项

(1)FID 温度应大于 100℃后再点火，否则离子室易积水，影响电极绝缘而使基线不稳。
(2)硅橡胶垫在长时间进样后容易老化漏气，需及时更换。
(3)微量注射器在使用前后需用丙酮等溶剂清洗，取试样时，应先用少量试样润洗多次。

## 实验 2　空气中苯、甲苯、二甲苯的气相色谱分析

### 一、实验目的

(1)掌握空气中苯、甲苯、二甲苯的测定方法。

(2)熟悉气相色谱仪和氢火焰离子化检测器的使用。

### 二、实验原理

#### 1. 原理

空气中苯、甲苯和二甲苯用活性炭管采集，然后经热解或用二硫化碳提取，再经色谱柱分离，用氢火焰离子化检测器检测，以保留时间定性，以峰高定量。

#### 2. 检出下限

当采样量为 10L，热解吸 100mL 气体样品，进样 1mL 时，苯、甲苯和二甲苯的检出下限分别为 $0.005mg \cdot m^{-3}$、$0.01mg \cdot m^{-3}$ 和 $0.02mg \cdot m^{-3}$；若用 1mL 二硫化碳提取液体样品，进样 $1\mu L$ 时，苯、甲苯和二甲苯的检出下限分别为 $0.025mg \cdot m^{-3}$、$0.05mg \cdot m^{-3}$ 和 $0.1mg \cdot m^{-3}$。

#### 3. 测定范围

当用活性炭管采气样 10L，热解吸时，苯的测量范围为 $0.005\sim10mg \cdot m^{-3}$，甲苯为 $0.01\sim10mg \cdot m^{-3}$，二甲苯为 $0.02\sim10mg \cdot m^{-3}$；二硫化碳提取时，苯的测量范围为 $0.025\sim20mg \cdot m^{-3}$，甲苯为 $0.05\sim20mg \cdot m^{-3}$，二甲苯为 $0.1\sim20mg \cdot m^{-3}$。

#### 4. 干扰及其排除

当空气中水蒸气或水雾量太大，以致在炭管中凝结时，将严重影响活性炭管的穿透容量及采样效率，空气湿度在 90%时，活性炭管的采样效率仍然符合要求。空气中的其他污染物的干扰，由于采用了气相色谱分离技术，选择合适的色谱分离条件可予以消除。

### 三、主要仪器和试剂

#### 1. 仪器

活性炭管：用长 150mm、内径 3.5～4.0mm、外径 6mm 的玻璃管，装入 100mg 椰子壳活性炭，两端用少量玻璃棉固定。装好管后再用纯氮气于 300～350℃温度条件下吹 5～10min，然后套上塑料帽封紧管的两端。此管放于干燥器中可保存 5 天。若将玻璃管熔封，此管可稳定 3 个月。

空气采样器：流量范围为 $0.2\sim1L \cdot min^{-1}$，流量稳定，使用时用皂膜流量计校准采样系列采样前和采样后的流量，流量误差应小于 5%。

注射器：1mL，100mL。体积刻度误差应校正。

微量注射器：$1\mu L$，$10\mu L$。体积刻度误差应校正。

热解吸装置：热解吸装置主要由加热器、控温器、测温表及气体流量控制器等部分组成。调

温范围为 100～400℃，控温精度±1℃，热解吸气体为氮气，流量调节范围为 50～100mL·min⁻¹，读数误差±1mL·min⁻¹。所用的热解吸装置的结构应使活性炭管能方便地插入加热器中，并且各部分受热均匀。

具塞刻度试管：2mL。

气相色谱仪：氢火焰离子化检测器。

色谱柱：DB-5 毛细管柱，柱长 30m，内径 0.25mm。

### 2. 试剂

苯（色谱纯），甲苯（色谱纯），二甲苯（色谱纯），二硫化碳（分析纯），椰子壳活性炭（20～40 目），纯氮（99.99%）。

## 四、实验步骤

### 1. 采样

在采样地点打开活性炭管，两端孔径至少 2mm，与空气采样器入气口垂直连接，以 0.5L·min⁻¹ 的速度抽取 10L 空气。采样后，将管的两端套上塑料帽，并记录采样时的温度和大气压力。样品可保存 5 天。

### 2. 提取

将活性炭倒入具塞刻度试管中，加 1.0mL 二硫化碳，塞紧管塞，放置 1h，并不时振摇，提取溶液进样分析。

### 3. 标准曲线标样的配制

于 3 个 50mL 容量瓶中，先加入少量二硫化碳，用 10μL 注射器准确量取一定量的苯、甲苯和二甲苯分别注入容量瓶中，加二硫化碳至刻度，配成一定浓度的储备液。临用前取一定量储备液，用二硫化碳逐级稀释成苯、甲苯和二甲苯含量为 0.005μg·mL⁻¹、0.01μg·mL⁻¹、0.05μg·mL⁻¹、0.1μg·mL⁻¹、0.2μg·mL⁻¹ 的混合标准液。

### 4. 色谱分析

（1）色谱参考条件。

检测器：FID；柱温：程序升温，45℃稳定 2min，以 8℃·min⁻¹ 升温到 120℃，稳定 2min；进样口：150℃；检测室温度：150℃；气体流量：$N_2$ 1mL·min⁻¹，$H_2$ 30mL·min⁻¹，空气 300mL·min⁻¹。

（2）进样分析。

对于气体样品，取 1mL 进样，测量保留时间及峰面积。每个浓度重复 3 次，取峰面积的平均值。分别以苯、甲苯和二甲苯的含量（μg·mL⁻¹）为横坐标，平均峰面积为纵坐标，绘制标准曲线。

对于液体样品，取 1μL 进样，测量保留时间及峰面积，每个浓度重复 3 次，取峰面积的平均值，分别以苯、甲苯和二甲苯的含量（μg·μL⁻¹）为横坐标，平均峰面积为纵坐标，绘制标准曲线。

同时，取一个未采样的活性炭管，按样品管同样操作，测定空白管的平均峰面积。

### 五、数据处理

(1)将采样体积换算成标准状态下的采样体积。

$$V_0 = V_t \cdot \frac{T_0}{273+t} \cdot \frac{p}{p_0}$$

式中，$V_0$ 为换算成标准状态的采样体积，L；$V_t$ 为采样体积，L；$T_0$ 为标准状态的热力学温度，273K；$t$ 为采样时采样点的温度，℃；$p_0$ 为标准状态的大气压力，101.3kPa；$p$ 为采样时采样点的大气压力，kPa。

(2)空气中苯、甲苯和二甲苯浓度按下式计算：

$$C = \frac{(c-c_0) \times V}{V_0}$$

式中，$C$ 为空气中苯或甲苯、二甲苯的浓度，$mg \cdot m^{-3}$ 或 $mg \cdot L^{-1}$；$c$ 为由标准曲线计算得到的平均浓度，$mg \cdot m^{-3}$ 或 $mg \cdot L^{-1}$；$c_0$ 为空白管的浓度，$mg \cdot m^{-3}$ 或 $mg \cdot L^{-1}$；$V$ 为样品的解吸体积或定容体积，$m^3$ 或 L。

### 六、思考题

(1)用氢火焰离子化检测器进行操作时的开气顺序及使用完毕时关气顺序应注意什么？
(2)在实验过程中，为使几种组分能很好地分离，应注意哪些问题？

### 七、注意事项

(1)二硫化碳在使用前应经过气相色谱仪鉴定是否存在干扰峰。如有干扰峰，应对二硫化碳提纯。

(2)气相色谱仪每次手动进样量和进样过程时间应保持一致，否则会影响峰值大小及出峰时间。

(3)活性炭几乎能吸附所有的有机蒸气，保存过程中应特别注意防止污染，要用塑料帽套紧管的两端。

### 八、二硫化碳的纯化方法

二硫化碳用 5%的浓硫酸甲醛溶液反复提取，直到硫酸无色为止，用蒸馏水洗二硫化碳至中性再用无水硫酸钠干燥，重蒸馏，储存于冰箱中备用。

## 2.4　9790Ⅱ气相色谱仪操作流程

### 2.4.1　仪器简介

9790Ⅱ气相色谱仪是一种普及型、多用途、高性能的单检测器系列化仪器。仪器采用双气路分析系统，配有氢火焰离子化检测器，仪器可进行恒温或程序升温操作；可安装填充柱或毛细管色谱柱；可作柱头注样或快速气化注样分析；并可选择配置各种不同性能的检测器（TCD、ECD、FPD、NPD）等以组成性能不同的仪器，满足不同用户、不同分析对象、不同应用场所的需要。

### 2.4.2　仪器结构

1. 仪器外形结构

9790 II 气相色谱仪外形结构如图 2-2 所示。

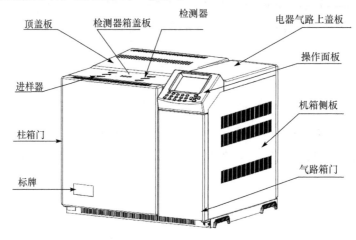

图 2-2　仪器外形结构

2. 色谱柱与柱箱

色谱柱与柱箱如图 2-3 所示。

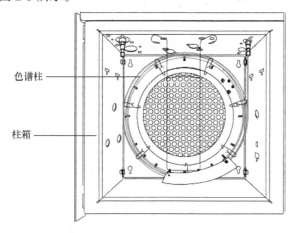

图 2-3　色谱柱与柱箱

3. 气路控制面板

气路控制面板如图 2-4 所示。

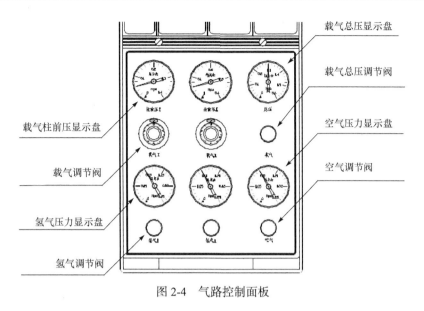

图 2-4　气路控制面板

## 4. 仪器气路流程

仪器气路流程如图 2-5 所示。

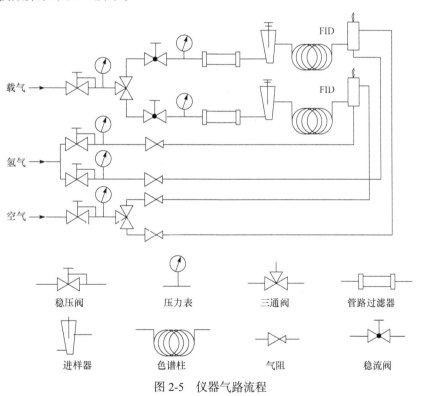

图 2-5　仪器气路流程

## 5. 温度控制面板

温度控制面板如图 2-6 所示。

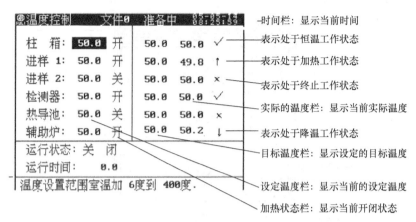

图 2-6  温度控制面板

### 2.4.3  操作规程

1. 仪器操作

(1)打开载气($N_2$)总阀,调节载气压力到 0.4MPa,打开空气总阀和分压阀,调节空气压力到 0.4MPa,同时打开氢气总阀和分压阀,调节氢气压力为 0.25MPa,气体减压阀使用方法见图 2-7。

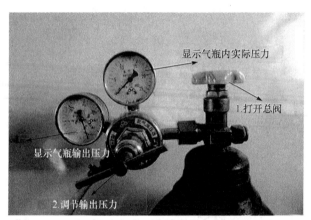

图 2-7  气体减压阀使用方法

(2)通过仪器上"气路控制面板"调节仪器上的载气调节阀,使柱前压处在分析工作所需要的压力(一般来说,柱前压在 0.1MPa 左右)。

(3)打开主机左侧电源开关。

(4)据实验条件,通过"温度控制面板"设置柱温、检测器温度、进样器温度等。

(5)待仪器温度升到设定值后,进行仪器点火操作:调节"气路控制面板"上空气和氢气调节阀,使空气压力在 0.1MPa 左右,氢气压力在 0.2MPa 左右,用点火枪为 FID 点火,用玻璃片或铁片等冷的物体靠近检测器的盖帽,有水珠凝结表明点火成功(也可以通过观察工作站所显示的基线是否在点火瞬间开始上升来确定是否点火成功)。

(6)点火后,将仪器右下侧"气路控制面板"上空气、氢气的压力都缓慢调节到 0.1MPa。

(7)待基线平稳,进行分析作业。

(8)分析完毕，关闭柱箱、检测器、进样器三个控制开关。同时可关闭空气和氢气总阀与分压阀。

(9)等待柱箱温度降到 50℃以下，其余加热区温度降到 150℃以下，关闭主机电源开关。

(10)关闭载气总阀和分压阀。

**2.FL9500 工作站操作**

(1)实验准备。

在桌面上找到 FL9500 在线工作站软件图标，双击打开，点击采样通道 1。

(2)查看基线。

进入"实时进样"界面，"实时进样"界面由"菜单行"、"快捷按钮行"、"做样框"、"样品树"、"功能页签"及"状态信息行"等部分组成，见图 2-8。"菜单"主要功能见图 2-9，"快捷按钮"主要功能见图 2-10。设置相关参数并查看基线，待基线平直后即可进样。

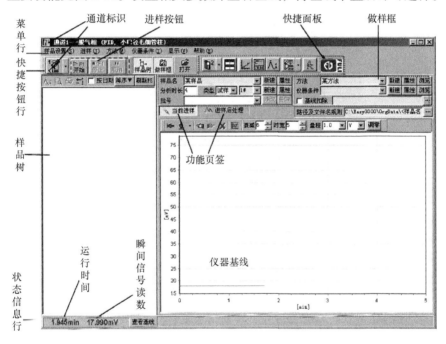

图 2-8 FL9500 工作站"实时进样"界面

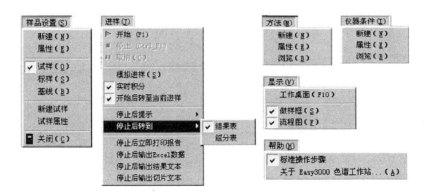

图 2-9 FL9500 工作站"菜单"主要功能

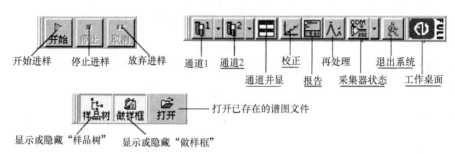

图 2-10　FL9500 工作站"快捷按钮"主要功能

通过设定"路径及文件名规则"，可对样品进样分析后所形成的谱图文件进行更细致的分类。点击图 2-8 中"路径及文件名规则"右边的按钮，可打开"保存路径及文件命名规则"对话框，见图 2-11。

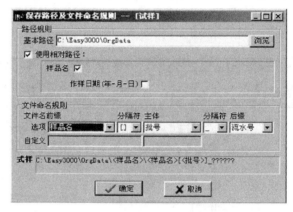

图 2-11　保存路径及文件命名规则

(3)进样分析，相关界面见图 2-12 ~ 图 2-14。

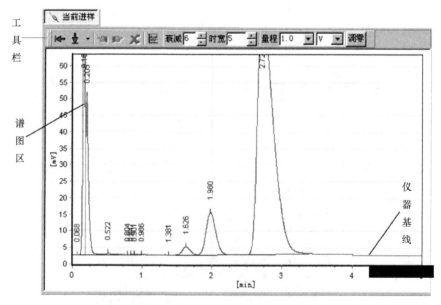

图 2-12　当前进样谱图操作界面

(4)进样后处理，相关界面见图 2-15 和图 2-16。

图 2-13 进样谱图工具栏

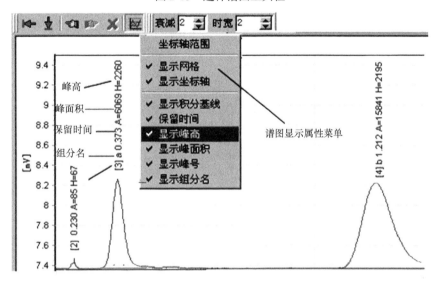

图 2-14 标注"保留时间"、"峰高"等注释信息

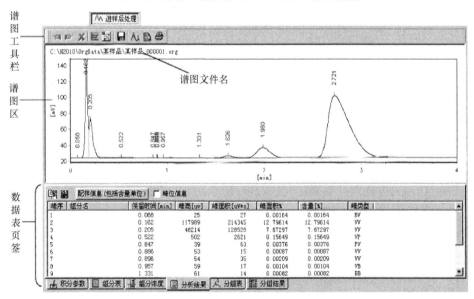

图 2-15 进样后处理窗口

## 2.4.4 使用注意事项

（1）防止电事故：拆掉仪器某些盖板部件时可能使一些电器部位暴露出来，在这些面板上一般都有危险标志。在拆掉面板之前，一定要先拔掉电源插头。

（2）防止烫伤：仪器运行中加热区温度较高，关机后加热区的受热部位会在一定时间内保持一定温度。为防止烫伤应避免与其接触，若需更换部件，一定要待仪器温度降低后，或使

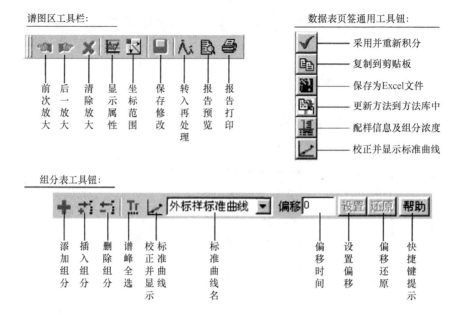

图 2-16　进样后处理工具栏

用隔热手套及其他隔热保护层才能与其接触。

（3）气路：气路系统要定期进行密封性检查；气路布置要合理，气瓶间不要与仪器相隔太远，若气路太长或弯曲会增加气体的阻力，易发生泄漏。仪器使用的样品量很少，一般不会产生空气污染，特别是使用质量型检测器时，样品经火焰燃烧后排放，所以一般不需要采用专门的通风设备。但使用浓度型检测器分析有害物质时，仪器只对样品进行分离而未破坏样品的组分，此时需要使用管路将仪器放空气体从仪器的放空口排至室外。

（4）常用有机溶剂的存放处要远离仪器，应储存在防火的通风柜中，对有毒和易燃物品应标注明显标志。

### 2.4.5　仪器维护

（1）色谱柱的老化新柱或长期不用的柱子需老化以去除挥发性的污染物。做法：色谱柱的一端接在进样器上，与检测器连接的一端拆下来，用螺帽盖好检测器入口，通入载气，设定炉温 10℃约 1h，然后逐渐升温至比使用温度高约 25℃（切勿超过柱子的最高温度极限），保持 12～24h。毛细管柱时间可短一些。

（2）进样器隔垫的使用寿命取决于使用次数和针头质量，一般的规律是每天换一次隔垫。

（3）进样器衬套、内衬管及检测器喷嘴被污染时要用合适的溶剂清洗。

（4）当 TCD 处于开启状态时，如果未开或中断气流，灯丝会永久性损坏。每当改变调节影响到通过检测器的气流时，检测器一定要处于关闭状态。

（5）用氢气作燃料的检测器（FID、FPD、NPD），一旦氢气接入仪器，进样口接头就必须始终接一根色谱柱或一个帽，否则氢气会流进加热室引起爆炸事故。

（6）当用 FID、FPD、NPD 时，检测器温度一定要高于 100℃，以免积水。

（7）所用气体需经净化器（内装变色硅胶、分子筛等）过滤以除去水分、氧气等杂质。

（8）检测器温度应在柱温以上，以防样品或流失的固定液在检测器中冷凝。

（9）每次完成测试后，注射几次溶剂清洗柱子。

# 第 3 章　高效液相色谱法

高效液相色谱法(high performance liquid chromatography，HPLC)是 20 世纪 60 年代末发展起来的一种高效、快速的分离分析技术。液相色谱法是指以液体为流动相的色谱技术。液相色谱的开始阶段是用大直径的玻璃管柱在常温和常压下利用液位差输送流动相，称为经典的液相色谱法，此方法柱效低、时间长、样品用量大。高效液相色谱法是在传统的液相色谱基础上引入气相色谱的理论和技术，采用高压泵、高效固定相和高灵敏度检测器发展而来的，具有高压、高速、高效、高灵敏度的特点，又称高压液相色谱或高速液相色谱。高效液相色谱的应用范围非常广泛，适用于高沸点、难挥发和热不稳定的化合物、离子型化合物、高聚物乃至生物大分子等物质。

## 3.1　基　本　原　理

色谱法的基本原理是：溶于流动相中的各组分经过固定相时，由于与固定相发生作用(吸附、分配、离子吸引、排阻、亲和)的强弱不同，在固定相中滞留时间不同，从而先后从固定相中流出。色谱法又称为色层法、层析法。

根据分离机制的不同，高效液相色谱法可分为液-固吸附色谱法、液-液分配色谱法、离子交换色谱法、离子对色谱法、尺寸排阻色谱法等。

### 3.1.1　液-固吸附色谱法

液-固吸附色谱法(liquid-solid absorption chromatography，LSC)是根据被分离组分的分子与流动相分子争夺吸附剂表面活性中心，对溶质分子的吸附系数的差别而分离。适用于分离相对分子质量中等的油溶性样品，对具有不同官能团的化合物和异构体具有高度选择性。凡能用薄层色谱法成功进行分离的化合物，也可用液-固吸附色谱法进行分离，后者的缺点是非线性等温吸附常引起峰的拖尾现象。

液-固吸附色谱的固定相是固体吸附剂，是一些多孔的固体颗粒物质，分为极性和非极性两种类型。其中极性吸附剂包括硅胶、氧化铝、氧化镁、分子筛及聚酰胺等，非极性吸附剂最常见的是活性炭。极性吸附剂可进一步分为酸性吸附剂和碱性吸附剂，其中酸性吸附剂用于分离碱，碱性吸附剂则适用于分离酸性溶质。在现代液相色谱中，硅胶不仅可作为液-固吸附色谱固定相，还可作为液-液分配色谱的载体和化学键合相色谱填料的基体。

在液-固色谱中，选择流动相的基本原则是极性大的试样用极性较强的流动相，极性小的试样则用极性弱的流动相。为了获得合适的溶剂极性，常采用两种、三种或更多种不同极性的溶剂混合使用。

### 3.1.2　液-液分配色谱法和化学键合相色谱法

液-液分配色谱法(liquid-liquid chromatography，LLC)是指流动相和固定相均为液体的色谱方法。传统的液-液分配色谱是将特定的液态物质涂渍在担体表面，根据被分离组分在固定相和流动相中溶解度不同而分离。该分离过程是一个分配平衡过程。当达到平衡时，物质的分配服从下式：

$$K=\frac{c_s}{c_m}=k\frac{V_m}{V_s}$$

式中，$K$ 为分配系数；$k$ 为容量因子；$c_s$ 和 $c_m$ 分别为固定相和流动相中的浓度；$V_m$ 和 $V_s$ 分别为流动相和固定相的体积。

但在实际色谱分离过程中，由于固定液在流动相中仍有微量溶解，以及流动相通过色谱柱时产生的机械冲击，这种涂渍式固定相很难避免固定液的流失，从而导致保留行为变化、柱效降低等现象，现在已很少采用。为了解决固定液的流失问题，现主要采用将各种不同的有机基团通过化学反应键合到硅胶(担体)表面的游离羟基上，代替机械涂渍的液体固定相，称为化学键合相色谱法。

液-液分配色谱法按照固定相和流动相极性的不同可分为正相色谱法和反相色谱法。

流动相极性小于固定相极性的液-液分配色谱法称为正相色谱法，适用于分离中等极性和极性较强的化合物，如酚类、胺类、羰基类及氨基酸类等。正相色谱系统的色谱柱常使用硅胶柱或以硅胶作载体，氰基或氨基取代硅胶的羟基制备的化学键合固定相。正相色谱系统的流动相多使用烷烃、芳香烃、二氯甲烷、氯仿、四氯化碳等相对非极性的疏水性试剂作为主要试剂，同时加入四氢呋喃、嘧啶、乙酸乙酯、乙腈、丙酮、异丙醇、乙醇、甲醇等作为辅助试剂，调整保留时间。以硅胶柱为例，分离机制主要为氢键力，如果化合物含有—COOH、—NH$_2$、—OH 等，则氢键力强，出峰时间晚；如果化合物没有任何官能团，如糖类，或化合物中有大基团，由于空间位阻，氢键力弱，样品出峰时间早。

流动相极性大于固定相极性的液-液分配色谱法称为反相色谱法，适用于分离非极性和极性较弱的化合物，在现代液相色谱中应用最为广泛，占常见分析任务的 70%～80%。反相色谱法一般使用非极性固定相，如硅胶表面键合十八烷基硅烷(ODS)的 C$_{18}$ 柱和键合辛烷基硅烷的 C$_8$ 柱。流动相为水或水的缓冲液，同时加入甲醇、乙腈等与水互溶的有机溶剂以调整保留时间。在实际分离过程中，优化水相和有机相的比例非常重要，水相中存在缓冲液时，缓冲液的浓度和 pH 非常重要。但需要注意的是，C$_{18}$ 和 C$_8$ 柱的 pH 使用范围通常为 2～8，太高的 pH 会使硅胶溶解，太低的 pH 会使键合的烷基脱落。最新研究的商品柱有的可在 pH 为 1～12 操作。反相色谱的分离机制主要靠疏水性作用力，如果化合物含有碳链或芳香基，疏水性作用力强，则化合物后出峰；如果化合物含有—COOH、—NH$_2$、—OH 等，则疏水性作用力弱，出峰时间早。

### 3.1.3 离子交换色谱法

离子交换色谱法(ion exchange chromatography, IEC)是以离子交换树脂为固定相，水缓冲溶液或有机溶剂与水缓冲溶液的混合液为流动相，利用被分离组分与固定相之间发生离子交换的能力差异来实现分离的方法。离子交换色谱法广泛应用于生物医学领域，如蛋白质、氨基酸和肽的分离，也可用于有机和无机混合物的分离。离子交换色谱分为阴离子分析系统和阳离子分析系统。阴离子分析系统常用的缓冲液为氢氧化物、硼酸盐、碳酸盐和两性离子等，固定相采用强阴离子交换剂(SAX，如 R$_4$N$^+$)或弱阴离子交换剂(WAX，如 DEAE)。阳离子分析系统常用的缓冲液为矿物酸，如硝酸、盐酸、硫酸和甲基磺酸等，固定相采用强阳离子交换剂（SCX，如 R—SO$_3^-$）或弱阳离子交换剂（WCX，R—COO$^-$）。

### 3.1.4　离子对色谱法

离子对色谱法（ion pair chromatography，IPC）的原理为样品离子与流动相中离子对试剂的反离子生成疏水性离子对，从而控制样品离子的保留行为，根据流动相和固定相的性质也有正相离子对色谱和反相离子对色谱之分。常见的反相离子对色谱采用的固定相多为疏水性的苯乙烯/二乙烯基苯树脂、键合的硅胶或普通的 ODS 柱，流动相为加入离子对试剂的水的缓冲液和有机溶剂。常用于阴离子化合物分离的离子对有氢氧化四丁基铵和溴化四丁基铵，常用于阳离子化合物分离的离子对有烷基磺酸钠类，如丁烷基磺酸钠、戊烷基磺酸钠、庚烷基磺酸钠、十二烷基磺酸钠等。

离子对色谱法，特别是反相离子对色谱法解决了以往一些难以分离的混合物的分离问题，如酸、碱和离子、非离子的混合物，特别对一些生化试样（如核酸、核苷、儿茶酚胺、生物碱等）有较好的分离效果。

### 3.1.5　尺寸排阻色谱法

尺寸排阻色谱法（size exclusion chromatography，SEC）是利用多孔凝胶固定相的特性，主要依据分子尺寸大小的差异完成分离的液相色谱方法。尺寸排阻色谱法的分离机理与其他色谱法不同，样品在流动相和固定相之间不是靠相互作用力，而是根据分子大小进行分离。分离只与凝胶的孔径分布和溶质的流体力学体积或分子大小有关。不同的凝胶具有一定大小的孔穴排布，分离时相对分子质量小的化合物可以进入孔穴，所以滞留时间长，出峰晚；一些相对分子质量太大的化合物则无法进入胶孔，直接随流动相流出，故出峰时间早；而对于一些中等大小的分子可渗透到其中某些孔穴而不能进入另一些孔穴，以中等速度通过柱子。尺寸排阻色谱存在排阻极限和渗透极限，凡是大于排阻极限对应的相对分子质量的分子均被排斥于所有胶孔之外，凡是小于渗透极限对应的相对分子质量的分子均可完全渗入凝胶孔穴。只有介于这两个极限之间的化合物才会按照相对分子质量由大到小的顺序进行洗脱。

根据测试对象的不同，一般把以有机溶剂为流动相的情况称为凝胶渗透色谱（GPC），把以水溶液为流动相的情况称为凝胶过滤色谱（GFC）。凝胶渗透色谱常用的流动相有氯仿、四氢呋喃、二甲基甲酰胺等，常用的固定相填料为苯乙烯-苯共聚物，主要用于聚合物领域。凝胶过滤色谱常用的固定相填料为亲水性有机凝胶，如葡聚糖、琼脂糖、聚丙烯酰胺等，主要用于生命科学领域。

## 3.2　高效液相色谱系统

### 3.2.1　高效液相色谱仪基本组成

高效液相色谱仪一般由输液泵、进样器、色谱柱、检测器、数据记录与处理系统等组成。其中输液泵、色谱柱、检测器是关键部件。有的仪器还有在线脱气机、自动进样器、预柱或保护柱、柱温控制器等。高效液相色谱系统见图 3-1。

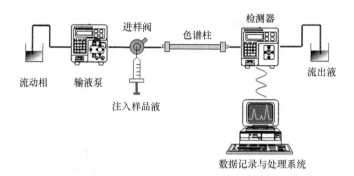

图 3-1　高效液相色谱系统

### 3.2.2　仪器结构与原理

1. 输液泵

由于高效液相色谱所用固定相颗粒极细，因此对流动相阻力很大，为使流动相较快流动，必须配备高压输液泵。高压输液泵是高效液相色谱系统中最重要的部件之一，其作用是将流动相以稳定的流速或压力输送到色谱系统，泵的性能好坏直接影响整个系统的质量和分析结果的重复性与准确性。输液泵应具备如下性能：

(1)流量稳定，其 RSD 应小于 0.5%，这对定性定量的准确性至关重要。

(2)流量范围宽，分析型应在 $0.1 \sim 10 \text{mL} \cdot \text{min}^{-1}$ 连续可调，制备型应能达到 $100 \text{mL} \cdot \text{min}^{-1}$。

(3)输出压力高，一般应能达到 15～30MPa。

(4)液缸容积小。

(5)密封性能好，耐腐蚀。

为了延长泵的使用寿命和维持其输液的稳定性，必须注意下列事项：

(1)防止任何固体微粒进入泵体，因为尘埃或其他任何杂质微粒都会磨损柱塞、密封环、缸体和单向阀，因此应预先除去流动相中的所有固体微粒。

(2)流动相不应含有任何腐蚀性物质，含有缓冲液的流动相不应保留在泵内，尤其是在停泵过夜或更长时间的情况下。

(3)泵工作时要留心防止溶剂瓶内的流动相被用完，因为空泵运转也会磨损柱塞、缸体或密封环，最终发生漏液。

(4)输液泵的工作压力不要超过规定的最高压力，否则会使高压密封环变形，发生漏液。

(5)流动相应先脱气，以免在泵内产生气泡，影响流量的稳定性，如果有大量气泡，泵将无法正常工作。

泵的种类很多，目前多用往复式柱塞泵，其结构如图 3-2 所示。偏心轮带动柱塞杆往复运动，当柱塞被推进缸体时，泵头上部单向阀的宝石球体被推上去，上部单向阀打开，输出一定量液体，同时下部单向阀的宝石球体被推下去，堵塞管路，下部单向阀关闭。反之，当柱塞被拉出缸体时，流动相入口单向阀打开，出口单向阀关闭，一定量流动相被吸入缸体。这种泵可通过改变柱塞进入缸体中距离的大小(冲程大小)或往复的频率调节流量。另外，往复式柱塞泵由于死体积小，更换溶剂方便，非常适用于梯度洗脱。它的缺点是输液脉动性较大，目前多采用脉冲阻尼器或双泵补偿法克服输出脉冲，按双泵的联结方式又可分为并列式和串联式。

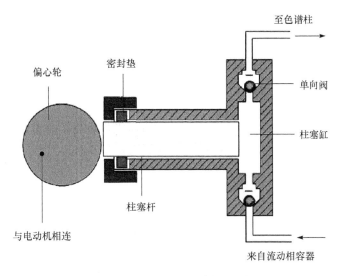

图 3-2　往复式柱塞泵结构示意图

**2. 进样器**

进样器是将样品溶液准确送入色谱柱的装置，分为手动和自动两种方式。进样器要求密封性好，死体积小，重复性好，进样时引起色谱系统的压力和流量波动很小。

1）手动进样器

现在的液相色谱仪所采用的手动进样器几乎都是耐高压、重复性好和操作方便的六通阀进样器，如图 3-3 所示。进样方式分为部分注入和全量注入两种。部分注入一般要求进样量最多为定量环体积的一半，如 20μL 定量环最多进 10μL 样品，并且要求每次进样体积准确相同。全量注入时，进样量最少为定量环体积的 3～5 倍，即 20μL 定量环最少进 60～100μL 样品，这样才能完全置换样品定量环内残留的溶液，达到所要求的精密度及重现性。

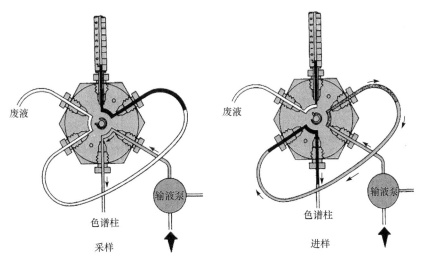

图 3-3　六通阀进样器工作原理

2) 自动进样器

自动进样器是由计算机自动控制进样阀采样(通过阀针)、进样和清洗等操作。操作者只需把装好样品的小瓶按一定次序放入样品架(有转盘式、排式),然后输入程序(如进样次数、分析周期等),启动,设备将自行运转。

### 3. 色谱分离系统

色谱分离系统包括保护柱、色谱柱、恒温装置和连接阀等。分离系统性能的好坏是色谱分析的关键。

1) 保护柱

为保护分析柱,挡住来源于样品和进样阀垫圈的微粒,常在进样器与分析柱之间装上保护柱。保护柱是一种消耗性柱,一般只有 5cm 左右长,在分析 50~100 个较脏的样品之后需要换新的保护柱芯。保护柱用分析柱的同种填料填装,但粒径大得多,便于装填。

2) 色谱柱

色谱柱由柱管和固定相组成。每根柱端都有一块多孔性(孔径 1μm 左右)的金属烧结隔膜片或多孔聚四氟乙烯片(筛板),用以阻止填充物逸出或注射口带入颗粒杂质。

目前液相色谱法常用的标准柱型是内径为 4.6mm 或 3.9mm,长度为 15~30cm 的直形不锈钢柱。填料颗粒度 5~10μm,柱效以理论塔板数计为 7000~10000。液相色谱柱发展的一个重要趋势是减小填料颗粒度以提高柱效,这样可以使用更短的柱(几厘米),分析速度更快。还可通过减小柱径(内径小于 1mm,空心毛细管液相色谱柱的内径只有数十微米)大大降低溶剂用量,提高检测浓度,然而这将对仪器及技术提出更高的要求。

色谱柱按规格不同分为分析型和制备型两类。分析型柱:一般常量分析柱,内径 2~4.6mm,柱长 10~25cm;半微量分析柱,内径 1~1.5mm,柱长 10~20cm;毛细管柱,内径 0.05~1mm,柱长 3~10cm。实验室用制备型柱:内径 20~40mm,柱长 10~30cm。

色谱柱的正确使用和维护十分重要,稍有不慎就会降低柱效、缩短使用寿命甚至造成损坏。在色谱柱操作过程中,需要注意下列问题,以维护色谱柱。

(1)避免压力和温度的急剧变化及任何机械震动。

(2)应逐渐改变溶剂的组成,特别是反相色谱中,不应直接从有机溶剂改变为纯水,反之亦然。

(3)一般来说色谱柱不能反冲。

(4)选择使用适宜的流动相(尤其是 pH),以避免固定相被破坏。

(5)避免将基质复杂的样品直接注入柱内。

(6)保存色谱柱时应将柱内充满乙腈或甲醇,柱接头要拧紧,防止溶剂挥发干燥。绝对禁止将缓冲溶液留在柱内静置过夜或更长时间。

(7)新柱子使用前最好用强溶剂(如纯甲醇、纯乙腈)在低流量($0.2 \sim 0.3 \text{mL} \cdot \text{min}^{-1}$)下冲洗 30min,长时间未用的分析柱也要做同样处理。

3) 柱恒温箱

柱温是液相色谱的重要参数,精确控制柱温可提高保留时间的重现性。一般情况下较高的柱温能增加样品在流动相中的溶解度,缩短分析时间,通常柱温每升高 6℃,组分保留时间减少约 30%;升高柱温能增加柱效,提高分离效率;分析高分子化合物或黏度大的样品,柱温必须高于室温；分析一些具有生物活性的生物分子时，柱温应低于室温。液相色谱常用柱温范围为室温至 65℃。

4. 检测器

检测器的作用是把洗脱液中组分的量转变为电信号。高效液相色谱的检测器要求灵敏度高、噪声低(对温度、流量等外界变化不敏感)、线性范围宽、重复性好和适用范围广，见表 3-1。

表 3-1  各种液相色谱检测器的性质及应用特点

| 检测器 | 检测下限 /(g·mL$^{-1}$) | 选择性 | 梯度淋洗 | 主要特点 |
|---|---|---|---|---|
| 紫外检测器 | $10^{-9}$ | 有 | 可 | 对流速和温度变化敏感；池体积可制作得很小；对溶质的响应变化大 |
| 荧光检测器 | $10^{-12}\sim10^{-11}$ | 有 | 可 | 选择性和灵敏度高；易受背景荧光、消光、温度、pH 和溶剂的影响 |
| 电导检测器 | $10^{-2}$ | 有 | 不可 | 是离子型物质的通用检测器；受温度和流速影响；不能用于有机溶剂体系 |
| 蒸发光散射检测器 | $10^{-9}$ | 无 | 可 | 可检测所有物质 |
| 示差折光检测器 | $10^{-1}$ | 无 | 不可 | 可检测所有物质；不适合微量分析；对温度变化敏感 |
| 质谱检测器 | $10^{-10}$ | 无 | 可 | 主要用于定性和半定量分析 |

1) 紫外检测器

紫外检测器是高效液相色谱中应用最广泛的检测器，当检测波长范围包括可见光时，又称为紫外-可见检测器。它的作用原理是基于被分析样品组分对特定波长紫外光的选择性吸收，组分浓度与吸光度的关系遵守朗伯-比尔(Lambert-Beer)定律。紫外检测器具有灵敏度高、噪声低、线性范围宽、对流速和温度均不敏感等特性，缺点是仅适用于有紫外吸收的物质，流动相选择有限制(流动相的截止波长必须小于检测波长)。

目前常用的有可变波长型检测器及光电二极管阵列检测器。可变波长型检测器相当于一台紫外-可见分光光度计，波长可按需要任意选择，一般选择样品的最大吸收波长为检测波长，以增加检测灵敏度。但由于光源是通过单色器分光后照射到样品上，光源强度及透射光的强度都相应减弱，因此这种检测器对光电转换元件及放大器要求都较高。可变波长型检测器光路见图 3-4。

光电二极管阵列检测器相当于紫外-可见检测器的全波长扫描。由光源发出的紫外或可见光通过检测池，所得组分特征吸收的全部波长经光栅分光、聚焦到二极管阵列上，同时被检测，计算机快速采集数据，便得到三维色谱-光谱图，即每一个峰的在线紫外光谱图。其中二极管阵列检测元件可由 1024(512 或 211)个光电二极管阵列组成，可同时检测 190~800nm 全部紫外光和可见光波长范围内的信号。光电二极管阵列检测器光路见图 3-5。紫外检测器在启动仪器或开灯后，需要一定时间使基线保持稳定，且开灯后不要频繁地开关。

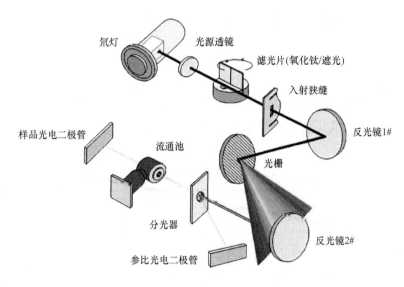

图 3-4　可变波长型紫外检测器光路

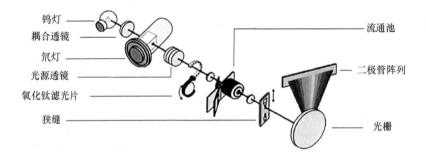

图 3-5　光电二极管阵列检测器光路

2)蒸发光散射检测器

蒸发光散射检测器是 20 世纪 90 年代出现的新型检测器。这种检测器是将流出色谱柱的流动相及组分先引入通载气(常用高纯氮)的蒸发室,在蒸发室和漂移加热管中,流动相蒸发而除去,样品组分则在蒸发室内形成不挥发的微小颗粒,在漂移管末端,此微粒在强光照射下产生光散射(丁铎尔效应),用光电倍增管检测到的散射光与组分的量成正比。为避免透射光的影响,光电倍增管和入射光的角度应为 90°～160°,一般选用 120°,以利于测量到衍射光的最大强度。蒸发光散射检测器的结构及原理见图 3-6。

蒸发光散射检测器是一种通用型的质量检测器,对所有固体物质(检测时)均有几乎相等的响应,检出限一般为 8～10ng,可用于检测挥发性低于流动相的任何样品组分,消除了溶剂干扰及温度变化带来的基线漂移,但对于有紫外吸收的组分的检测灵敏度较低,且不能使用非挥发性缓冲盐(如磷酸盐等)作流动相。蒸发光散射检测器可用于梯度洗脱,除可用作 HPLC 检测器,还可用作超临界色谱(SFC)的检测器,特别适用于无紫外吸收样品的检测,主要用于糖类、高分子化合物、高级脂肪酸、维生素及甾族化合物等,是一种正在迅速发展中的检测器。

3)荧光检测器

荧光检测器用于检测在紫外光的激发下能发荧光的化合物,或不产生荧光但能利用荧光试剂在柱前或柱后衍生化制成荧光衍生物的物质。荧光检测器的结构和工作原理见图 3-7。由卤化物灯产生 280nm 以上的连续波长的强激发光,经透镜和激发滤光片将光源发出的光聚焦,将其分为所要求的谱带宽度并聚焦在流通池上,另一个透镜将从流通池中预测组分发射出来的与激发光呈 90°的荧光聚焦,透过发射滤光片照射到光电倍增管上进行检测。在现有高效液相检测器中,荧光检测器的灵敏度最高,比紫外检测器的灵敏度高 2 个数量级($10^{-11}$g),选择性也好。常用于酶、甾族化合物、维生素、氨基酸等成分的 HPLC 分析,是体内药物分析常用的检测器。

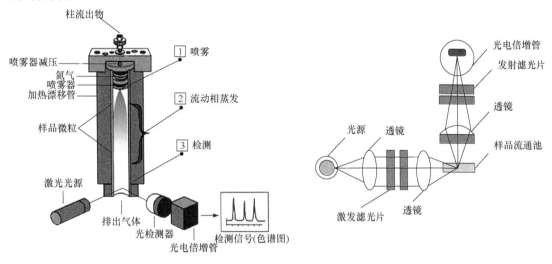

图 3-6　蒸发光散射检测器　　　　　　图 3-7　荧光检测器

## 3.3　实 验 部 分

### 实验 3　高效液相色谱法测定可乐饮料中咖啡因的含量

**一、实验目的**

(1)了解高效液相色谱法测定咖啡因的基本原理。

(2)掌握高效液相色谱仪的操作。

(3)掌握高效液相色谱法进行定性及定量分析的基本方法。

**二、实验原理**

咖啡因又名咖啡碱,是从茶叶、咖啡果中提取出来的一种生物碱,广泛应用于食品、饮料等生产工艺中,具有刺激中枢神经、增强大脑皮质兴奋度、减少疲劳等作用,但是长期或大剂量使用也会对人体造成损害。我国《食品安全国家标准　食品添加剂使用标准》(GB 2760—2014)规定,咖啡因在可乐型碳酸饮料中的最大使用量为 0.15g · $kg^{-1}$。咖啡因的化学名称为 1,3,7-三甲基黄嘌呤,分子式为 $C_8H_{10}N_4O_2$,结构式见图 3-8。

样品在碱性条件下用氯仿萃取,采用 $C_{18}$ 反相液相色谱柱对提取液中组分进行分离,以紫外检测器进行检测。在实验过程中,控制流动相比例和流速等色谱条件恒定,可用保留时

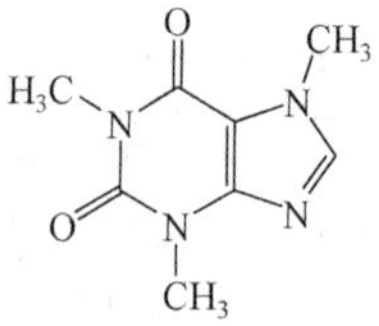

图 3-8　咖啡因结构式

间定性，以峰面积作为定量测定的参数，采用标准曲线法(外标法)测定可乐饮料中的咖啡因含量。咖啡因的最大吸收波长为 272nm。

### 三、主要仪器和试剂

1. 仪器

1260 高效液相色谱仪(包括四元泵、智能化柱温箱、二极管阵列检测器、OpenLAB 工作站)，ZORBAX SB-C$_{18}$ 色谱柱(4.6mm×150mm，5μm)，超声波清洗仪，万分之一电子天平，平头微量注射器(25μL)，循环水真空泵，微孔滤膜(0.45μm)。

分液漏斗(125mL)，容量瓶(10mL、50mL)，移液管(50mL)，吸量管(1.00mL、2.00mL、5.00mL)，烧杯(250mL)，洗耳球，量筒(100mL)。

2. 试剂

甲醇(色谱纯)，氯仿(色谱纯)，超纯水，1mol·L$^{-1}$氢氧化钠溶液，饱和氯化钠溶液，无水硫酸钠(分析纯)，咖啡因标准品(纯度≥99.9%)，不同品牌可乐饮料。

1000μg·mL$^{-1}$咖啡因标准储备液：将咖啡因在 110℃下烘干 1h 后称取 0.1g，精确称定，用氯仿溶解，定量转移到 100mL 容量瓶中，并稀释至刻度。

### 四、实验内容

1. 色谱条件

色谱柱：ZORBAX SB-C$_{18}$(4.6mm×150mm，5μm)；流动相：甲醇：水($V$：$V$=60：40)，流速 1mL·min$^{-1}$；柱温：30℃；检测波长：272nm。

2. 标准曲线的绘制

(1)系列标准溶液的配制：分别移取 1000μg·mL$^{-1}$的标准储备液 0.50mL、1.00mL、1.50mL、2.00mL、2.50mL 至 10mL 容量瓶中，用氯仿定容，配制成质量浓度为 50μg·mL$^{-1}$、100μg·mL$^{-1}$、150μg·mL$^{-1}$、200μg·mL$^{-1}$、250μg·mL$^{-1}$的系列标准溶液。

(2)仪器基线平稳后，取咖啡因系列标准溶液进样，每个浓度做 3 个平行实验，记录保留时间和峰面积。进样时浓度由低到高，取三次所得平均值。以峰面积 $A$ 对浓度 $c$ 进行回归，绘制咖啡因标准曲线。

3. 样品前处理

(1)取 100mL 可乐置于 250mL 洁净、干燥的烧杯中，超声脱气 15min，以赶尽可乐中的二氧化碳。

(2)移取上述溶液 50.00mL，置于 125mL 分液漏斗中，加入 1mL 饱和氯化钠溶液、2mL 1mol·L$^{-1}$氢氧化钠溶液，用氯仿少量多次萃取。

(3)将氯仿提取液用无水硫酸钠干燥后过滤，滤液收集于 50mL 容量瓶中，以氯仿定容至刻度。

(4)采用 0.45μm 微孔滤膜过滤。

4. 样品的测定

每个样品测 3 次，每次进样 10μL，记录保留时间和峰面积，将样品的峰面积代入标准曲线，得到相应的浓度值。

5. 加标回收率的测定

取已知含量的可乐样品 100mL 共 3 份，每份分别精密加入 1000μg·mL$^{-1}$ 咖啡因标准储备液 4mL、5mL、6mL，再按照实验步骤 3 制备供试溶液，按照实验步骤 4 测定咖啡因含量，计算加标回收率。

## 五、数据处理

(1) 记录每个标样的保留时间和峰面积(表 3-2)。
(2) 绘制标准曲线。
(3) 确定未知样中咖啡因的出峰时间和峰面积。
(4) 计算可乐饮料中咖啡因的浓度。
(5) 加标回收率的计算(表 3-3)。

$$加标回收率(\%) = \frac{(加标样品浓度 - 未加标样品浓度)(μg·mL^{-1}) \times 定容体积(mL)}{加入的标准品质量(μg)} \times 100\%$$

表 3-2　标准曲线及样品测定原始记录

| 数据名称 | 浓度/(μg·mL$^{-1}$) | 进样量/μL | 保留时间 | 峰面积 | 平均峰面积 |
|---|---|---|---|---|---|
| 标样 1-1 | 50 | 10 | | | |
| 标样 1-2 | 50 | 10 | | | |
| 标样 1-3 | 50 | 10 | | | |
| 标样 2-1 | 100 | 10 | | | |
| 标样 2-2 | 100 | 10 | | | |
| 标样 2-3 | 100 | 10 | | | |
| 标样 3-1 | 150 | 10 | | | |
| 标样 3-2 | 150 | 10 | | | |
| 标样 3-3 | 150 | 10 | | | |
| 标样 4-1 | 200 | 10 | | | |
| 标样 4-2 | 200 | 10 | | | |
| 标样 4-3 | 200 | 10 | | | |
| 标样 5-1 | 250 | 10 | | | |
| 标样 5-2 | 250 | 10 | | | |
| 标样 5-3 | 250 | 10 | | | |
| 样品-1 | | 10 | | | |
| 样品-2 | | 10 | | | |
| 样品-3 | | 10 | | | |

表 3-3　加标回收率实验原始记录

| 数据名称 | 加入量/mL | 保留时间 | 峰面积 | 加标样品浓度 /(μg·mL$^{-1}$) | 加标回收率/% | 平均加标回收率/% | RSD/% |
|---|---|---|---|---|---|---|---|
| 加标样品 | 4 | | | | | | |
| 加标样品 | 4 | | | | | | |
| 加标样品 | 4 | | | | | | |
| 加标样品 | 5 | | | | | | |
| 加标样品 | 5 | | | | | | |
| 加标样品 | 5 | | | | | | |
| 加标样品 | 6 | | | | | | |
| 加标样品 | 6 | | | | | | |
| 加标样品 | 6 | | | | | | |

## 六、思考题

(1) 为什么要测定加标回收率?

(2) 与内标法相比,标准曲线法(外标法)有哪些优缺点?

## 七、注意事项

(1) 不同品牌可乐中咖啡因含量不尽相同,样品量可酌情增减。

(2) 若样品和标准溶液需保存,应置于冰箱中。

(3) 为获得良好结果,标样和样品的进样量要严格保持一致。

实验 4　高效液相色谱法测定健胃消食片中橙皮苷

## 一、实验目的

(1) 了解高效液相色谱法测定橙皮苷的基本原理。

(2) 掌握高效液相色谱仪的操作。

(3) 掌握高效液相色谱法进行定性及定量分析的基本方法。

## 二、实验原理

健胃消食片由太子参、山药、炒麦芽、山楂和陈皮 5 味中药组成,具有健胃消食之功效,临床用于治疗脾胃虚弱、消化不良之症。橙皮苷是一种药理活性确切、功能广泛的类黄酮化合物,具有双氢黄酮氧苷结构,2015 版《中华人民共和国药典》采用高效液相色谱法对健胃消食片中的橙皮苷含量进行测定,作为其质量评价指标。

检测波长的选择:将橙皮苷的甲醇溶液在 200~400nm 进行扫描,结果表明橙皮苷在 283nm 处有最大吸收,故选择 283nm 作为高效液相色谱检测健胃消食片中橙皮苷的检测波长。

### 三、主要仪器和试剂

1. 仪器

1260 高效液相色谱仪，ZORBAX SB-C$_{18}$ 色谱柱（4.6mm×150mm，5μm），超声波清洗仪，万分之一电子天平，平头微量注射器（25μL、50μL），微孔滤膜（0.45μm）。

容量瓶（10mL、25mL、100mL），移液管（5.00mL、20.00mL），洗耳球，研钵，圆底烧瓶（50mL），球形冷凝管。

2. 试剂

甲醇（色谱纯），冰醋酸（色谱纯），超纯水，橙皮苷标准品，不同品牌健胃消食片。

### 四、实验内容

1. 色谱条件

色谱柱：ZORBAX SB-C$_{18}$（4.6mm×150mm，5μm）；流动相：甲醇：0.5%冰醋酸溶液（$V$：$V$=40：60），流速 1mL·min$^{-1}$；柱温：30℃；检测波长：283nm。

2. 标准曲线的绘制

（1）标准品溶液的制备。精确称量橙皮苷标准品 25.0mg，置于 100mL 容量瓶中，加甲醇溶解后定容，摇匀；准确量取 3.00mL 置于 25mL 容量瓶中，加 50%甲醇稀释至刻度，摇匀（1mL 中含橙皮苷 30μg）。

（2）分别准确量取上述标准溶液 2μL、5μL、10μL、15μL、20μL，按上述色谱条件测定峰面积。以峰面积 $A$ 为纵坐标，进样量 $X$（μg）为横坐标，绘制橙皮苷标准曲线。

3. 供试品溶液的制备

取样品 10 片，研细，准确称量 2.0g 置于 50mL 圆底烧瓶中，准确加入甲醇 25mL，称量，置水浴上加热回流 1h，冷却，再称量；用甲醇补足减失的质量，摇匀，过滤。准确量取续滤液 5mL，置于 10mL 容量瓶中，加水稀释至刻度，摇匀。用 0.45μm 微孔滤膜过滤，即得供试品溶液。

4. 样品的含量测定

准确量取供试品溶液 20μL，注入高效液相色谱仪，将峰面积代入回归方程，计算样品中橙皮苷的含量。

### 五、数据处理

（1）记录每个标样的保留时间和峰面积（表 3-4）。
（2）绘制标准曲线。
（3）确定样品中橙皮苷的出峰时间和峰面积。
（4）计算健胃消食片中橙皮苷的含量。

$$健胃消食片中橙皮苷的含量(mg \cdot g^{-1}) = \frac{供试品浓度(\mu g \cdot mL^{-1}) \times 稀释倍数 \times 甲醇体积(mL)}{样品质量(g)} \times 10^{-3}$$

**表 3-4  标准曲线及样品测定原始记录**

| 数据名称 | 浓度/(μg·mL⁻¹) | 进样量/μg | 保留时间 | 峰面积 | 平均峰面积 |
|---|---|---|---|---|---|
| 标样 1-1 | 30 | 0.06 | | | |
| 标样 1-2 | 30 | 0.06 | | | |
| 标样 1-3 | 30 | 0.06 | | | |
| 标样 2-1 | 30 | 0.15 | | | |
| 标样 2-2 | 30 | 0.15 | | | |
| 标样 2-3 | 30 | 0.15 | | | |
| 标样 3-1 | 30 | 0.30 | | | |
| 标样 3-2 | 30 | 0.30 | | | |
| 标样 3-3 | 30 | 0.30 | | | |
| 标样 4-1 | 30 | 0.45 | | | |
| 标样 4-2 | 30 | 0.45 | | | |
| 标样 4-3 | 30 | 0.45 | | | |
| 标样 5-1 | 30 | 0.60 | | | |
| 标样 5-2 | 30 | 0.60 | | | |
| 标样 5-3 | 30 | 0.60 | | | |
| 样品-1 | | | | | |
| 样品-2 | | | | | |
| 样品-3 | | | | | |

## 六、思考题

(1)如果要求进样量为 20μL，且高效液相色谱仪手动进样器的定量环规格也为 20μL，微量进样针规格应如何选择？

(2)供试品溶液制备时弃去初滤液是否会影响最终测定结果？

## 七、注意事项

(1)样品进样量需控制在标准曲线范围内。

(2)不同厂家健胃消食片中橙皮苷含量可能不同，可根据实际情况调整样品进样量。

# 3.4　1260 高效液相色谱仪操作流程

### 3.4.1　仪器简介

1260 高效液相色谱仪的输液泵、进样器、色谱柱、检测器、数据记录及处理装置等各组成部分都是独立的仪器单元，并且系统中每个单位都可以自行控制，根据实验要求将所需各单元组件组合起来即可使用。其四元泵系统压力上限 600bar[①]，最高流速可达 5mL·min$^{-1}$，压力上限 200bar 时最高达 10mL·min$^{-1}$，分析范围广泛。

### 3.4.2　仪器结构

典型 1260 高效液相色谱仪的堆积方式如图 3-9 所示。

指示灯状态如图 3-10 所示。

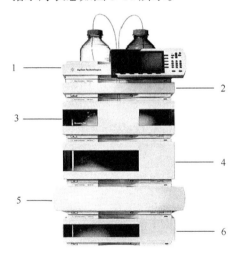

图 3-9　典型 1260 高效液相色谱仪的堆积方式

1. 溶剂柜；2. 脱气机；3. 泵；4. 自动进样器；
5. 柱温箱；6. 检测器

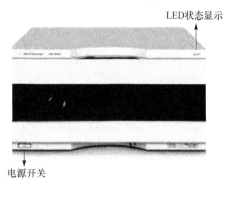

图 3-10　指示灯状态

通过 LED 显示仪器六种状态：

关机(未通电)——灯熄灭；

就绪(已开机)——灯熄灭；

未就绪——黄灯；

正在运行——绿灯；

出现故障——红灯；

固件升级——黄灯闪烁；

固件升级(集成网卡)——红灯闪烁。

---

① bar 为非法定单位，1bar=10$^5$Pa。

### 3.4.3 操作规程

1. 开机前的准备

(1)流动相过滤。
(2)流动相脱气。
(3)把各流动相放入溶剂瓶中。
(4)样品制备。

2. 开机

(1)打开计算机。
(2)打开主机各模块电源(从上至下),待各模块完成自检后,再双击桌面"LC1260(联机)"图标,进入化学工作站,从"视图"菜单中选择"方法和运行控制"和"系统视图",即可显示仪器控制视图。选择"在线信号",即可看到样品的在线谱图。
(3)旋开排气阀(逆时针),右单击"四元泵"图标出现快捷键,点击"瓶填充"更改各流动相的体积。点击"控制"选择"开启"泵,点击"方法"进入泵编辑画面。点击"方法"进入泵方法编辑页面,将泵流量设到 5mL·min⁻¹,溶剂 A 设到 100%,排出管线中的气体 2～3min,直到管线内由溶剂瓶到泵入口无气泡为止,查看柱前压力(若大于 10bar,则应更换排气阀内过滤白头)。依次切换到 B、C、D 溶剂分别排气。
(4)将泵的流量在 2min 内由低至高设到 1mL·min⁻¹,待柱前压力基本稳定后,打开检测器灯,观察基线情况。基线稳定后即可进样分析。

3. 数据采集方法编辑

(1)四元泵参数设定:在"流速"处输入流量,如 1mL·min⁻¹;在"溶剂"处选中 B 输入数值(A=100–B–C–D);在右面注释栏中标明各溶剂的名称;设置"停止时间"和"后运行时间";在"压力限值"处输入柱子的最大耐高压以保护柱子,如 250bar;在"时间表"添加编辑梯度。
(2)TCC 柱温箱参数设定:在"温度"左侧下面的方框内输入所需温度,并选中它,右侧选中"与左侧相同",使柱温箱的温度左右一致。
(3)DAD 参数设定:在"波长"下方的空白处输入所需的检测波长,如 254nm;在"峰宽(响应时间)"下方点击下拉式三角框,选择合适的响应时间,如>0.1min(2s);再设置"停止时间"和"后运行时间"。

4. 单针进样

点击"运行控制"菜单下的"样品信息",选择数据的储存路径及样品瓶位置,再选择"运行方法"。

5. 序列进样

(1)点击"序列"菜单下的"新建序列模板"。
(2)点击"序列"菜单下的"序列表"。

(3)点击"序列"菜单下的"保存序列模板"。

(4)点击"序列"菜单下的"序列参数"。

(5)点击"运行控制"菜单下的"运行序列"。

6. 数据处理

(1)点击"LC1260(脱机)",再点击"数据分析"进入数据分析画面。

(2)从"文件"菜单中选择"调用信号"选项,选中数据文件名,点击"确定",则数据被调出。

(3)通过调整积分参数,对谱图进行优化,最后建立校正曲线。

(4)设定报告格式并打印报告。

7. 关机

(1)实验结束后,首先冲洗管路,若是反相色谱柱,首先用水:甲醇(90∶10)冲洗管路至少 30min,然后用水:甲醇(10∶90)冲洗管路至少 30min,最后用纯甲醇保存柱子。

(2)退出化学工作站。

(3)关闭仪器电源。

(4)关闭计算机。

8. 注意事项

(1)当排空阀打开,超纯水流速设为 $5mL \cdot min^{-1}$,系统的压力高于 10bar 时,注意更换泵的过滤白头。

(2)流动相使用前必须过滤,不要使用存放多日的蒸馏水(易长菌)。

(3)每次做完实验后,注意要清洗管路及色谱柱,防止管路、脱气机及色谱柱堵塞。

(4)每次更换流动相后,一定要更改溶剂瓶中流动相的体积。

(5)若使用盐时,一定要将盐过滤并且现配现用,不用后将盐立即倒掉,不可将盐放在溶剂瓶中;同时将盐或水放在 A 和 D 通道,将有机溶剂放在 B 和 C 通道。

(6)配制 90%水+10%异丙醇,以每分钟 2~3 滴的速度虹吸排出,进行"seal-wash",溶剂不能干涸。

(7)当使用缓冲溶液时,要用水冲洗手动进样器进样口,同时扳动进样阀数次,每次数毫升。

### 3.4.4　常见故障及解决方法

1. 漏液

(1)色谱柱未拧紧,多数发生在更换柱子后,这时柱温箱会显示"Leak"。注意:柱温箱的漏液传感器在两加热模块中间,需用吸水纸把液体吸干。

(2)连接管路的两端未拧紧。

(3)进样阀漏液。

(4)流通池漏液。

(5)泵漏液。

2. 系统压力过高

(1)拧开排空阀，以纯水作为流动相以流速 $5mL \cdot min^{-1}$ 运行时，若压力超过 10bar，应更换排空阀内滤芯。

(2)若排液阀的滤芯未堵塞，卸下色谱柱，用一个量筒代替，以水作流动相，当流速为 $1mL \cdot min^{-1}$ 时，通常压力不会超过 20bar，否则系统可能堵塞。

(3)若上述压力超过 20bar，可按照从后到前的顺序，先卸下进流通池的连接管接头，开泵后，若压力正常，则流通池堵塞，若仍不正常，可将这段管也卸下，开泵后再观察压力情况，直到找到堵塞的地方。

3. 保留时间不稳定

(1)若压力稳定而保留时间有规律变化，多数是色谱柱未平衡好。

(2)若压力恒定而保留时间无规律变化，检查溶剂过滤头或真空腔是否有堵塞。再继续平衡色谱柱，若效果仍不佳，可更换色谱柱。

(3)若压力不稳定，可检查造成压力不稳的原因，如漏液、盐浓度过高导致盐析等。

4. 峰面积重现性不好

(1)若压力不稳定，可检查造成压力不稳的原因，如漏液、盐浓度过高导致盐析等。

(2)若压力稳定而峰面积呈无规律变化，可检查样品是否足够，确认样品的稳定性，必要时重新配制。

(3)若压力稳定且峰面积呈规律变化，多数是因为色谱柱未平衡好。

5. 基线不稳定

(1)基线漂移：色谱柱未平衡好、柱温未稳定、流动相变化等。

(2)基线噪声：①流通池有气泡或被污染，对紫外检测器可将流通池移走即可；②色谱柱或系统受污染；③灯能量不足；④外界因素，如震动、电源、温度等。

# 第4章　离子色谱法

离子色谱法(ion chromatography，IC)是利用色谱技术测定离子态物质的方法。1975 年，Small 等首次提出抑制性离子色谱的概念。迄今，越来越多的国家和机构将离子色谱法作为标准方法。离子态物质是指在水溶液中能够电离，具有正电荷或负电荷的元素，因此离子色谱法多用于分析 $Cl^-$、$NO_2^-$、$NO_3^-$、$SO_4^{2-}$等阴离子，$Na^+$、$NH_4^+$、$Ca^{2+}$、$Fe^{3+}$等阳离子，以及有机酸、有机碱等化合物。作为液相色谱的一种，离子色谱的特点包括以下几方面：

(1)分析速度快，一般 10min 即可完成常见阴、阳离子的分析。

(2)灵敏度高，直接进样可达 $10^{-9}$，用浓缩柱可达 $10^{-12}$。限制因素是其对普遍存在离子如 $Cl^-$和 $Na^+$的灵敏度高，从而易产生污染。

(3)选择性强，有多种类型的固定相，以及选择性的检测器。

(4)可实现多组分同时测定，与分光光度法、原子吸收法相比，离子色谱的主要优点是只需很短的时间就可同时检测样品中的多种成分，但对样品成分之间的浓度差太大的样品有一定的限制。

(5)运行费用低，无需特殊试剂。

## 4.1　基　本　原　理

离子色谱法主要基于三种分离机理：高效离子交换色谱(HPIC)、高效离子排阻色谱(HPICE)和离子对色谱(MPIC)。

(1)高效离子交换色谱：离子交换是基于离子交换树脂上可解离的离子与流动相中具有相同电荷的离子之间进行的可逆交换。在短时间内，样品离子会附着在固定相中的固定电荷上。样品离子对固定相亲和力的不同，使得样品中多种组分的分离成为可能。与固定相亲和力差的离子先被流动相洗脱，出峰靠前，反之则后出峰。如图 4-1 所示，$Cl^-$和 $SO_4^{2-}$对固定相具有不同的亲和力，$SO_4^{2-}$被较好地保留并且在 $Cl^-$之后被洗脱。离子交换是离子色谱的主要分离形式，用于亲水阴、阳离子的分离。

(2)高效离子排阻色谱：基于固定相和被分析物之间三种不同的作用——唐南(Donnan)排斥、空间排斥和吸附作用进行分离。

唐南排斥作用：唐南膜的负电荷层排斥完全解离的离子型化合物，仅允许未解离的化合物通过。

空间排斥作用：与有机酸的相对分子质量大小及交换树脂的交联度有关。

吸附作用：保留时间与有机酸的烷基链的长度有关。通常烷基链越长，其保留时间也越长。

固定相通常是由总体磺化的聚乙烯/二乙烯基苯共聚物形成的高容量阳离子交换树脂，这种分离方式主要用于弱的有机酸和无机酸的分离。

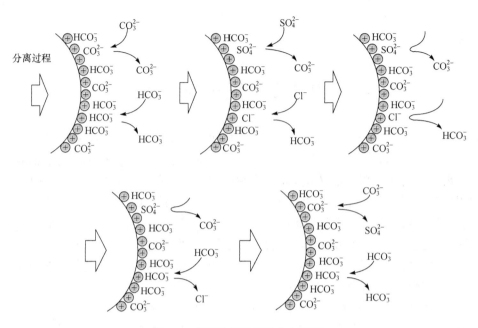

图 4-1　离子交换色谱的分离机制

如图 4-2 所示,带有负电荷的唐南膜允许未解离的化合物通过,而不允许完全解离的酸(如盐酸)通过,因为氯离子带负电荷。一元羧酸的分离主要由发生在固定相表面的唐南排斥和吸附决定。而对于二元、三元羧酸的分离,空间排斥则起主要作用。在这种情况下,保留主要取决于样品分子的大小。

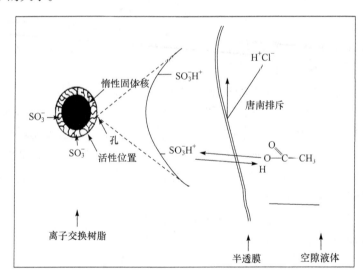

图 4-2　离子排阻色谱的分离机制

(3)离子对色谱:在流动相中加入一种与待分离的离子电荷相反的离子,使其与待测离子生成疏水性化合物。这种分离方式可用于表面活性阴离子、阳离子及过渡金属配合物的分离。

## 4.2　离子色谱仪

### 4.2.1　离子色谱仪基本流程

离子色谱仪的组成部件与高效液相色谱基本一致，也由输液泵、进样器、色谱柱、检测器、数据记录及处理装置等组成，若为抑制型离子色谱，需要在色谱柱和检测器之间加入抑制器，如图 4-3 所示。

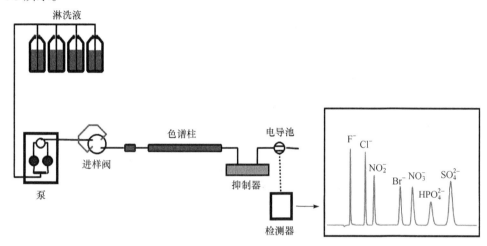

图 4-3　离子色谱仪流程

### 4.2.2　仪器结构与原理

**1. 输液系统**

离子色谱仪的输液系统包括储液瓶和输液泵两部分。其中储液瓶要求有足够的容积，以保证重复分析时有足够的淋洗液，且所选用的材质对所使用的淋洗液为惰性。

输液泵与高效液相色谱的输液泵相似，区别在于离子色谱的泵是 PEEK 材料衬里的不锈钢泵，对酸、碱、盐有抗污染的性能，并保证了对金属离子测定的准确性。

**2. 进样器**

与高效液相色谱的进样系统基本一致。

**3. 检测器**

**1)电导检测器**

电导检测器(图 4-4)是离子色谱最常用的检测器,通过测定溶液流过电导池电极时的电导率,可检测大部分离子型化合物。电导率是指在阴极和阳极之间的离子化溶液传导电流的能力。溶液中的离子越多,在两电极之间通过的电流越大。在低浓度时,电导率直接与溶液中导电物质的浓度成正比。

$$R=V/I$$

$$G=1/R$$

$$C=c\times G$$

式中，$R$ 为电阻；$V$ 为电压；$I$ 为电流；$G$ 为电导；$C$ 为浓度；$c$ 为电导池常数。

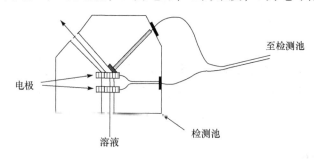

图 4-4　电导检测器

电导以西门子(S)作单位，定义为电阻的倒数。直接与溶液的浓度和电导池常数有关。电导池常数与电极之间的距离和池体积有关。电导池中电极之间的距离越近，离子流遇到的电阻越小，检测器的灵敏度越高。溶液的浓度和温度对电导具有显著影响。

2) 安培检测器

安培检测器是一种用于测量电活性分子在工作电极表面发生氧化或还原反应时所产生电流变化的检测器。常用于分析解离度低、用电导检测器难以检测或根本无法检测的 $pK >7$ 的离子。

用单电位时，一些反应产物使电极表面中毒，导致测定重现性差和检测灵敏度迅速降低。用多电位时，选择第二电位、第三电位甚至第四电位在特定的时间内形成电化学清洗电极表面的依次重复的电位，这样就可以得到好的重现性，以及测定无法用单电位安培法测定的组分。当采用脉冲安培法时，施加电位脉冲时间和工作电极的材料都可以根据被测物进行选择优化，以获得高的灵敏度和选择性。

直流安培检测器具有很高的灵敏度，可以测定每升微克级无机和有机离子，如与环境有关的阴离子、硫化物、氰化物、As、卤素、肼和各种酚。

积分安培检测器和脉冲安培检测器则主要测量醇、醛、胺和含硫基团、糖类等有机化合物及硫化物。

3) 紫外-可见检测器

当样品中的分子吸收部分紫外或可见光时，检测器检测光线的强度减小。光强度的减小与样品中吸收光的分子的浓度成正比。常见无机阴离子的紫外吸收波长见表 4-1。

表 4-1　常见无机阴离子的紫外吸收波长

| 阴离子种类 | 波长/nm |
|---|---|
| 溴酸盐 | 200 |
| 溴化物 | 200 |
| 铬酸盐 | 365 |
| 碘酸盐 | 200 |
| 碘化物 | 227 |

续表

| 阴离子种类 | 波长/nm |
| --- | --- |
| 金属氯化物 | 215 |
| 金属氰化物 | 215 |
| 硝酸盐 | 202 |
| 亚硝酸盐 | 211 |
| 硫化物 | 215 |
| 硫氰酸盐 | 215 |
| 硫代硫酸盐 | 215 |

4)荧光检测器

荧光检测具有较高的选择性和灵敏度。不是所有能吸收光的化合物都产生荧光，因此荧光检测有高的选择性，高灵敏度是由于较弱的荧光容易在非常低的背景条件下检测到。

自身具有荧光性质的化合物大多数含有一个环状的结构功能基团，如果化合物不具备这样的功能基团，可以将化合物或分子进行柱前或柱后衍生转变为具有荧光的化合物。

4. 抑制器

抑制器安装在电导池之前，主要用于降低淋洗液的背景电导，提高待测离子的电导率和灵敏度，如图 4-5 所示。

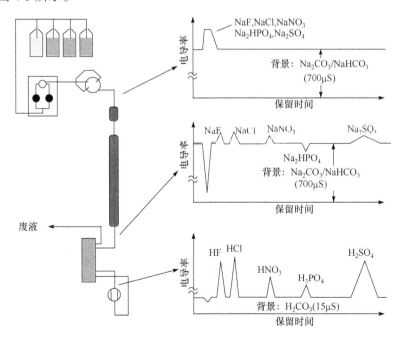

图 4-5  抑制器的作用

自动再生抑制器利用水的电化学反应产生氢气和氢氧根离子，因此不再需要再生液。在自动再生抑制器中，阴极和阳极之间施加一个直流电流。在施加电场下，阳极水被氧化产生$H^+$和氧气，同时阴极水被还原为$OH^-$和氢气。抑制是利用弱酸和弱碱盐的离子交换中和作用，抑制的结果是降低流动相的背景电导值，增加被测物的响应值。化学抑制的结果是改善被测物的灵敏度和检测限，阴、阳离子自动再生抑制器的工作原理分别见图4-6、图4-7。

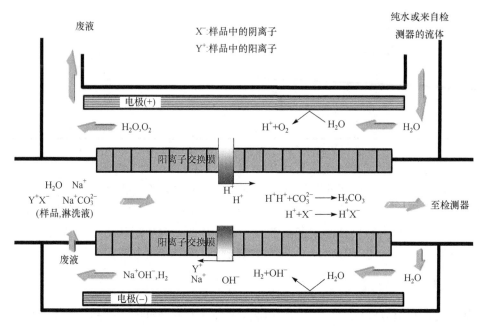

图 4-6　自动再生抑制器的工作原理（以阴离子为例）

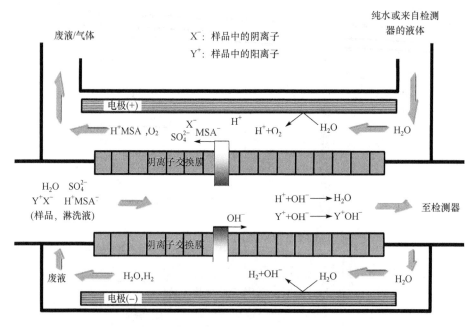

图 4-7　自动再生抑制器的工作原理（以阳离子为例）

离子色谱与一般高效液相色谱的区别见表 4-2。

**表 4-2　离子色谱与一般高效液相色谱的区别**

| 项目 | 离子色谱 | 液相色谱 |
|---|---|---|
| 气路系统 | 当用 NaOH 作流动相时，用于保护流动相以免同空气接触 | 一般无 |
| 流路系统 | 全 PEEK 材料，耐强酸强碱 | 特殊金属材料为主，耐有机溶剂，不耐强酸强碱 |
| 流动相 | 以酸碱水溶液为主 | 以有机溶剂为主，可以和其他盐或水联用 |
| 试剂要求 | 对去离子水要求极高，电阻率大于 $17.8M\Omega \cdot cm$，成本很高。有机试剂也要考虑离子杂质，至少为色谱纯 | 水要求相对较低，电阻率大于 $10M\Omega \cdot cm$，成本不高。要求色谱纯试剂 |
| 色谱柱 | 通用性较差，样品对柱子有很强的选择性，品牌少，选择余地小 | 通用性强，品牌多，选择余地大，价格相对较低 |
| 抑制器 | 有两种：单柱法(无)和双柱法，灵敏度高 | 用电导检测器时，测定阴离子可以需要 |
| 检测器 | 以电导检测器为主 | 以紫外检测器和荧光检测器为主 |
| 分析对象 | 分析无机、有机离子化合物为主，也可分析极性的有机物、糖类及生物大分子等 | 以有机物为主，选择不同的柱子可以分析各种类型分子，分析对象范围大 |

## 4.3　实　验　部　分

### 实验 5　离子色谱法测定自来水中常见阴离子的含量

**一、实验目的**

(1)学习离子色谱法测定阴离子的基本原理。

(2)掌握离子色谱仪的操作。

(3)掌握离子色谱法的定性和定量分析方法。

**二、实验原理**

分析无机阴离子的方法有很多，包括传统的光谱比色法，湿化学法如重量分析、浊度分析和滴定分析，电化学法如离子选择性电极和安培滴定等。然而，这些方法缺乏选择性、灵敏度低、操作复杂。上述方法都可以用离子色谱法取代。

离子色谱是以低交换容量的离子交换树脂为固定相对离子型物质进行分离，用电导检测器连续监测流出物电导变化的一种色谱方法。离子型物质是指在水溶液中电离，具有正电荷或负电荷的元素，包括阴离子(如 $F^-$、$Cl^-$、$Br^-$、$SO_4^{2-}$、$NO_2^-$、$PO_4^{3-}$、$NO_3^-$ 等)，部分阳离子(如 $Na^+$、$NH_4^+$、$Ca^{2+}$、$Mg^{2+}$ 等)和有机酸、碱等。其中阴离子的分离测定是离子色谱的独特性能。

本实验以阴离子交换树脂为固定相，以 $Na_2CO_3$-$NaHCO_3$ 溶液为淋洗液，用电导检测器进行检测。当含待测阴离子的试液进入分离柱后，阴离子与色谱柱上交换基团进行交换，若交换基团是 $CO_3^{2-}$，在分离柱上发生如下过程：

$$R—CO_3+MX \rightleftharpoons RX+MCO_3$$

不同的阴离子与固定相 R 作用力不同，导致不同离子在色谱柱中的保留时间不同，从而使样品得到分离。

电化学自循环再生薄膜抑制器通过电解水产生离子交换树脂所需再生离子，平衡快，使用方便，在降低背景的同时提高样品电导率。待测离子从柱中被洗脱，经过抑制器后进入电导池，电导检测器随时检测洗脱液中由试剂离子浓度变化导致的电导变化，从而根据峰高或峰面积测出相应含量。

### 三、主要仪器和试剂

#### 1. 仪器

ICS-1600 离子色谱仪（带 Dionex AS-DV 自动进样器、电化学自循环再生薄膜抑制器），IonPac AS 22 离子交换色谱柱（4mm×250mm），超声波清洗仪，万分之一电子天平，容量瓶（100mL、1000mL），移液管（0.50mL、1.00mL、5.00mL、10.00mL），洗耳球。

#### 2. 试剂

氟化钠（优级纯），溴化钾（优级纯），氯化钠（色谱纯），硫酸钠（色谱纯），亚硝酸钠（色谱纯），磷酸氢二钠（色谱纯），硝酸钠（色谱纯），碳酸钠（色谱纯），碳酸氢钠（色谱纯），超纯水（电导率要求小于 $0.5\mu S \cdot cm^{-1}$）。

淋洗液（$Na_2CO_3$-$NaHCO_3$）的制备：称取 26.49g $Na_2CO_3$ 溶于超纯水中，定容至 500mL，配制成 $0.5mol \cdot L^{-1}$ $Na_2CO_3$ 溶液；称取 21.00g $NaHCO_3$ 溶于超纯水中，定容至 500mL，配制成 $0.5mol \cdot L^{-1}$ $NaHCO_3$ 溶液；取 18mL $0.5mol \cdot L^{-1}$ $Na_2CO_3$ 溶液和 5.6mL $0.5mol \cdot L^{-1}$ $NaHCO_3$ 溶液，用超纯水定容至 2000mL，配制成 $4.5mmol \cdot L^{-1}$ $Na_2CO_3$ 和 $1.4mmol \cdot L^{-1}$ $NaHCO_3$ 淋洗液。

### 四、实验内容

#### 1. 色谱条件

色谱柱：IonPac AS 22 分离柱（4mm×250mm），IonPac AG 22 保护柱（4mm×50mm）；柱温：30℃；进样体积：25μL；淋洗液：$4.5mmol \cdot L^{-1}$ $Na_2CO_3$ 和 $1.4mmol \cdot L^{-1}$ $NaHCO_3$，流速 $1.0mL \cdot min^{-1}$；检测器：抑制型电导，ASRS（4mm），自循环模式，26mA 电流。

#### 2. 标准曲线绘制

（1）混合阴离子标准储备液的制备：分别称取适量 NaF、NaCl、KBr、$Na_2SO_4$（于 105℃ 烘干 2h，储存在干燥器中）、$NaNO_2$、$Na_2HPO_4$、$NaNO_3$（于干燥器内干燥 24h 以上）溶于超纯水中，各转移至 1000mL 容量瓶中，用超纯水定容，摇匀备用。7 种阴离子储备液的浓度如表 4-3 所示。

表 4-3　7 种阴离子储备液的浓度（$\mu g \cdot mL^{-1}$）

| 阴离子 | $F^-$ | $Cl^-$ | $Br^-$ | $SO_4^{2-}$ | $NO_2^-$ | $PO_4^{3-}$ | $NO_3^-$ |
|---|---|---|---|---|---|---|---|
| 浓度 | 100 | 600 | 100 | 600 | 100 | 100 | 100 |

(2)混合阴离子标准使用液的制备:分别吸取上述储备液 0.1mL、1mL、5mL、10mL、25mL、50mL 于 100mL 容量瓶中,用超纯水稀释定容至刻度,摇匀。该混合标准使用液中各阴离子浓度如表 4-4 所示。

表 4-4　混合标准使用液中 7 种阴离子的浓度($\mu g \cdot mL^{-1}$)

| 阴离子 | $F^-$ | $Cl^-$ | $Br^-$ | $SO_4^{2-}$ | $NO_2^-$ | $PO_4^{3-}$ | $NO_3^-$ |
|---|---|---|---|---|---|---|---|
| 标准 1 | 0.1 | 0.6 | 0.1 | 0.6 | 0.1 | 0.1 | 0.1 |
| 标准 2 | 1 | 6 | 1 | 6 | 1 | 1 | 1 |
| 标准 3 | 5 | 30 | 5 | 30 | 5 | 5 | 5 |
| 标准 4 | 10 | 60 | 10 | 60 | 10 | 10 | 10 |
| 标准 5 | 25 | 150 | 25 | 150 | 25 | 25 | 25 |
| 标准 6 | 50 | 300 | 50 | 300 | 50 | 50 | 50 |

(3)按照相同的色谱条件测定各浓度标准使用液,得到各浓度下各种离子的峰面积,每个浓度测定两次,以峰面积 $A$ 对浓度 $c(\mu g \cdot mL^{-1})$ 进行回归,绘制各种阴离子的标准曲线。

3. 未知水样中常见阴离子含量测定

取未知水样,按照相同色谱条件进样,记录色谱图,重复两次。将峰面积平均值代入标准曲线中,求得各种阴离子含量。

## 五、数据处理

记录不同梯度浓度混合标准使用液中各阴离子的保留时间和峰面积,绘制标准曲线。确定样品中各阴离子的出峰时间和峰面积,计算未知水样中各阴离子的含量(表 4-5)。

表 4-5　标准曲线及样品测定数据记录

| 数据名称 | 系列浓度标准使用液中各阴离子的峰面积 | | | | | | |
|---|---|---|---|---|---|---|---|
| | $I^-$ | $Cl^-$ | $Br^-$ | $SO_4^{2-}$ | $NO_2^-$ | $PO_4^{3-}$ | $NO_3^-$ |
| 超纯水空白 | | | | | | | |
| 混合标样 1-1 | | | | | | | |
| 混合标样 1-2 | | | | | | | |
| 平均峰面积 1 | | | | | | | |
| 混合标样 2-1 | | | | | | | |
| 混合标样 2-2 | | | | | | | |
| 平均峰面积 2 | | | | | | | |
| 混合标样 3-1 | | | | | | | |

续表

| 数据名称 | 系列浓度标准使用液中各阴离子的峰面积 | | | | | | |
|---|---|---|---|---|---|---|---|
| | $F^-$ | $Cl^-$ | $Br^-$ | $SO_4^{2-}$ | $NO_2^-$ | $PO_4^{3-}$ | $NO_3^-$ |
| 混合标样 3-2 | | | | | | | |
| 平均峰面积 3 | | | | | | | |
| 混合标样 4-1 | | | | | | | |
| 混合标样 4-2 | | | | | | | |
| 平均峰面积 4 | | | | | | | |
| 混合标样 5-1 | | | | | | | |
| 混合标样 5-2 | | | | | | | |
| 平均峰面积 5 | | | | | | | |
| 混合标样 6-1 | | | | | | | |
| 混合标样 6-2 | | | | | | | |
| 平均峰面积 6 | | | | | | | |
| 所得标准曲线方程 | | | | | | | |
| 样品-1 | | | | | | | |
| 样品-2 | | | | | | | |
| 样品平均峰面积 | | | | | | | |
| 样品中各离子浓度 | | | | | | | |

## 六、思考题

(1)比较化学键合固定相色谱法与离子色谱法的异同点。

(2)测定阴离子的方法有哪些？试比较它们各自的特点。

## 七、注意事项

(1)超纯水中可能存在微量阴离子，故应设空白对照组。

(2)未知水样中各种阴离子浓度不能超过标准曲线浓度范围，若超过，需要相应调整标准溶液浓度，重新绘制标准曲线方程。

(3)离子色谱中不同型号色谱柱需使用的淋洗液类型不同，使用不当会对柱子造成伤害。

实验 6　离子色谱法比较不同啤酒中常见阳离子的含量

## 一、实验目的

(1)学习离子色谱法测定阳离子的基本原理。

(2)掌握离子色谱仪的操作方法。

(3)掌握离子色谱法的定性和定量分析方法。

## 二、实验原理

啤酒酿造过程的阳离子主要来自原料麦芽、酿造用水、酒花及添加剂等。啤酒厂的酿造用水可以为地表水、地下水、自来水等，水中含有各种无机盐类，如钙盐、钠盐、铵盐、镁盐等，对产品质量产生明显的影响。例如，钙离子具有促进糖化、使麦汁清亮、口味柔和、提高酶活性、去除原料中带入或发酵过程中产生的草酸根等作用。而过多的钙离子会使酒花苦味变得粗糙，并且使成品啤酒形成草酸钙早期沉淀，导致啤酒喷涌。因此，应定期检测酿造用水、糖化麦汁及成品啤酒中的阳离子含量，这对成品啤酒质量将产生重要的意义。

本实验以阳离子交换树脂为固定相，以甲基磺酸(MSA)溶液为淋洗液，用电导检测器进行检测。当含待测阳离子的试液进入分离柱后，阳离子与色谱柱上交换基团进行交换，若交换基团是磺酸基，在分离柱上发生如下过程：

$$R{-\!}SO_3^-H^+ + Y^+ \Longleftrightarrow R{-\!}SO_3^- Y^+ + H^+$$

## 三、主要仪器和试剂

### 1. 仪器

ICS-1600 离子色谱仪(带 Dionex AS-DV 自动进样器、电化学自循环再生薄膜抑制器)，IonPac CS 12 离子交换色谱柱(4mm×250mm)，超声波清洗仪，万分之一电子天平。

容量瓶(100mL、1000mL)、移液管(0.50mL、1.00mL、5.00mL、10.00mL)，洗耳球。

### 2. 试剂

氯化钠(色谱纯)，草酸铵(优级纯)，溴化钾(色谱纯)，硫酸镁(色谱纯)，碳酸钙(色谱纯)，超纯水(电导率要求小于 $0.5\mu S \cdot cm^{-1}$)。

MSA 淋洗液的制备：量取 12.96mL MSA，溶于 100mL 纯水中，配成 $2mol \cdot L^{-1}$ 溶液，作为储备液。用时取 10mL 稀释到 1000mL，配成 $20mmol \cdot L^{-1}$ 淋洗液。

## 四、实验步骤

### 1. 色谱条件

色谱柱：IonPac CS 12 分离柱(4mm×250mm)；柱温：30℃；进样体积：25μL；淋洗液：$4.5mmol \cdot L^{-1}$MSA 溶液，流速 $1.0mL \cdot min^{-1}$；检测器：抑制型电导，CSRS(4mm)，自循环模式。

### 2. 待测啤酒样品的制备

将市售罐装啤酒倒入已经清洗干净的大烧杯中，放入超声波清洗仪中超声脱气 10min，移取啤酒样品 20mL 于 100mL 容量瓶中，用超纯水稀释至刻度，备用。

3. 标准曲线绘制

(1)混合阳离子标准储备液的制备：分别称取适量 NaCl、$(NH_4)_2C_2O_4$、KBr、$MgSO_4$、$CaCO_3$ 溶于超纯水中，各转移至 1000mL 容量瓶中，用超纯水定容，摇匀备用。5 种阳离子储备液的浓度如表 4-6 所示。

表 4-6　5 种阳离子储备液的浓度($\mu g \cdot mL^{-1}$)

| 阳离子 | $Na^+$ | $NH_4^+$ | $K^+$ | $Mg^{2+}$ | $Ca^{2+}$ |
|--------|--------|----------|-------|-----------|-----------|
| 浓度 | 100 | 100 | 200 | 100 | 100 |

(2)混合阳离子标准使用液的制备：分别吸取上述储备液 0.1mL、1mL、5mL、10mL、25mL、50mL 于 100mL 容量瓶中，用超纯水稀释定容至刻度，摇匀。该混合标准使用液中各阳离子浓度如表 4-7 所示。

表 4-7　混合标准使用液中 5 种阳离子的浓度($\mu g \cdot mL^{-1}$)

| 阳离子 | $Na^+$ | $NH_4^+$ | $K^+$ | $Mg^{2+}$ | $Ca^{2+}$ |
|--------|--------|----------|-------|-----------|-----------|
| 标准 1 | 0.1 | 0.1 | 0.2 | 0.1 | 0.1 |
| 标准 2 | 1 | 1 | 2 | 1 | 1 |
| 标准 3 | 5 | 5 | 10 | 5 | 5 |
| 标准 4 | 10 | 10 | 25 | 10 | 10 |
| 标准 5 | 25 | 25 | 50 | 25 | 25 |
| 标准 6 | 50 | 50 | 100 | 50 | 50 |

(3)按照相同的色谱条件测定各浓度标准使用液，得到各浓度下各种离子的峰面积，每个浓度测定两次，以峰面积 $A$ 对浓度 $c(\mu g \cdot mL^{-1})$ 进行回归，绘制各种阳离子的标准曲线。

4. 啤酒中常见阳离子含量测定

取制备好的啤酒样品，按照相同色谱条件进样，记录色谱图，重复两次。将峰面积平均值代入标准曲线中，求得啤酒样品中各种阳离子含量。

5. 回收率测定

取已知含量的啤酒样品 20mL 共 3 份，每份分别精密加入表 4-7 中"标准 4"混合溶液(其中 $Na^+$、$NH_4^+$、$Mg^{2+}$、$Ca^{2+}$浓度为 $10\mu g \cdot mL^{-1}$，$K^+$浓度为 $25\mu g \cdot mL^{-1}$)各 1mL，按照相同色谱条件测定各阳离子含量，计算回收率。

## 五、数据处理

记录不同梯度浓度混合标准使用液中各阳离子的保留时间和峰面积，绘制标准曲线。确定啤酒样品中各阳离子的出峰时间和峰面积，计算啤酒样品中各阳离子的含量(表 4-8)。

表 4-8　标准曲线及样品测定数据记录

| 数据名称 | 系列浓度标准使用液中各阳离子的峰面积 | | | | |
|---|---|---|---|---|---|
| | $Na^+$ | $NH_4^+$ | $K^+$ | $Mg^{2+}$ | $Ca^{2+}$ |
| 超纯水空白 | | | | | |
| 混合标样 1-1 | | | | | |
| 混合标样 1-2 | | | | | |
| 平均峰面积 1 | | | | | |
| 混合标样 2-1 | | | | | |
| 混合标样 2-2 | | | | | |
| 平均峰面积 2 | | | | | |
| 混合标样 3-1 | | | | | |
| 混合标样 3-2 | | | | | |
| 平均峰面积 3 | | | | | |
| 混合标样 4-1 | | | | | |
| 混合标样 4-2 | | | | | |
| 平均峰面积 4 | | | | | |
| 混合标样 5-1 | | | | | |
| 混合标样 5-2 | | | | | |
| 平均峰面积 5 | | | | | |
| 混合标样 6-1 | | | | | |
| 混合标样 6-2 | | | | | |
| 平均峰面积 6 | | | | | |
| 所得标准曲线方程 | | | | | |
| 样品-1 | | | | | |
| 样品-2 | | | | | |
| 样品-3 | | | | | |
| 样品平均峰面积 | | | | | |
| 样品中各离子浓度 | | | | | |

$$加标回收率(\%) = \frac{(加标样品离子浓度 - 未加标样品离子浓度)(\mu g \cdot mL^{-1}) \times 定容体积(mL)}{加入的标准品浓度(\mu g \cdot mL^{-1}) \times 加入的标准品体积(mL)} \times 100\%$$

## 六、思考题

(1) 回收率测定时如何确定加入标准品的量?

(2) 测定阳离子的方法还有哪些? 试比较各自的特点。

## 七、注意事项

(1) 测定阳离子需要将仪器全部切换至阳离子系统, 包括色谱柱和抑制器, 且阴、阳离子切换前需用阻力管代替色谱柱, 用纯水彻底清洗系统。

(2) 超纯水中可能存在微量阳离子, 故应设空白对照。

# 4.5　ICS-1600 离子色谱仪操作规程

## 4.5.1　仪器简介

ICS-1600 离子色谱系统可以进行抑制型或非抑制型电导检测，可以实现等浓度淋洗，采用离子交换的分离方式，根据离子半径和价态的不同通过分离柱分离后，淋洗液和样品离子从分离柱进入抑制器，淋洗液的电导被抑制，背景噪声降低。ICS-1600 离子色谱仪通过前面板的液晶触摸屏幕，可以对仪器进行控制，后面板的模拟输出信号可以连接积分仪/记录仪。

## 4.5.2　仪器结构

ICS-1600 离子色谱仪由淋洗液、高压泵、进样阀、保护柱/分离柱、柱加热器、抑制器、电导检测器和数据处理系统组成，根据检测需要采用不同类型的保护柱、分离柱和抑制器，还可以选择在线真空脱气装置。

1. 仪器前面板

仪器前面板示意图如图 4-8 所示。

2. 仪器组件板

仪器组件板示意图如图 4-9 所示。

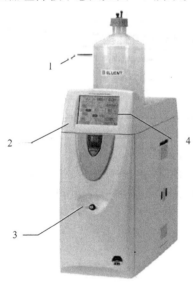

图 4-8　仪器前面板示意图　　　　　　　　　图 4-9　仪器组件板示意图

1. 淋洗液瓶；2. LED 显示灯；3. 进样口；4. 液晶触摸屏　　　1. 压力传感器；2. 泄漏传感器；3. 泵头；4. 进样阀；5. 选装阀；6. 电导池；7. 抑制器；8. 柱加热器；9. 淋洗液阀；10. 第二个抑制器安放支架；11. 屏幕亮度调节旋钮；12. 管路卡槽

3. 重要组件结构

1）泵

主泵头按照从下至上的方向将溶液输送至副泵头，单向阀可以有效防止回流。逆时针旋松启动阀，溶液从其中的小孔流出，可以将管路中的气泡带走。

副泵头将溶液输送至进样阀。逆时针旋松废液阀，溶液直接排到废液瓶，可以将泵头中的气泡带走。

主泵头和副泵头结构如图 4-10 所示。压力传感器用于测量系统压力（允许 3% 的波动），在超过所设定的高/低压极限时，停泵。

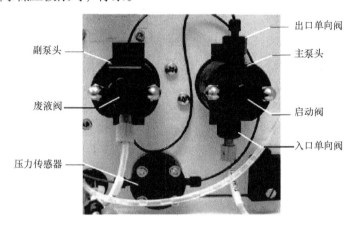

图 4-10　泵示意图

2）进样阀

进样阀是一个六孔电驱动阀，有 LOAD（装样）和 INJECT（进样）两个位置，出厂时预装 25μL 定量环。当进样阀处于"LOAD"位置时，淋洗液由泵经进样阀进入色谱柱，样品注入进样阀后保留在定量环中，多余的流往废液瓶；进样阀处于"INJECT"位置时，淋洗液携带定量环中的样品进入色谱柱进行分离。

### 4.5.3　操作规程

1. 开机前的准备

（1）检查柱子和抑制器是否合适：测阴离子用阴离子柱和阴离子型抑制器，测阳离子用阳离子柱和阳离子型抑制器。

（2）检查淋洗液：①最好现用现制；②足量（需用量+200mL）；③混合均匀；④氩气在线脱气。

2. 样品分析

（1）打开氮气瓶阀门，调整分压表为 0.2MPa，调节淋洗液瓶压力表为 3～6psi[①]。

（2）打开离子色谱仪，打开自动进样器电源开关，启动计算机，双击桌面上"Chromeleon"软件，进入软件浏览器界面。

---

① psi 为非法定单位，1psi=6.89476×10³Pa。

(3)依次打开泵头冲洗阀1～2圈，冲洗泵头5min后关闭泵头冲洗阀。

(4)点击控制面板上泵的开按钮，启动泵。等压力上升到1000psi以上并且稳定后，选择抑制器类型为AERS，打开抑制器电源，设置电流为26mA。

(5)点击控制菜单中的"采集打开"，开始采集基线，等基线平稳后，再点击图4-11中圆圈，停止基线采集。开始系统平衡。

图4-11　基线采集的开始与停止

(6)电导瞬间跳动小于0.02μS且连续10min漂移小于0.2μS时，认为系统达到平衡。

(7)点击左数第四个按钮（图4-12），进入浏览器界面，编辑样品表。此时可以新建样品表，也可以复制以前的样品表。

(8)新建样品表：点击文件，在下拉菜单中点"新建"，出现对话框，直接点击5次"下一步"，给样品表命名后，点击"确定"，再点击"确定"，此时出现编好的样品表，再修改样品个数、样品名及样品类型，点击"保存"。

(9)点击"开始/停止"批处理按钮（图4-12中圆圈选中的按钮），出现对话框。依次点击"就绪检查"、"开始"按钮，弹出"请进样"对话框，先用注射器注入样品，再点击"确定"，此时开始分析样品。

图4-12　"开始/停止"批处理按钮

3. 数据处理

(1)在"文件"菜单中点击"浏览器"选项，进入数据处理界面。

双击第一个标准样品，点击圆圈所示"QNT编辑器"按钮，如图4-13所示。

图4-13　"QNT编辑器"界面

(2)对下面四个表进行编辑。

常规表：在数量量纲处输入单位，一般为$mg \cdot L^{-1}$。

检测表：在"参数名称"处输入最小峰面积值，推荐0.01。选中第一行，点"↓"增加一行。在下拉菜单中选中禁止积分，按回车键。找到所要禁止积分峰的起始时间分别输入到保留时间格内，直至将所有不要的峰全部禁止。

峰表：右键单击空白处，选择自动生成峰表。出现对话框点击"确定"，再点击"确定"。然后在表格峰名字处输入名称。

双击窗口下面空格，出现对话框，依次选择相对最接近峰，在窗口宽度处输入5，点击"确定"，点击"F9"。

如果是单点校正直接进入下面的数量表，如果是多点校正则双击校正类型下面空格，出现对话框，将强制过零点前面的勾勾掉，点击"确定"，点击"F9"。

数量表：双击"数量"，出现对话框，选中名称，点"自动生成"，再依次点击"应用"，"确定"。依次输入标准点浓度，点击"保存"，退出数据处理页面。

4. 关机

(1)用淋洗液冲洗系统 0.5h。

(2)关闭抑制器、泵后，依次关闭 Chromeleon 软件、计算机电源、离子色谱仪和自动进样器电源，最后关闭气阀。

5. 注意事项

(1)依次打开自动进样器开关、离子色谱仪开关和计算机开关，开机顺序不能改变。

(2)判断平衡需满足 3 个条件：①电导信号的瞬间变化值小于 0.02μS；②总电导要处在合理范围，如 $CO_3^{2-}$ 体系为 18～22μS，$OH^-$ 体系为 0.7～2.0μS，MSA 体系为 0.6～2.0μS；③连续 10min 电导变化小于 0.2μS。

6. 仪器维护

(1)每天：检查流路有无泄漏，淋洗液消耗情况，废液是否需要倒空。

(2)每周：检查淋洗液过滤头是否变色，是否需要更换。

(3)每两周：对抑制器进行注水维护。

(4)每半年：根据实际情况更换柱塞杆和密封圈。

(5)每年：建议对仪器进行一次全面维护。

# 第 5 章  电位分析法

电位分析法(potentiometry)是以测定原电池的电动势为基础的分析方法。测定的基本方法是将一个对被测离子敏感的指示电极插入试样溶液中,它的电极电位只随溶液中待测离子的活度而变化;再用一个参比电极插入溶液中,其电极电势在一定温度下为定值。由插入溶液的两支电极和溶液构成原电池,其电动势就是两电极引出导线间的电位差,可以由一个高输入阻抗的电位差计(如酸度计、离子计等)测量出来。所测得的电动势与溶液中待测离子活度之间有确定的化学计量关系,故可以应用于溶液中某种离子活度的测量。

电位分析法简称电位法,它是利用化学电池内电极电势与溶液中某种组分活度的对应关系实现定量测定的一种电化学分析法。电位分析法分为直接电位法和电位滴定法两类。直接电位法是通过电池电动势确定物质浓度的方法;电位滴定法是通过测量滴定过程中电池电动势的变化确定终点的滴定分析法。

## 5.1  基 本 原 理

### 5.1.1  直接电位法定量分析的基本理论基础

在直接电位法中,电极电势是在零电流(通过指示电极的电流为零)下测得的平衡电位,此时电极上的电极过程处于平衡状态。在此状态下,电极电势与溶液中参与电极过程的物质的活度之间的关系符合能斯特(Nernst)方程,这就是电位分析法的理论基础。

被测离子的活度 $a_{M^{n+}}$ 可通过测量电池电动势而求得:

$$E = K - \frac{RT}{nF} \ln a_{M^{n+}}$$

### 5.1.2  电位滴定法的基本理论基础

电位滴定法是利用滴定分析中化学计量点附近的突跃(如酸碱滴定中 pH 的突跃、配位滴定与沉淀滴定中 pM 的突跃、氧化还原滴定中电位的突跃),以一对适当的电极监测滴定过程中的电位变化,从而确定滴定终点,并由此求得待测组分的浓度或含量。

电位滴定法优于通常的化学滴定法,它不仅可用于一般化学滴定分析的场合,还可用于有色或浑浊试液的滴定,以及找不到合适指示剂的滴定,此外用电位滴定法也比一般用化学指示剂确定终点更为准确。

## 5.2　电极和测量仪器

### 5.2.1　电极

1. 参比电极

参比电极是测量电池电动势,计算电极电势的基准,常用的参比电极为甘汞电极和银-氯化银电极。

1) 甘汞电极

甘汞电极(图 5-1)属于金属-金属难溶盐电极。甘汞电极有两个玻璃套管,内套管封接一根铂丝,铂丝插入厚度为 $0.5\sim1.0cm$ 的纯汞中,汞下装有甘汞($Hg_2Cl_2$)和汞的糊状物,外套管装入 KCl 溶液。电极下端与待测溶液接触处熔接玻璃砂芯或陶瓷砂芯等多孔物质。

当温度一定时,甘汞电极的电极电势与 KCl 溶液的浓度有关;当 KCl 溶液的浓度一定时,其电极电势为定值。各浓度下甘汞电极的电极电势见表 5-1。

表 5-1　甘汞电极的电极电势(25℃)

| 电极 | $0.1mol\cdot L^{-1}$ 甘汞电极 | 标准甘汞电极(NCE) | 饱和甘汞电极(SCE) |
| --- | --- | --- | --- |
| KCl 浓度 | $0.1mol\cdot L^{-1}$ | $1.0mol\cdot L^{-1}$ | 饱和溶液 |
| 电极电势 | 0.3365V | 0.2828V | 0.2438V |

饱和甘汞电极是最常用的一种参比电极。在使用饱和甘汞电极时需要注意以下几个问题:①KCl 溶液必须是饱和的,在甘汞电极的下部一定要有固体 KCl 存在,否则要补加 KCl;②内部电极必须浸泡在 KCl 溶液中,且无气泡;③使用时将橡皮帽去掉,不用时戴上。

2) 银-氯化银电极

银-氯化银电极也属于金属-金属难溶盐电极。将表面镀有氯化银层的金属银丝浸入一定浓度的 KCl 溶液中,即构成银-氯化银电极,其结构如图 5-2 所示。

图 5-1　甘汞电极构造　　　　　　图 5-2　银-氯化银电极构造

当温度一定时,银-氯化银电极的电极电势与 KCl 溶液的浓度有关;当 KCl 溶液的浓度一定时,其电极电势为定值。各浓度下银-氯化银电极的电极电势见表 5-2。

**表 5-2　银-氯化银电极的电极电势**(25℃)

| 电极 | 0.1mol · L⁻¹ 银-氯化银电极 | 标准银-氯化银电极 | 饱和银-氯化银电极 |
|---|---|---|---|
| KCl 浓度 | $0.1mol \cdot L^{-1}$ | $1.0mol \cdot L^{-1}$ | 饱和溶液 |
| 电极电势 | 0.2880V | 0.2223V | 0.2000V |

**2. 指示电极**

在电位分析法中，能指示被测离子活度的电极称为指示电极。常用的指示电极主要是一些金属基电极及各种离子选择性电极。

1)金属基电极

金属基电极以金属为基体，其共同特点是电极上有电子交换反应，即氧化还原反应发生。它可以分为以下四种：

(1)金属-金属离子电极(第一类电极)。

(2)金属-金属难溶盐电极(第二类电极)。

(3)金属及其离子与另一种金属离子具有共同阴离子的难溶盐或难解离的配离子组成的电极(第三类电极)。

(4)惰性金属电极(零类电极)。

指示电极的电极电势由于来源于电极表面的氧化还原反应，故选择性不高，因而在实际工作中更多使用的是离子选择性电极。

2)离子选择性电极

离子选择性电极是一种电化学传感器，它是由对某种特定离子具有特殊选择性的敏感膜及其他辅助部件构成的。在敏感膜上并不发生电子得失，只在膜的两个表面上发生离子交换，形成膜电位。这是直接电位法中应用最为广泛的一类指示电极。

各种离子选择性电极的构造虽各有其特点，但它们的基本形式是相同的。将离子选择性敏感膜封装在玻璃或塑料管的底端，管内装有一定浓度的被响应离子的溶液作为参比溶液，插入一支银-氯化银电极作为内参比电极，构成离子选择性电极。离子选择性电极的结构如图 5-3 所示。

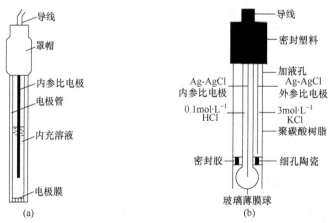

图 5-3　离子选择性电极的结构

(a) 离子选择性电极基本构造；(b) 复合电极构造

### 5.2.2 仪器结构与原理

#### 1. 直接电位法常用仪器

直接电位法常用酸度计或离子计测定溶液的 pH 或电位值。由于许多电极具有很大的电阻，因此酸度计或离子计均需要很高的输入阻抗，如 PRION 微处理器离子计及其配套电极。该仪器测量精度高，输入阻抗大，并带有自动温度测定与补偿功能。还有国产的 pH-2 或 pH-3 型酸度计等，pH 玻璃电极与离子选择性电极可以根据条件用其他型号代替。

#### 2. 电位滴定法常用仪器

电位滴定法所用的基本仪器装置包括滴定管、滴定池、指示电极、参比电极、搅拌器、测量电动势用的电位计等。

在滴定过程中，每加一次滴定剂，测定一次电动势，直到超过化学计量点为止，这样就得到一系列滴定剂用量（$V$）和相应的电动势（$E$）的数值。

电位滴定法又分为手动滴定法和自动滴定法。手动滴定法所需仪器简单，如上面所述酸度计或离子计，但是操作不方便。随着计算机技术与电子技术的发展，各种自动电位仪也相应出现，使滴定更加准确、快速和方便。

自动电位滴定仪是借助电子技术以实现电位滴定自动化的仪器。自动电位滴定仪可分为两类。一类是自动记录滴定曲线的电位滴定仪，它是利用电子仪器自动滴加滴定剂，使滴定速度与记录仪中记录纸速度同步，记录纸横坐标表示滴定剂的体积，纵坐标表示原电池的电动势。另一类是自动控制滴定终点的电位滴定仪，它又分为两种：一种是滴定到预定终点电位即自动停止滴定；另一种是利用二次微商 $\Delta^2 E/\Delta V^2$ 电信号的突变以确定终点。

## 5.3  实 验 部 分

### 实验 7  直接电位法测定水溶液 pH

**一、实验目的**

（1）了解用直接电位法测定水溶液 pH 的原理和方法。
（2）掌握 pHS-3C 型酸度计的操作方法。

**二、实验原理**

水溶液的 pH 通常是由酸度计进行测定的，以玻璃电极作指示电极，饱和甘汞电极作参比电极，同时插入被测试液中组成工作电极，该电池可以用下式表示：

$(-)$Ag，AgCl｜HCl$(0.1\text{mol}\cdot\text{L}^{-1})$｜玻璃膜｜试液‖KCl(饱和)｜$HgCl_2$，Hg$(+)$

|←——————— 玻璃电极 ———————|  |←—— 饱和甘汞电极 ——→|

在一定条件下，工作电池的电动势可表示为

$$E=k+0.059\text{pH}（25℃）$$

虽然由测得的电动势能算出溶液的 pH，但上式的 $k$ 值是由内、外参比电极及难以计算的不对称电位和液接电位所决定的常数，实际计算并非易事。因此，在实际工作中，经常用已知 pH 的标准缓冲溶液校正酸度计，校正时应选用与被测溶液的 pH 接近的标准缓冲溶液，以减少在测量过程中可能由于液接电位、不对称电位及温度等变化而引起的误差，校正后的酸度计可直接测量水或其他低酸碱度溶液的 pH。

本实验所用的是复合电极。复合电极是集工作电极和参比电极于一体的电极。其使用方便，但是不能长时间浸在蒸馏水中。使用完毕要用蒸馏水洗净，然后在电极保护套中加少量外参比溶液，方可套上电极保护套。

### 三、主要仪器和试剂

1. 仪器

pHS-3C 型酸度计，玻璃电极和甘汞电极（或复合电极），容量瓶（50mL、100mL），移液管（25mL），洗耳球，分析天平。

2. 试剂

（1）pH=4.00 标准缓冲溶液（20℃）：称取（115±5）℃下烘干 2～3h 的优级纯邻苯二甲酸氢钾（$KHC_8H_4O_4$）10.12g，溶于不含 $CO_2$ 的蒸馏水中，在容量瓶中稀释至 1000mL，储于塑料瓶中。

（2）pH=6.88 标准缓冲溶液（20℃）：称取优级纯磷酸二氢钾（$KH_2PO_4$）3.39g 和磷酸氢二钠（$Na_2HPO_4$）3.53g，溶于不含 $CO_2$ 的蒸馏水中，在容量瓶中稀释至 1000mL，储于塑料瓶中。

（3）pH=9.23 标准缓冲溶液（20℃）：称取优级纯硼砂（$Na_2B_4O_7 \cdot 10H_2O$）3.80g，溶于不含 $CO_2$ 的蒸馏水中，在容量瓶中稀释至 1000mL，储于塑料瓶中。

以上标准溶液也可用市售袋装缓冲溶液试剂直接配制，能稳定两个月，其 pH 随温度不同稍有差异，见表 5-3。

**表 5-3　缓冲溶液的 pH 与温度关系的对照表**

| 温度/℃ | 0 | 5 | 10 | 15 | 20 | 25 | 30 | 35 | 40 | 45 | 50 |
|---|---|---|---|---|---|---|---|---|---|---|---|
| 邻苯二甲酸氢钾（0.05mol · $L^{-1}$） | 4.00 | 4.00 | 4.00 | 4.00 | 4.00 | 4.01 | 4.02 | 4.02 | 4.04 | 4.05 | 4.06 |
| 磷酸二氢钾（0.025mol · $L^{-1}$）磷酸氢二钠（0.025mol · $L^{-1}$） | 6.98 | 6.95 | 6.92 | 6.90 | 6.88 | 6.86 | 6.85 | 6.84 | 6.84 | 6.84 | 6.84 |
| 硼砂（0.01mol · $L^{-1}$） | 9.46 | 9.40 | 9.33 | 9.28 | 9.23 | 9.18 | 9.14 | 9.10 | 9.07 | 9.04 | 9.01 |

### 四、实验步骤

（1）安装好多功能电极架及复合电极（在指导下安装）。

（2）仪器的标定（定位）与测量。

（a）安上电极（玻璃电极和甘汞电极或复合电极），打开电源开关，按"pH/mV"键选择 pH 测量模式。

（b）按"温度"键，调节显示的温度为此时待测溶液的温度，再按"确认"键。

（c）将复合电极下端的保护套拔下，并拉下电极上端的橡皮套，使其露出上端小孔，用蒸馏水清洗电极，并用滤纸吸干。

（d）把电极插入 pH=6.86 的标准缓冲溶液中，待读数稳定后按"定位"键，并调节读数为该溶液当时温度下的 pH，然后按“确认”键。取出电极，用蒸馏水冲洗干净，吸干。标准缓冲溶液的 pH 与温度关系见表 5-3。

（5）把电极插入 pH=9.18 的标准缓冲溶液中，待读数稳定后按“斜率”键，并调节读数为该溶液当时温度下的 pH，然后按“确认”键。取出电极，用蒸馏水冲洗干净，吸干，标定完成。

（6）用水样将电极和烧杯冲洗 6～8 次后，测量水样的 pH。

（7）实验完毕，用蒸馏水把电极冲洗干净，用滤纸吸干后套上放置少量外参比补充液的电极保护套，拉上电极上端的橡皮套，小心放好。

## 五、数据处理

（1）以标准缓冲溶液的 pH 为横坐标，测得电位计的“mV”读数为纵坐标，用 Origin、SigmaPlot 等软件绘制标准曲线，从直线斜率计算出玻璃电极的响应斜率。

（2）计算测量的水样 pH。

## 六、思考题

（1）电位法测定水样的 pH 的原理是什么？

（2）玻璃电极在使用前应如何处理？为什么？

（3）酸度计为什么要用已知 pH 的标准缓冲溶液校正？校正时应注意哪些问题？

（4）什么是指示电极、参比电极？

（5）甘汞电极使用前应做哪几项检查？

## 七、注意事项

（1）玻璃电极的敏感膜非常薄，易于破碎损坏，因此使用时应注意勿与硬物碰撞；电极上所沾附的水分只能用滤纸轻轻吸干，不得擦拭。

（2）不能用于含有氟离子的溶液，也不能用浓硫酸洗液、浓乙醇洗涤电极，否则会使电极表面脱水而失去功能。

## 实验 8　离子选择性电极法测定牙膏中氟的含量

### 一、实验目的

（1）掌握直接电位分析法的原理及实验方法。

（2）掌握用离子计或酸度计及氟离子选择性电极测定氟化物的原理和测定方法，分析干扰测定的因素和消除方法。

### 二、实验原理

氟是人体不可缺少的一种微量元素，也是牙齿的重要组成成分。研究表明，氟化物具有防治龋齿的作用。通常，牙膏中的氟以氟化亚锡、单氟磷酸钠或氟化钠形式存在。适量的氟化物可通过降低釉质溶解度和促进釉质再矿化、对微生物产生作用而影响牙体形态来预防龋齿。但高浓度的氟对人体的危害也很大，轻则影响牙齿和骨骼的发育，出现氟化骨症、氟斑牙等慢性氟中毒，重则引起恶心、呕吐、心律不齐等急性氟中毒。由于氟元素摄入过多或过少都会给人体健康带来不利影响，因此在牙膏生产和销售中必须严格控制氟的含量。我国强制性国家标准《牙膏》(GB 8372—2008)中规定，成人牙膏总氟量为 0.05%～0.15%，含氟儿童牙膏中氟的含量为 0.05%～0.11%。目前，牙膏中氟含量的检测方法主要有气相色谱法、分光光度法、离子色谱法、电位滴定法、离子选择性电极法。其中气相色谱法操作比较烦琐，不易掌握，而且测定过程中有剧毒的 HF 生成，对操作人员和环境有较大危害；分光光度法容易受到检测液中共存离子或有色杂质的影响，准确度较低；离子色谱法中 $F^-$ 峰受到检测液中 $Cl^-$、$OH^-$ 等负离子影响，测定误差较大；电位滴定法较难选择和控制采集密度，容易产生信号噪声和伪终点，稳定性较差；氟离子选择性电极法具有操作简便、干扰少、结果准确、灵敏度高、仪器价格低廉等优点而被广泛采用。

采用直接电位分析法测定牙膏样品中的氟，用总离子强度调节缓冲溶液(TISAB)固定溶液的离子强度，电极电势与 $F^-$ 浓度的对数 $\lg c$ 呈线性关系，通过标准曲线法测定氟含量。该方法具有操作简便、干扰少、结果准确、灵敏度高等优点，是测定牙膏中氟含量的一种良好方法。

### 三、主要仪器和试剂

#### 1. 仪器

pHS-3C型酸度计，电磁搅拌器，氟离子选择性电极，Ag-AgCl电极，容量瓶(50mL、100mL)，吸量管(5.00mL、10.00mL)，塑料烧杯(50mL)。

#### 2. 试剂

氟化钠(分析纯)，冰醋酸(分析纯)，氯化钠(分析纯)，柠檬酸钠(分析纯)。

$F^-$ 标准溶液($0.1000mol \cdot L^{-1}$)：准确称取 4.198g 在 120℃ 干燥过的氟化钠，以水溶解转入 1000mL 容量瓶中并稀释至刻度，混匀转移至塑料瓶中储备。

TISAB(总离子强度调节缓冲溶液)：在 500mL 水中加入 57mL 冰醋酸、58.5g 氯化钠和 0.3g 柠檬酸钠，用水稀释至1000mL，pH 为 5.0～5.5。

### 四、实验步骤

#### 1. 标准溶液配制

配制 $1.000 \times 10^{-2}$～$1.000 \times 10^{-5} mol \cdot L^{-1}$ 氟的标准溶液系列：取 1 个 50mL 的容量瓶，准确加入 5mL $0.1000mol \cdot L^{-1}$ 的氟标准溶液，加入 25mL TISAB，用水稀释至刻度，此溶液为 $1.000 \times 10^{-2} mol \cdot L^{-1}$ 氟标准溶液。然后将 $1.000 \times 10^{-2} mol \cdot L^{-1}$ 标准溶液逐级稀释成 $1.000 \times 10^{-3}$～$1.000 \times 10^{-5} mol \cdot L^{-1}$ 氟标准溶液，每个浓度差为 10 倍。除第一份溶液外，每个标准液均加入 25mL TISAB，使所有标准溶液中的 TISAB 浓度相等。在配制溶液的过程中注意润洗烧杯。使用 4 根吸量管取不同浓度的溶液，免去润洗的麻烦。

空白溶液的配制：在容量瓶中加入 25mL TISAB，用去离子水稀释至刻度即可。

#### 2. 标准曲线制作

安装好实验装置，插上电源，按"ON"键打开酸度计，再按"MODE"键将测量状态调至"mV"，把电极插入去离子水中，在搅拌的条件下洗涤至电位计读数在+400mV 以上，更换去离子水后读数波动不超过 5mV 表示电极已进入工作状态，可以进行测量。首先测量空白溶液，取清洗到稳定值的电极，将空白溶液倒入烧杯中，放入搅拌子，调节转速至转动稳定，插入氟离子选择性电极和银-氯化银电极，放置 5min 左右，使电极适应缓冲溶液体系，记下读数。如果电极下面有气泡，把电极提起来再放进去。

将适量标准溶液分别倒入 4 个烧杯中，由稀至浓分别测量标准溶液的电位值，每次测定前将搅拌子和电极上的水珠用滤纸擦干，但注意不要碰到底部晶体膜，记下读数。测定过程中搅拌溶液的速度应恒定，办法是第一次搅拌子稳定后，不动转速按钮，直接开关搅拌器。

最后以 F 浓度的对数为横坐标，电位(mV)为纵坐标，绘制标准曲线。

测量完毕后，将电极用蒸馏水清洗直至测得电位值与第一次清洗时的电位值相近。这点很重要，在测定牙膏样品之前一定要洗至空白。因为电极被污染将影响读数的准确性。

### 3. 测定牙膏中氟含量

用玻璃棒准确称取 1g 左右的牙膏样品于 50mL 塑料烧杯中，在天平上垫上称量纸，玻璃棒与烧杯一起称。用 25mL TISAB 分数次将牙膏样品稀释后转移至 50mL 容量瓶中，第一次用 5mL，充分缓慢搅拌，直到不溶物比较少，大概 3min。用水定容至刻度。定容后不盖塞子，超声振荡几分钟。按上述实验步骤用已经清洗至空白值的电极测量电位，读数。将测得读数代入标准曲线中，计算牙膏中氟含量。

### 4. 整理仪器

电极用水清洗至测得的电位值约为+400mV(复原)，洗干净镊子并擦干，洗净实验器具摆放整齐，关闭酸度计和电磁搅拌器，搅拌子回收，将通风橱收拾干净。擦干参比电极，盖上电极帽。

## 五、数据处理

(1)将配制的系列标准溶液所测定的数据用 Origin、SigmaPlot 等软件以 lg$c$ 为横坐标，相应的电位值为纵坐标，绘制标准曲线。也可在普通坐标纸上作 $E$(mV)-lg$c$ 图。

(2)根据牙膏样品所测得的电位值和标准曲线的线性方程，计算样品溶液的浓度值，以及相应牙膏中游离氟的含量(以质量分数表示)，并判断各样品中牙膏含氟量是否合格。

## 六、思考题

(1)测量时，控制溶液的离子强度的原因是什么？

(2)酸度过高或过低，对测定有什么影响？

(3)测定牙膏中氟含量时溶液可否放在玻璃烧杯中？

## 七、注意事项

(1)在配制溶液的过程中应注意润洗烧杯，配制浓度梯度时，应采用 4 根吸量管量取，免去润洗的麻烦。

(2)润洗和取 5mL 溶液时要节约，以免后面溶液测量时不够用。

## 实验 9  电位滴定法测定乙酸的含量

### 一、实验目的

(1)熟悉电位滴定的基本原理和操作技术。

(2)学习运用二级微商法确定滴定的终点。

### 二、实验原理

乙酸为有机酸($K_a = 1.8 \times 10^{-5}$),与 NaOH 的反应为

$$HAc + NaOH \longrightarrow NaAc + H_2O$$

用已知浓度的 NaOH 滴定未知浓度的 HAc 溶液,在终点时产生 pH(或 mV 值)的突跃,因此根据滴定过程中 pH(或 mV 值)的变化情况来确定滴定的终点,进而求得各组分的含量。

滴定终点可由电位滴定曲线(指示电极电位或该原电池的电动势对滴定剂体积作图)来确定,也可以用二次微商曲线法求得。二次微商曲线法不需绘图,仅通过简单计算即可求得滴定的终点,结果比较准确。这种方法原理是在滴定终点时,电位对体积的二次微商值等于零。

例如,用表 5-4 的一组终点附近的数据求出滴定终点。

**表 5-4  某滴定终点附近数据**

| 滴定剂的体积 $V$/mL | 电动势 $E$/ V | $\Delta E$/V | $\Delta V$/mL | $\dfrac{\Delta E}{\Delta V}$ | $\dfrac{\Delta^2 E}{\Delta V^2}$ |
|---|---|---|---|---|---|
| 24.10 | 0.183 | | | | |
| | | 0.011 | 0.10 | 0.11 | |
| 24.20 | 0.194 | | | | +2.8 |
| | | 0.039 | 0.10 | 0.39 | |
| 24.30 | 0.233 | | | | +4.4 |
| | | 0.083 | 0.10 | 0.83 | |
| 24.40 | 0.316 | | | | −5.9 |
| | | 0.024 | 0.10 | 0.24 | |
| 24.50 | 0.340 | | | | −1.3 |
| | | 0.011 | 0.10 | 0.11 | |
| 24.60 | 0.351 | | | | |

表中

$$\frac{\Delta^2 E}{\Delta V^2} = \frac{\left(\dfrac{\Delta E}{\Delta V}\right)_2 - \left(\dfrac{\Delta E}{\Delta V}\right)_1}{\Delta V}$$

在接近滴定终点时，加入 $\Delta V$ 为等体积。

从表5-4中 $\dfrac{\Delta^2 E}{\Delta V^2}$ 的数据可知，滴定终点在24.30mL与24.40mL之间。

设 $(24.30+X)$ mL时为滴定的终点，$\dfrac{\Delta^2 E}{\Delta V^2}=0$ 即为滴定终点，则有

$$\frac{\left(\dfrac{\Delta E}{\Delta V}\right)_2 - \left(\dfrac{\Delta E}{\Delta V}\right)_1}{\Delta V} = \left(\frac{\Delta^2 E}{\Delta V^2}\right) = 0$$

即

$$\frac{24.40 - 24.30}{4.4 - (-5.9)} = \frac{X}{4.4}$$

解得 $X = 0.04\text{mL}$。所以在滴定终点时滴定剂的体积应为：24.30+0.04=24.34（mL）。

## 三、主要仪器和试剂

### 1. 仪器

pHS-3C型酸度计（含复合电极），电磁搅拌器（含搅拌子），滴定管（25mL），进样器（100μL），铁架台（含滴定管夹）。

### 2. 试剂

邻苯二甲酸氢钾（分析纯），NaOH（0.1mol·L$^{-1}$），待测定的乙酸溶液。

## 四、实验步骤

在指导下安装好实验仪器，并校正酸度计（见实验 7）。

### 1. NaOH 溶液浓度的标定

(1) 在称量瓶中以差减法称量邻苯二甲酸氢钾（$KHC_8H_4O_4$）三份，每份 0.4～0.6g，分别倒入 200mL 烧杯中，加入 80～100mL 蒸馏水，放入干净的搅拌子。

(2) 调节至适当的搅拌速度（溶液应稳定而缓慢地转动），待邻苯二甲酸氢钾全部溶解后插入电极。开始每次加入 1.0mL 滴定剂，待电位稳定后，读取其值和相应的滴定剂体积，记录在表格里。随着电位差的增大（或减小），减少每次加入滴定剂的量。当电位差值变化迅速，即接近滴定终点时，每次加入 0.1mL 滴定剂（可以用 100μL 注射器），当电位读数再次变化缓慢时，说明滴定终点已过，可以停止滴定。

### 2. 未知试样的测定

(1) 用移液管取 20.00mL 未知浓度的乙酸溶液置于 200mL 大烧杯中，再加入约 100mL 蒸馏水，将此烧杯置于电磁搅拌器上，放入干净的搅拌子。最后把已清洗过并用滤纸吸干的复

合电极插入溶液(注意：电极不能被搅拌子碰到)。

(2)调节至适当的搅拌速度。开始每次加入 1.0mL 滴定剂，待电位稳定后，读取其值和相应的滴定剂体积，记录在表格里。随着电位差的增大(或减小)，减少每次加入滴定剂的量。当电位差值变化迅速时，即接近终点时，每次加入 0.1mL 滴定剂并记录相应的电位，当电位读数再次变化缓慢时，说明滴定终点已过，可以停止滴定。

(3)重复测定两次，每次滴定结束后的电极、烧杯和搅拌子都要清洗干净。实验完毕后整理好仪器、器皿，放回原处。

## 五、数据处理

(1)按表 5-4 的形式，从所记录的数据中找出有用的数据进行处理。

(2)作 $E$-$V$、$\Delta E/\Delta V$-$V$、$\Delta^2 E/\Delta V^2$-$V$ 滴定曲线。

(3)求出试样溶液中乙酸的浓度($\mathrm{mol \cdot L^{-1}}$)，并计算相对标准偏差。

## 六、思考题

(1)所使用的酸度计若不事先进行校正，结果是否会一样？

(2)电位滴定的原理和依据是什么？

(3)电位法滴定与用酚酞为指示剂的滴定有什么区别？特点是什么？

# 5.4　pHS-3C 型酸度计操作规程

## 5.4.1　仪器简介

pHS-3C 型酸度计是一种实验室用精密数字显示 pH 计，它采用 3 位半十进制 LED 数字显示。该仪器适用于实验室取样测定水溶液的 pH 和电位(mV)值。此外，还可配上离子选择性电极，测出该电极的电极电势。

## 5.4.2　仪器结构

仪器外形结构如图 5-4 所示。

仪器后面板如图 5-5 所示。

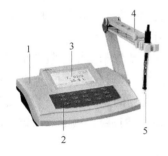

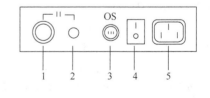

图 5-4　仪器外形结构　　　　　　　　　　　图 5-5　仪器后面板

1. 机箱；2. 键盘；3. 显示屏；4. 多功能电极架；5. 电极　　　1. 测量电极插座；2. 参比电极接口；3. 保险丝；4. 电源开关；

5. 电源插座

仪器键盘说明如下。

(1)"pH/mV"键：此键为 pH、mV 选择键，按一次进入"pH"测量状态，再按一次进入"mV"测量状态。

(2)"定位"键：此键为定位选择键，按此键上部"△"为调节定位数值上升，按此键下部"▽"为调节定位数值下降。

(3)"斜率"键：此键为斜率选择键，按此键上部"△"为调节斜率数值上升，按此键下部"▽"为调节斜率数值下降。

(4)"温度"键：此键为温度选择键，按此键上部"△"为调节温度数值上升，按此键下部"▽"为调节温度数值下降。

(5)"确认"键：此键为确认键，按此键为确认上一步操作。此键的另一种功能是如果仪器因操作不当出现不正常现象时，可按住此键，然后将电源开关打开，使仪器恢复初始状态。

仪器附件如图 5-6 所示。

图 5-6　仪器附件

1．Q9 短路插头；　2．E-201-C 型 pH 复合电极；　3．电极保护套

### 5.4.3　操作规程

**1．开机前的准备**

(1)将多功能电极架插入多功能电极架插座中。

(2)将 pH 复合电极安装在电极架上，如图 5-7 所示。

(3)将 pH 复合电极下端的电极保护套拔下，并且拉下电极上端的橡皮套，使其露出上端小孔。

(4)用蒸馏水清洗电极。

pHS-3C 型酸度计操作流程如图 5-8 所示。

**2．标定**

仪器使用前首先要标定。一般情况下，仪器在连续使用时，每天要标定一次。

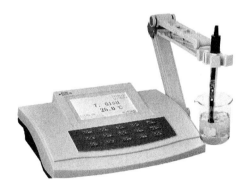

图 5-7　开机前准备

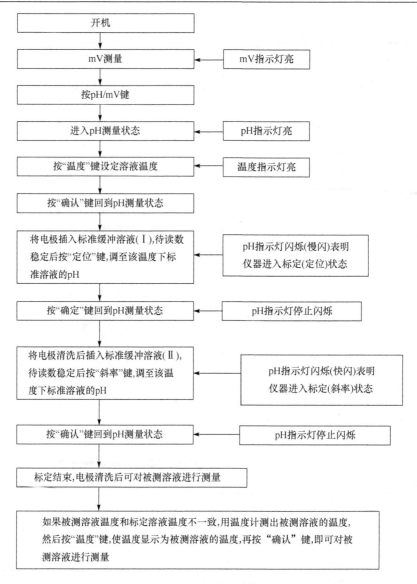

图 5-8　pHS-3C 型酸度计操作流程

（1）在测量电极插座处拔掉 Q9 短路插头。

（2）在测量电极插座处插入 pH 复合电极。

（3）如不用 pH 复合电极，则在测量电极插座处插入玻璃电极插头，参比电极接入参比电极接口。

（4）打开电源开关，按"pH/mV"按钮，使仪器进入 pH 测量状态。

（5）按"温度"按钮，使显示为溶液温度值（此时温度指示灯亮），然后按"确认"键，仪器确定溶液温度后回到 pH 测量状态。

（6）把用蒸馏水清洗过的电极插入 pH=6.86 的标准缓冲溶液中，待读数稳定后按"定位"键（此时 pH 指示灯慢闪烁，表明仪器在定位标定状态）使读数为该溶液当时温度下的 pH（如 10℃时，混合磷酸盐 pH=6.92），然后按"确认"键，仪器进入 pH 测量状态，pH 指示灯停止闪烁。标准缓冲溶液的 pH 与温度关系对照表见表 5-3。

(7) 把用蒸馏水清洗过的电极插入 pH=4.00(或 pH=9.18)的标准缓冲溶液中，待读数稳定后按"斜率"键(此时 pH 指示灯快闪烁，表明仪器在斜率标定状态)，使读数为该溶液当时温度下的 pH(如 10℃时，邻苯二甲酸氢钾 pH=4.00)，然后按"确认"键，仪器进入 pH 测量状态，pH 指示灯停止闪烁，标定完成。

(8) 用蒸馏水清洗电极后，即可对被测溶液进行测量。

如果在标定过程中操作失误或按键按错而使仪器测量不正常，可关闭电源，然后按住"确认"键再开启电源，使仪器恢复初始状态，然后重新标定。

注意：经标定后，"定位"键及"斜率"键不能再按，如果触动此键，此时仪器 pH 指示灯闪烁，请不要按"确认"键，而是按"pH/mV"键，使仪器重新进入 pH 测量程序即可，无需再进行标定。

标定的缓冲溶液一般第一次用 pH=6.86 的溶液，第二次用接近被测溶液 pH 的缓冲液，如被测溶液为酸性时，应选 pH=4.00 的缓冲溶液；如被测溶液为碱性时，则选 pH=9.18 的缓冲溶液。

一般情况下，在 24h 内仪器不需再标定。

### 3. 测量 pH

标定过的仪器即可用来测量被测溶液。被测溶液与定位溶液温度不同，测量步骤也有所不同。具体操作步骤如下：

(1) 被测溶液与定位溶液温度相同时，测量步骤如下：①用蒸馏水清洗电极头部，再用被测溶液清洗一次；②把电极插入被测溶液中，用玻璃棒搅拌溶液，使溶液均匀后读出溶液的 pH。

(2) 被测溶液和定位溶液温度不同时，测量步骤如下：①用蒸馏水清洗电极头部，再用被测溶液清洗一次；②用温度计测出被测溶液的温度值；③按"温度"键，使仪器显示为被测溶液温度值，然后按"确认"键；④把电极插入被测溶液中，用玻璃棒搅拌溶液，使溶液均匀后读出溶液的 pH。

### 4. 测量电极电势(mV 值)

(1) 把离子选择性电极(或金属电极)和参比电极夹在电极架上。

(2) 用蒸馏水清洗电极头部，再用被测溶液清洗一次。

(3) 把离子选择性电极的插头插入测量电极插座处。

(4) 把参比电极接入仪器后部的参比电极接口。

(5) 把两种电极插入被测溶液中，将溶液搅拌均匀后，即可在显示屏上读出该离子选择性电极的电极电势(mV 值)，还可自动显示正负极性。

(6) 如果被测信号超出仪器的测量范围，或测量端开路时，显示屏会不亮，作超载报警。

(7) 使用金属电极测量电极电势时，用带夹子的 Q9 插头，Q9 插头接入测量电极插座，夹子与金属电极导线相连；或用电极转换器，电极转换器的一头接测量电极插座，金属电极与电极转换器相连。参比电极接入参比电极接口。

### 5.4.4 仪器维护

**1. 仪器使用、维护的注意事项**

正确使用与维护仪器，可保证仪器正常、可靠地使用，特别是酸度计这一类仪器，它必须具有很高的输入阻抗，而使用时需经常接触化学药品，所以更需合理维护。

(1)仪器的输入端(测量电极插座)必须保持干燥清洁。仪器不用时，将 Q9 短路插头插入插座，防止灰尘及水汽浸入。

(2)电极转换器(选购件)专为配用其他电极时使用，平时注意防潮防尘。

(3)测量时，电极的引入导线应保持静止，否则会引起测量不稳定。

(4)仪器所使用的电源应有良好的接地。

(5)仪器采用了 MOS 集成电路，因此在检修时应保证电路有良好的接地。

(6)用缓冲溶液标定仪器时，要保证缓冲溶液的可靠性，不能配错缓冲溶液，否则将导致测量结果产生误差。

**2. 电极使用、维护的注意事项**

(1)电极在测量前必须用已知 pH 的标准缓冲溶液进行定位校准，其 pH 越接近被测 pH 越好，如图 5-9 所示。

(2)取下电极护套后，应避免电极的敏感玻璃泡与硬物接触，因为任何破损或擦毛都将使电极失效，如图 5-10 所示。

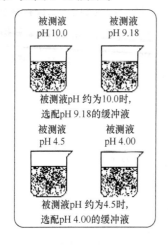

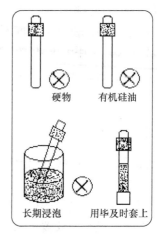

图 5-9　标准缓冲溶液选择　　　　　　　　图 5-10　电极保养

(3)测量结束，及时将电极保护套套上，电极保护套内应放少量外参比补充液，以保持电极球泡的湿润，切忌将其浸泡在蒸馏水中。

(4)复合电极的外参比补充液为 $3mol \cdot L^{-1}$ KCl 溶液，补充液可以从电极上端小孔加入，复合电极不使用时，拉上橡皮套，防止补充液干涸。

(5)电极的引出端必须保持清洁干燥，绝对防止输出两端短路，否则将导致测量失准或失效。

(6)电极应与输入阻抗较高的酸度计($\geqslant 10^{12}\Omega$)配套，以使其保持良好的特性。

(7)电极应避免长期浸在蒸馏水、蛋白质溶液和酸性氟化物溶液中。

(8)电极避免与有机硅油接触。

(9)电极经长期使用后，如发现斜率略有降低，则可把电极下端浸泡在 4% HF(氢氟酸)中 3～5s，用蒸馏水洗净，然后在 0.1mol·L$^{-1}$盐酸溶液中浸泡，使电极复新。

(10)被测溶液中如含有易污染敏感球泡或堵塞液接界的物质而使电极钝化，会出现斜率降低、显示读数不准现象。如发生该现象，则应根据污染物质的性质，用适当溶液清洗，使电极复新。

注意：①选用清洗剂时，不能用四氯化碳、三氯乙烯、四氢呋喃等能溶解聚碳酸树脂的清洗液，因为电极外壳是用聚碳酸树脂制成的，其溶解后极易污染敏感玻璃球泡，从而使电极失效。也不能用复合电极测上述溶液；②使用 pH 复合电极时，最容易出现的问题是外参比电极的液接界处发生堵塞，这是产生误差的主要原因。

# 第6章 电导分析法

电导分析法(conductometric analysis)是通过测定电解质溶液的电导值确定物质含量的电化学分析法。金属、电解质溶液等都是能够传导电荷的物质,故称为导体。电荷在导体中向一定的方向移动形成电流。本章讨论的电导是指电解质溶液中正、负离子在外电场作用下迁移而产生的电流传导,是电解质导电能力的量度。溶液的导电能力与溶液中正、负离子的数目,离子所带的电荷量,离子在溶液中迁移的速率等因素有关。建立在溶液电导与离子浓度基础上的方法称为电导分析法。电导分析法分为电导法和电导滴定法,具有操作简单、快速、灵敏度高和不破坏样品等优点,但几乎没有选择性,因此在分析中应用不广泛,它的主要用途是电导滴定及测定水体中的总盐量。

## 6.1 基 本 原 理

### 6.1.1 基本概念

1. 电导和电导率

将两个铂电极插入电解质溶液中,并在两电极上施加一定的电压,就会有电流通过。电导($G$)是衡量电解质溶液的导电能力的物理量,对于一个均匀的导体,其电导的大小与其长度 $L$ 和截面积 $A$ 有关,即

$$G = \kappa \frac{A}{L}$$

式中,$\kappa$ 为电导率。

电导是电阻的倒数,因此测量溶液的电导即测量其电阻。经典的测量电阻的方法是惠斯通电桥平衡法。

测量溶液的电导通常是将电导电极直接插入试液中,电导电极是将一对大小相同的铂片按一定的几何形状固定在玻璃杯上制成的。

$$G = \kappa \frac{A}{L} = \kappa \frac{1}{L/A}$$

式中,$L/A$ 是一常数,用 $\theta$ 表示,称为电导池常数。

电导率不能直接准确测得,一般是用已知电导率的标准溶液,测出其电导池常数 $\theta$,再测出待测溶液的电导率。标准 KCl 溶液的电导率见附录 7。

电导率与电解质溶液的浓度和性质有关。

(1)在一定范围内,离子的浓度越大,单位体积内离子的数目就越多,导电能力越强,电导率就越大。

(2)离子的迁移速率越大,电导率就越大。电导率与离子的种类有关,还与影响离子迁移速率的外部因素如温度、溶剂黏度等有关。

(3) 离子的价态越高, 携带的电荷越多, 导电能力越强, 电导率就越大。

## 2. 摩尔电导率和无限稀释摩尔电导率

摩尔电导率 ($\Lambda_m$) 是距离为单位长度的两电极板间含有单位物质的量的电解质溶液的电导率, 单位为 $S \cdot m^2 \cdot mol^{-1}$。

$$\Lambda_m = \frac{\kappa}{c}$$

随着溶液浓度的增大, 单位体积内的离子数目增大, 溶液的电导率随之增大, 但当浓度增大到一定数值时, 离子间相互作用力加强, 或电解质解离度降低, 导致电导率下降。当 $c$ 减小时, $\Lambda_m$ 增大, 当 $c$ 小到一定程度(无限稀释)时, 其值达到恒定。无限稀释时溶液的摩尔电导率称为极限摩尔电导率, 用 $\Lambda_m^0$ 表示。

此时的电导率符合离子独立运动定律, 即在无限稀释时, 所有电解质全部电离, 而且离子间一切相互作用力均可忽略, 因此离子在一定电场作用下的迁移速率只取决于该离子的本性, 而与共存的其他离子的性质无关。

由于无限稀释时离子间一切作用力可忽略, 所以电解质的摩尔电导率应是正、负离子单独对电导率所做的贡献——各离子的无限稀释摩尔电导率的总和:

$$\Lambda_m^0 = \Lambda_{m^+}^0 + \Lambda_{m^-}^0$$

式中, $\Lambda_{m^+}^0$ 和 $\Lambda_{m^-}^0$ 分别为阳离子和阴离子无限稀释摩尔电导率的总和。

## 3. 电导与电解质溶液浓度的关系

由上述关系可以导出:

$$G = \Lambda_m \frac{c}{\theta}$$

在电极、温度一定的电解质溶液中, $\Lambda_m$ 和 $\theta$ 均为定值, 此时溶液的电导与其浓度成正比, 即

$$G = Kc$$

上式仅适用于稀溶液, 在浓溶液中, 由于离子间的相互作用, 电解质溶液的电离度小于 100%, 并影响离子的运动速率, 从而使 $\Lambda_m$ 不为常数, 电导与浓度不呈简单的线性关系。

### 6.1.2 电导分析法的应用

#### 1. 直接电导法

直接根据溶液的电导确定待测物质含量的方法称为直接电导法。该方法利用溶液电导与溶液中离子浓度成正比的关系进行定量分析, 即

$$G = Kc$$

式中, $K$ 与实验条件有关, 当实验条件一定时为常数, 可通过标准曲线法或标准加入法等方法测得。

直接电导法灵敏度高, 仪器简单, 测量方便, 可用于定量分析, 也可用来测量各种常数, 如介电常数、弱电解质的解离常数。由于直接电导法的选择性差, 在定量分析中只能测定离子的总浓度, 所以直接电导法的应用受到限制, 主要应用于水质纯度的鉴定, 以及生产中某

些中间流程的控制及自动分析。

(1)水质纯度的鉴定。

由于纯水中的主要杂质是一些可溶性的无机盐类，它们在水中以离子状态存在，所以通过测定水的电导率，可以鉴定水的纯度，并以电导率作为水质纯度的指标。

普通蒸馏水的电导率约为 $2×10^{-6}S \cdot cm^{-1}$，离子交换水的电导率小于 $5×10^{-6}S \cdot cm^{-1}$。

值得注意的是，水中的细菌、悬浮杂质和某些有机物等非导电性物质对水质纯度的影响很难通过直接电导法测定。

(2)合成氨中一氧化碳与二氧化碳的自动检测。

在合成氨的生产流程中，必须监测一氧化碳和二氧化碳的含量，因为当其超过一定限度时，会使催化剂铁中毒而影响生产的进行。在实际生产过程中，可采用电导法进行监测。

(3)钢铁中碳和硫的快速测定。

(4)大气中一些气体污染物的监测。

(5)有关物理化学常数的测定，如弱电解质电离度和解离常数及溶度积的测定等。

### 2. 电导滴定法

电导滴定法根据滴定过程中被滴定溶液电导的突变确定终点，然后根据到达滴定终点时所消耗滴定剂的体积和浓度求出待测物质的含量。

如果滴定反应产物的电导和反应物的电导有差别，则在滴定过程中，随着反应物和产物浓度的变化，在化学计量点时滴定曲线出现转折点，可指示滴定终点。

电导滴定法可用于滴定极弱的酸或碱，也能用于滴定弱酸盐、弱碱盐及强、弱混合酸。而在普通滴定分析或电位滴定中，这些都是无法进行的，这也是电导滴定法的优点之一。

## 6.2　仪器结构与原理

DDS-11 型电导仪和 DDS-11A 型电导率仪是常用直接测定电导和电导率的专门仪器。

DDS-11 型电导仪原理见图 6-1，由振荡器输出的电压为 $E$ 时，则在电导池（$R_x$）及负载（$R_m$）的回路中，其电流强度 $I_1$ 为

$$I_1 = \frac{E}{R_x + R_m}$$

通过负载（$R_m$）的电流强度 $I_2$ 为

$$I_2 = \frac{E_m}{R_m}$$

在回路中，电导池与负载是串联的，$I_1 = I_2$，因此

$$E_m = \frac{R_m}{R_m + R_x} \cdot E$$

式中，$R_x$ 为电导池两极间电阻，其倒数即为电导 $G$。

$$E_m = \frac{R_m}{R_m + 1/G} \cdot E$$

当 $E$、$R_m$ 一定时，$R_m$ 是 $G$ 的函数，通过测量 $E_m$，即可得到电导值。在电导仪表头即可

直接读出电导值。

DDS-11A 型电导率仪和 DDS-11 型电导仪构造相似，特点是使用时能直接读出溶液的电导率（$\kappa$）而不必先测定电导池常数，其原理同图 6-1。将 $G=\kappa\dfrac{A}{L}$ 代入上式，可得

$$E_m = \frac{R_m}{R_m + \dfrac{L/A}{\kappa}} \cdot E$$

当 $R_m$、$L/A$、$E$ 一定时，$E_m = f(\kappa)$，即负载电阻 $R_m$ 上电位降 $E_m$ 是电导率的函数，所以可在仪器上直接读出电导率（$\kappa$）。

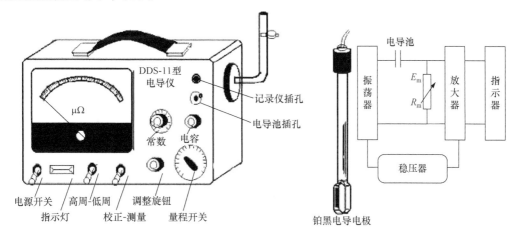

图 6-1　DDS-11 型电导仪原理

# 6.3　实 验 部 分

## 实验 10　水及溶液电导率的测定

**一、实验目的**

(1) 了解电导率的含义。

(2) 掌握电导率测定水质的意义及其测定方法。

**二、实验原理**

电导率是表示溶液传导电流能力的量。纯水的电导率很小，当水中含有无机酸、碱、盐或有机带电胶体时，电导率就增加。电导率常用于间接推测水中带电荷物质的总浓度。水溶液的电导率取决于带电荷物质的性质和浓度、溶液的温度和黏度等。

电导率的标准单位是 $S \cdot m^{-1}$，一般实际使用单位为 $mS \cdot m^{-1}$，常用单位 $\mu S \cdot cm^{-1}$。单位间的换算为：$1mS \cdot m^{-1} = 0.01mS \cdot cm^{-1} = 10\mu S \cdot cm^{-1}$。

新蒸馏水的电导率为 $0.05 \sim 0.2mS \cdot m^{-1}$，存放一段时间后，由于空气中的二氧化碳或氨的溶入，电导率可上升至 $0.2 \sim 0.4mS \cdot m^{-1}$；饮用水的电导率为 $5 \sim 150mS \cdot m^{-1}$；海水的电导率约为 $3000mS \cdot m^{-1}$；清洁河水的电导率为 $10mS \cdot m^{-1}$。电导率随温度变化而变化，温度每升

高 1℃，电导率约增加 2%，通常规定 25℃为测定电导率的标准温度。

由于电导是电阻的倒数，因此当两个电极(通常为铂电极或铂黑电极)插入溶液中，可以测出两电极间的电阻 $R$。根据欧姆定律，温度一定时，这个电阻值与电极的间距 $L$ 成正比，与电极截面积 $A$ 成反比，即

$$R=\rho\frac{L}{A}$$

由于电极面积 $A$ 与间距 $L$ 都是固定不变的，故 $L/A$ 是一个常数，称为电导池常数(以 $\theta$ 表示)。

比例常数 $\rho$ 称为申阻率，其倒数 $1/\rho$ 称为电导率，以 $\kappa$ 表示。

$$\kappa=1/\rho=1/R\times\frac{L}{A}=\frac{\theta}{R}$$

当已知电导池常数，并测出电阻后，即可求出电导率。

### 三、主要仪器和试剂

1. 仪器

DDS-307A 型电导率仪，电导电极，温度计(100℃)，恒温水浴锅。

2. 试剂

纯水(电导率小于 $0.1mS\cdot m^{-1}$)，HCl 溶液($0.001mol\cdot L^{-1}$)。

KCl 标准溶液($0.010mol\cdot L^{-1}$)：称取 0.7456g 于 105℃干燥并冷却的分析纯 KCl，溶于纯水中，于 25℃下定容至 1000mL，此溶液在 25℃的电导率为 $141.3mS\cdot m^{-1}$。各种浓度 KCl 溶液在不同温度时的电导率见附录 7。

### 四、实验步骤

(1)DDS-307A 型电导率仪的电极常数的设置。

参照仪器使用说明书和教师的讲解对电导率仪的电极常数进行设置。目前电导电极的电极常数为 0.01、0.1、1.0、10 四种不同类型，但对于每种电极具体的电极常数值，制造厂均贴在每支电导电极上。根据电极上所标的电极常数值调节仪器。

(2)温度补偿的设置。

如果"温度补偿"选择的温度数值为"25"时，测量的将是待测溶液在该温度下未经补偿的原始电导率值。

(3)测定 25℃纯水的电导率。

(4)测定 30℃、35℃、40℃、45℃、50℃、60℃水温下纯水的电导率。

(5)测定 25℃ $0.001mol\cdot L^{-1}$ HCl 溶液的电导率。

(6)测定 30℃、35℃、40℃、45℃、50℃、60℃ $0.001mol\cdot L^{-1}$ HCl 溶液的电导率。

### 五、数据处理

在任意水温下测定，必须记录水样温度，样品测定结果按下式计算：

$$\kappa_{25}=\kappa_t/[1+a(t-25)]$$

式中，$\kappa_{25}$ 为水样在 25℃时的电导率，$\mu S\cdot cm^{-1}$；$\kappa_t$ 为水样在 $t$℃时的电导率，$\mu S\cdot cm^{-1}$；$a$

为各种离子电导率的平均温度系数，取值 0.022；$t$ 为测定时水样的温度，℃。

## 六、思考题

(1)怎样计算电导池常数？

(2)电导率与温度有什么关系？

(3)测量水样的电导率有什么意义？

## 七、注意事项

(1)测量过程中，如显示值为"1"，说明测量值超出量程范围，此时应按"△"键，选择大一挡量程；测量过程中，如显示值为"0"，说明测量值小于量程范围，此时应按"▽"键，选择小一挡量程。

(2)恒温 25℃下测定水样的电导率，仪器的读数即为水样的电导率(25℃)，以 $\mu S \cdot cm^{-1}$ 表示。

## 实验 11　电导滴定法测定食用白醋中乙酸的含量

## 一、实验目的

(1)学习电导滴定法测定原理。

(2)掌握电导滴定法测定食用白醋中乙酸含量的方法。

(3)进一步掌握电导率仪的使用。

## 二、实验原理

电导滴定法是根据滴定过程中被滴定溶液电导的变化确定滴定终点的一种滴定分析方法。电解质溶液的电导取决于溶液中离子的种类和离子的浓度。在电导滴定中，由于溶液中离子的种类和浓度发生了变化，因而电导也发生了变化，据此可以确定滴定终点。

食用白醋中的主要成分是乙酸。用氢氧化钠滴定食醋，滴定开始时，部分高摩尔电导率的氢离子被中和，溶液的电导略有下降。随后，由于形成了乙酸-乙酸钠缓冲溶液，氢离子浓度受到控制，随着摩尔电导率较小的钠离子浓度逐渐增加，在化学计量点以前，溶液的电导开始缓慢上升。在接近化学计量点时，由于乙酸的水解，转折点不太明显。化学计量点以后，高摩尔电导率的氢氧根离子浓度逐渐增大，溶液的电导迅速上升。作两条电导上升直线的近似延长线，其延长线的交点即为化学计量点。

食醋中乙酸的含量一般为 $3\sim4g \cdot (100mL)^{-1}$，此外还含有少量其他弱酸，如乳酸等。用氢氧化钠滴定食醋，以电导法指示终点，测定的是食醋中酸的总量。尽管如此，测定结果仍按乙酸含量计算。

## 三、主要仪器和试剂

1. 仪器

电导率仪，铂黑电极，微型电磁搅拌器。

**2. 试剂**

NaOH 标准溶液(0.1000mol·L$^{-1}$),食用白醋。

## 四、实验步骤

(1)将 0.1000 mol·L$^{-1}$ NaOH 标准溶液装入 50mL 碱式滴定管,并记录读数。

(2)用 2mL 移液管移取 2.00mL 食醋于 200mL 烧杯中,加入 100mL 去离子水,放入搅拌子,将烧杯置于电磁搅拌器上,插入电导电极,开启电磁搅拌器,测量溶液电导。

(3)用 0.1000mol·L$^{-1}$ NaOH 标准溶液进行滴定,每加 1.00mL,测量一次电导率,共测量 20~25 个点。平行测定 3 份。

## 五、数据处理

(1)绘制滴定曲线,从滴定曲线直线部分的交点求出化学计量点时消耗 NaOH 标准溶液的体积。

(2)计算食醋中乙酸的含量[g·(100mL)$^{-1}$]。

$$c_{HAc} = \frac{c_{NaOH} V_{NaOH}}{2.00} \times \frac{60}{100}$$

## 六、思考题

(1)用电导滴定法测定食醋中乙酸的含量,与指示剂法相比有什么优点?

(2)如果食醋中含有盐酸,滴定曲线将有什么变化?

## 七、注意事项

滴定过程中,在接近终点时滴定速度要慢。

# 6.4 DDS-11A 型电导率仪操作规程

DDS-11A 型电导率仪的测量范围广,可以测定一般液体和高纯水的电导率,操作简便,可以直接从表上读取数据,并有 0~10mV 信号输出,可接自动平衡记录仪进行连续记录。

**1. 技术指标**

测量范围:0~200~2000~2000μS·cm$^{-1}$;准确度:±1%;稳定性:0.5%;配套电极:塑料结构,常数:1.0cm$^{-1}$;温补元件:NTC;介质温度:5~50℃;温度补偿:以 25℃为基准,自动补偿;电源消耗:<1W;环境条件:温度 0~50℃,湿度不大于 85% RH。

**2. 电极安装**

电极安装注意事项:①电极应安装在管路中位置较低、流速稳定且不易产生气泡处;②电导池平装和竖装都应深入活动水体;③测量信号属于微弱电信号,其采集电缆应独立走线,禁止和动力线、控制线连接在同一组电缆接头或端子板中,以免受潮干扰或击穿损坏测量单元;④测量电缆需加长时,请与厂家联系或供货前约定。

3. 设置

仪表安装完毕后，接通电源，进行如下操作。

1）常数校正

将后面板短路插片 K1 移至 CHECK（校正位）位置，显示屏显示的数据为电极常数值，如果所配电极常数不符，可调节 CHECK 按钮使其相符。

2）量程选择

将后面板短路插片移至不同的量程挡，可实现量程切换。为获得最佳分辨率，选择合适量程。量程太大，读数精度会有所降低。显示为"1"时，表示被测溶液的电导率超过该量程，此时应切换至高一挡量程。

4. 使用方法

（1）打开电源开关前，应观察表针是否指零，若不指零，可调节表头的螺丝使表针指零。

（2）将校正、测量开关拨在"校正"位置。

（3）插好电源后，打开电源开关，此时指示灯亮。预热数分钟，待指针完全稳定为止。调节校正调节器，使表针指向满刻度。

（4）根据待测液电导率的大致范围选用低周或高周，并将高周、低周开关拨向所选位置。

（5）将量程选择开关拨到测量所需范围。如预先不知道被测溶液电导率的大小，则由最大挡逐挡下降至合适范围，以防表针打弯。

（6）根据电极选用原则，选好电极并插入电极插口。各类电极要注意调节好配套电极常数，如配套电极常数为 0.95（电极上已标明），则将电极常数调节器调节到相应的位置（0.95）。

（7）倾去电导池中的溶液，将电导池和电极用少量待测液洗涤两三次，再将电极浸入待测液中并恒温。

（8）将校正、测量开关拨向"测量"，这时表头上的指示读数乘以量程开关的倍率即为待测液的实际电导率。

（9）当量程开关指向黑点时，读表头上刻度（$0 \sim 1\mu S \cdot cm^{-1}$）的数值；当量程开关指向红点时，读表头下刻度（$0 \sim 3\mu S \cdot cm^{-1}$）的数值。

（10）当用 $0 \sim 0.1\mu S \cdot cm^{-1}$ 或 $0 \sim 0.3\mu S \cdot cm^{-1}$ 这两挡测量高纯水时，在电极未浸入溶液前，调节电容补偿调节器，使表头指示为最小值（此最小值是电极铂片间的漏阻，由于此漏阻的存在，调节电容补偿调节器时表头指针不能达到零点），然后开始测量。

5. 注意事项

（1）电极的引线不能潮湿，否则所测数值不准确。

（2）高纯水应迅速测量，否则空气中 $CO_2$ 溶入水中变为 $CO_3^{2-}$，使电导率迅速增加。

（3）测定一系列浓度待测液的电导率，应注意按浓度由小到大的顺序测定。

（4）测定完毕，应将电极洗净浸在蒸馏水中。

# 第 7 章　电解和库仑分析法

电解分析法(electrolytic analysis)和库仑分析法(coulometric analysis)都是建立在电解基础上的方法。电解过程中反映电解电量与电极反应物质的量之间关系的法拉第电解定律、反映电极电位与电极表面溶液化学组成关系的能斯特方程和反映外加电压与反电压及电解电流关系的电解方程是这两种分析方法的理论基础。

## 7.1　基　本　原　理

### 7.1.1　电解分析法

电解分析法是建立在电解基础上的一种电化学分析方法。利用电解作用使待测组分从一定体积溶液中完全沉淀在阴极上，电解结束后，通过准确称量阴极质量的增加量的方法确定溶液中待测离子的浓度(图 7-1)。这种方法既可以用来分离出待测物质，也可以除去某些杂质。

电解分析法又分为恒电流电解分析法和控制阴极电位电解分析法。

1. 恒电流电解分析法

恒电流电解分析法(constant current electrolytic analysis)是在恒电流条件下进行电解，使待测离子以单质、氧化物或难溶盐等沉积物的形式在阴极或阳极上定量地析出，根据沉积物的化学组成，直接称量电极上析出物质的质量进行定量分析。

恒电流电解仪的基本装置如图 7-2 所示。以直流电源作为电解电源，加在电解池的电压由可变电阻 $R_1$ 调节，并由电压表指示。一般采用铂网作阴极，螺旋状铂丝作阳极并用电机带动，兼起搅拌作用。电解过程中，随着电解时间的延长，电活性物质活度下降，通过电解池的电流逐渐减小。对于一个电还原过程，可通过调节 $R_1$ 改变外加电压，将阴极电位逐渐调向更负的数值，以保持电流强度恒定。当阴极电位负到第二种电活性物质的析出电位时，第二种物质就开始在电极上析出。若电解在水溶液中进行，最终氢气在电极上析出，电极电位也就相对地稳定在氢的析出电位上。由于对阴极电位不加限制，这种方法只能使析出电位在氢以下与以上的金属离子得到定量分离，仅适用于溶液中只有一种较氢更易还原析出的金属离子的测定。

恒电流电解分析法的优点是仪器装置与操作简单，电解时间短；缺点是选择性差，测定混合离子溶液时会发生共沉淀，使应用受到很大的限制。

方法的准确度在很大程度上取决于沉积物的性质。沉积物需牢固地附着于电极上，防止在操作过程中脱落。若电极表面的电流密度高，沉积速度过快，易使沉积物不纯。氢气的析出会使沉积物成为海绵状而脱落。为获得优良的沉积物，电解必须使用不太大的电流，充分搅拌溶液，控制适当酸度和温度，使配合物电解。

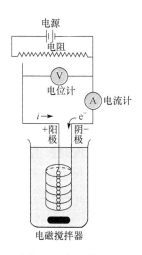

图 7-1  电解装置图

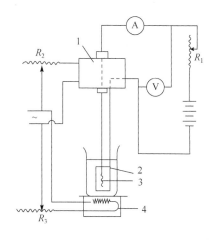

图 7-2  恒电流电解仪的基本装置

1. 搅拌马达；2. 铂网（阴极）；3. 螺旋状铂电极（阳极）；4. 加热电路；$R_1$. 电流调节电阻；$R_2$. 电机转速调节电阻；$R_3$. 电炉温度调节电阻

### 2. 控制阴极电位电解分析法

控制阴极电位电解分析法（controlled cathodic potential electrolytic analysis）是在电解过程中将阴极电位控制在一定的范围内，使得某种离子还原析出，而其他离子保留在溶液中，达到分离和测定金属离子的目的。

由能斯特方程可知，简单金属离子的浓度每降低 1/10，可使其还原电位负移 $\dfrac{0.0592}{n}$ V。如以离子的浓度降到原来的 $10^{-6}$ 作为完全分离的标准，从理论上说，两种简单金属离子的分解电位只要相差 0.355V 就能定量分离。在实际工作中，由一个参比电极监控电解过程中阴极电位的变化，通过在相同实验条件下分别获得两种金属离子的电解电流与阴极电位的关系曲线，确定电解分离两种金属离子的控制电位范围。

控制阴极电位电解装置如图 7-3 所示。电解过程中，阴极电位可用电位计准确测量，可通过可变电阻 R 调节施加于电解池的电压，使阴极电位保持在特定数值或某一范围内。

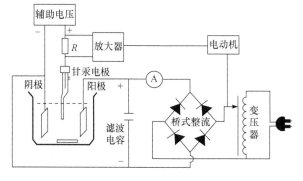

图 7-3  控制阴极电位电解装置

控制阴极电位电解分析法的优点是选择性好，用途较恒电流电解分析法广泛，电解时间短，故可用来分离并测定 Ag（与 Cu 分离）、Cu（与 Bi、Pb、Sm、Ni 等分离）、Bi（与 Pb、Sn 等分离）和 Cd（与 Zn 分离）等金属离子。

以汞代替铂作为阴极进行电解分离金属离子的方法称为汞阴极分离法。由于氢在汞电极上有较大的过电位以及许多金属易与汞形成汞齐而变得易于析出，该法成为一种应用范围广泛的有效分离方法。

### 7.1.2 库仑分析法

库仑分析法是测量电解过程中被测物质定量地进行某一电极反应时所消耗的电量，或被测物质与某一电极反应的产物定量反应完全时所消耗的电量，然后根据法拉第电解定律计算被测物质的含量。只有电极反应单一，电流效率为 100%时，此方法才适用。

库仑分析法按电解过程也可分为控制电位库仑分析法和恒电流库仑滴定法两类。

#### 1. 控制电位库仑分析法

控制电位库仑分析法（controlled potential coulometric analysis）是控制电位电解分析法的一种特殊形式，也是采用控制电极电位的方式进行电解。所不同的是，控制电位库仑分析法的电解电路中需串联一个能精确测量电量的库仑计（或称为电量计），然后分析测定电解过程中所消耗的电量，求出被测物质的含量。该方法的突出优点是选择性高，通过控制工作电极的电位，可在同一溶液中连续多次电解测定多个元素，而且在没有固体电解产物的情况下也能应用。

最常用的库仑计有：银库仑计、氢氧气体库仑计和电子库仑计。

银库仑计由一对铂电极（网状铂阴极和螺旋状铂阳极）浸于 $AgNO_3$ 溶液中组成。将其串联在电解回路中，电流通过电解池时也通过库仑计，$Ag^+$ 还原成 Ag 在铂网电极上析出，由铂网电极上析出金属银的质量，即可计算出通过电解池的电量。

氢氧气体库仑计实际上是一个串联在电解回路中的水电解装置。它是根据水的电解作用产生氢、氧混合气体，测定所析出混合气体的体积，即可计算通过电解池的电量。根据水的电解反应和法拉第电解定律可知：每一法拉第电量（96487C）在标准状态下可产生 11200mL 氢气和 5600mL 氧气，即每库仑电量析出 0.1741mL 混合气体。

电子库仑计是让电解电流通过一个标准电阻，产生电压降，并由电压-频率转换器把电压转换成频率。电压降随时间变化，频率也随时间变化。频率同电压降一样与电解电流成正比，因而根据频率脉冲计数，可对随时间变化的电压（或电解电流）进行积分，求出电解时消耗的总电量。电子库仑计的自动化程度高，操作快速简便。

#### 2. 恒电流库仑滴定法

恒电流库仑滴定法（controlled current coulometric titration）也称库仑滴定法。它是建立在控制电流电解过程上的库仑分析方法。让强度一定的电流通过电解池，由电极反应产生一种"电子滴定剂"，这种滴定剂立即与被测物质发生定量反应。当被测物质被作用完全时，"终点"指示系统发出到达终点的信号，立即停止电解，并从计时器上获得整个电解所消耗的时间。由电流强度和电解时间，根据法拉第电解定律可以计算出被测物质的含量。法拉第电解定律的数学关系式为

$$m = \frac{M}{nF} it$$

式中，$m$ 为被测物质的质量，g；$M$ 为摩尔质量，$g \cdot mol^{-1}$；$n$ 为电极反应的电子转移数；$F$ 为法拉第常量，$96487C \cdot mol^{-1}$；$i$ 为通过电解池的电流，A；$t$ 为通过电流的时间，s。

恒电流库仑滴定装置主要包括两部分：电解系统和指示系统。电位法指示终点的恒电流库仑滴定装置如图 7-4 所示。电解系统为一恒电流电解装置，电解电流的大小由标准电阻 $R$ 控制。指示系统是一套直接电位法测定装置，电解时间由计时器指示。当到达滴定反应的电位突跃最大处时，指示电路发出信号指示滴定终点，用人工或自动装置切断电解电源，同时记录时间。通常用带多孔性膜的玻璃套管将电解系统的阳、阴极隔开，以避免阳极和阴极电解产物可能产生的干扰。

库仑滴定法的终点指示方法较多，最常用的有以下几种。

1）指示剂法

普通滴定分析所用的化学指示剂大部分都可用于库仑滴定，这种方法较为简便。但是测定毫摩尔每升级的物质时，由于化学指示剂的变化范围较宽，易导致分析误差偏大，不宜使用。

2）电位法

电位法指示终点是在滴定分析过程中每隔一定时间停止通电，记下电位计读数和电生滴定剂的时间，以电位计读数对时间作图，从图上找出滴定终点，当滴定到达终点时，电位发生突变。

3）永停终点法

永停终点法指示终点的装置如图 7-5 所示。通常在指示终点用的两支微铂指示电极上施加一小的恒电压（50~200mV），并在线路中串联一个灵敏的检流计，直接观察检流计上的电流突变来确定滴定终点。要使电流通过检流计并流经电解池，在一个微铂电极上必须发生氧化还原反应，另一个电极上仅有可逆氧化还原电对的一种状态（氧化态或还原态）存在时，无法在指示电极上发生反应，只有可逆电对的两种状态同时存在时，这么小的电压才足以使指示电极上发生反应。可利用试液中可逆电对突然出现或消失引起检流计电流的突变或停止变化来指示氧化还原反应的滴定终点。常见的可逆电对有 $I^-/I_2$、$Br^-/Br_2$、$Ce(IV)/Ce(III)$ 和 $Fe(III)/Fe(II)$ 等。

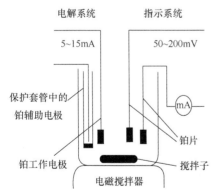
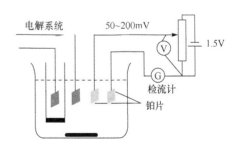

图 7-4　电位法指示终点的恒电流库仑滴定装置　　　　图 7-5　永停终点法指示终点的装置

库仑滴定法的优点是不需要基准物质，测定的准确度高，灵敏度高，易于实现自动化；缺点是选择性不够好，不能用于复杂成分试样的分析。

库仑滴定法可用于酸碱滴定、氧化还原滴定、沉淀滴定、配位滴定及一些有机物的库仑滴定，因此具有很广泛的用途。

## 7.2　仪器结构与原理

KLT-1 型通用库仑仪(图 7-6)的原理是恒电流库仑滴定,但由于电量的计算采用电流对时间的积分,所以对电解电流的恒定精度要求不高,由于电压-频率变换采用集成电路,所以计算精度较高,其被分析物质的含量根据库仑定律计算:

$$m = \frac{Q}{96500} \times \frac{M}{n}$$

式中, $Q$ 为电量, C; $M$ 为待测物质的摩尔质量, $g \cdot mol^{-1}$; $n$ 为滴定过程中被测离子的电子转移数; $m$ 为待测物质的质量, g。

图 7-6　KLT-1 型通用库仑仪

仪器的电解池采用四电极系统:指示电极共三根,电解电极为两根。指示电极由两根相同铂片和一根有砂芯隔离的钨棒电极组成,电流法采用两根相同的铂片组成,电位法为一根铂片和一根有砂芯隔离的钨棒组成。电解电极为一双铂片和一根有砂芯隔离的铂丝组成,电解阴极和阳极视哪个为有用电极而定,即有用电极为双铂片。为充分考虑电流效率能达100%,所以双铂片总面积约900mm², 以适应做多种元素的库仑分析。仪器由终点方式选择开关、控制电路、电解电流交换电路、电量计算电路、数字显示电路等部分组成,其结构及使用原理如图 7-7 所示。

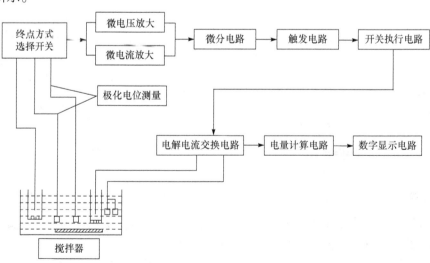

图 7-7　KLT-1 型通用库仑仪结构及使用原理方框图

KLT-1 型通用库仑仪具有电流法、电位法、等当点上升、等当点下降四种指示电极终点检测方式，根据不同的要求选用电极和电解液，可完成不同的实验。该仪器具有电量显示，简单直观；终点指示，方法齐全；积分运算，准确可靠；操作简单，使用方便等优点。

## 7.3　实 验 部 分

### 实验 12　库仑滴定法测定维生素 C 药片中抗坏血酸的含量

维生素 C 是一种水溶性维生素，在所有维生素中，维生素 C 是最不稳定的，在储藏、加工和烹调时极易被氧化和分解。维生素 C 是维持人体健康的最重要的维生素之一，但人体不能自身合成，必须从食物中获取。研究发现维生素 C 的缺乏可导致坏血病和免疫力低下等多种疾病，因此维生素 C 又称为抗坏血酸，其在人体中的含量高低常作为某些疾病诊断及营养分析的重要指标。因此，抗坏血酸的定量分析在食品、医药领域相当重要。

目前测定抗坏血酸含量的方法很多，包括碘量法、紫外分光光度法、伏安法、红外光谱法及库仑滴定法等。其中，库仑滴定法的优点是不需要配制及标定标准溶液，以电解液直接进行滴定，分析结果通过精确测定电量或电位而获得，因而具有灵敏度高、精密度好和准确性高的特点。本实验通过库仑滴定法测定维生素 C 药片中抗坏血酸的含量。

**一、实验目的**

(1)学习掌握库仑滴定法测定抗坏血酸的原理和方法。

(2)学习掌握使用 KLT-1 型通用库仑仪。

**二、实验原理**

库仑滴定法是用恒电流电解产生滴定剂，在电解池中与被测定物质定量反应测定该物质的一种分析方法。若电解的电流效率为 100%，电生滴定剂与被测物质的反应是完全的，而且有灵敏的确定终点的方法，则所消耗的电量与被测定物质的量成正比，根据法拉第定律可进行定量计算：

$$m = \frac{M}{nF}Q = \frac{M}{nF}it$$

式中，$m$ 为电解析出物质的质量，g；$M$ 为电解析出物质的摩尔质量，$g \cdot mol^{-1}$；$n$ 为电极反应中的电子转移数；$F$ 为法拉第常量，$96487C \cdot mol^{-1}$；$Q$ 为电量；$i$ 为电流强度，A；$t$ 为电解时间。

本实验使用 KLT-1 型通用库仑仪，用恒电流电解 KBr 的酸性溶液，使 $Br^-$ 在铂阳极上氧化为 $Br_2$，电解产生的 $Br_2$ 与抗坏血酸发生氧化还原反应：

该反应快速而又定量进行，因此可以通过电解产生的 $Br_2$ 来滴定抗坏血酸。电极反应为

阳极：　　　　　　　　　　　　$2Br^- \Longrightarrow Br_2 + 2e^-$

阴极：　　　　　　　　　　　　$2H^+ + 2e^- \Longrightarrow H_2\uparrow$

## 三、主要仪器和试剂

### 1. 仪器

KLT-1 型通用库仑仪，电磁搅拌器，超声波清洗仪，微量移液器(500μL)，电解池装置(包括双铂工作电极、双铂指示电极)，分析天平，烧杯，容量瓶。

### 2. 试剂

KBr-HAc 底液(17.9g KBr 溶解于 500mL 纯水，再加入 500mL 冰醋酸)，抗坏血酸，市售维生素 C 药片。

## 四、实验步骤

### 1. 抗坏血酸标准溶液的制备

准确称取 0.1000g 抗坏血酸于 50mL 烧杯中，加水溶解，移至 100mL 容量瓶中，稀释至刻度，摇匀。

### 2. 维生素 C 样品溶液的制备

取一片市售维生素C药片，称量，转入烧杯中，用蒸馏水溶解后连同不溶物一起转入100mL容量瓶中，用蒸馏水稀释至刻度，摇匀，放置至澄清，备用。

### 3. 仪器操作

(1)接线：阳极(红)接电解池的双铂片电极，阴极(黑)接铂丝电极，将"工作/停止"开关置"停止"，指示电极两个夹子分别接在指示线路的两个独立的铂片上。

(2)打开仪器电源。

(3)按下电流"上升"键，调"补偿极化电位"在 0.3mV 左右，量程选择 10mA。

(4)电解池中加入 KBr-HAc 电解液 70～80mL(能浸没所有电极)，按下"启动"键，"工作/停止"开关置"工作"。加入 1.00mL 抗坏血酸标准溶液，启动电磁搅拌器，按下"电解"开关，终点指示灯灭，电解开始。待终点指示灯亮，"电解"开关弹起，迅速将"工作/停止"开关置"停止"，记下显示的电量 $Q$。

(5)按下"启动"键，显示的数字自动归零。重复上述步骤，电解 1mL 抗坏血酸标准溶液，当相连两次所读电量误差不大于 2%时，再分别加入 2.0mL、3.0mL、4.0mL 抗坏血酸标准溶液电解并记录 $Q$。

(6)测量：准确移取 2.00mL 维生素 C 样品溶液上清液加入电解池进行电解，根据所消耗的电量，从标准曲线上查出维生素 C 药片中抗坏血酸的含量。

## 五、数据处理

由实验测得的电量计算出抗坏血酸的质量为

$$m_{测} = \frac{MQ}{nF} = 9.12 \times 10^{-4} Q$$

其中，$M = 176.1 g \cdot mol^{-1}$；$n = 2$。

当测得电量单位用 mC 时，$m_{测}$ 单位为 mg。

$$w_{测} = \frac{m_{测} \times \dfrac{50mL}{0.5mL}}{m_{样}} \times 100\%$$

式中，$m_{测}$、$m_{样}$ 质量单位要一致。

## 六、思考题

(1) 电解液中加入 KBr 和冰醋酸的作用是什么？

(2) 所用的 KBr 如果被空气中的 $O_2$ 氧化，将对测定结果产生什么影响？

(3) 电解过程中，阴极上不断析出 $H_2$ 会对电解液的 pH 有什么影响？

(4) 为什么电解电极的阴极要置于保护套中，而指示电极则不需要？

(5) 如何确定本实验库仑滴定中的电流效率达到 100%？

## 七、注意事项

(1) 抗坏血酸在水溶液中易被溶解氧化，但在酸性 NaCl 溶液中较为稳定，放置 8h 偏差为 0.5%～0.6%。若所用的蒸馏水预先除氧，效果更好。

(2) 扣除滴定误差。本法采用两次终点以抵消滴定误差。

(3) 严格按说明书使用仪器，接线正、负端切勿接错。

(4) 电解电流不宜过大，电解时溶液必须搅拌。

(5) 溶液使用一次为宜，多次反复使用会产生较大偏差。

### 实验 13　库仑滴定法测定 $Na_2S_2O_3$ 的浓度

## 一、实验目的

(1) 了解恒电流库仑滴定及永停法指示滴定终点的原理。

(2) 掌握 KLT-1 型通用库仑仪的操作方法。

## 二、实验原理

化学分析法所用的标准溶液大部分是由另一种基准物质标定的，基准物的纯度、预处理 (如烘干、保干或保湿)、称量的准确度及对滴定终点颜色的目视观察等都对标定的结果有重要影响。库仑滴定法是通过电解产生的物质与标准溶液反应对标准溶液进行标定的，由于库仑滴定涉及的电流和时间这两个参数可精确地测量，因此该法准确性非常高，避免了化学分析中依靠基准物质的限制。例如，$Na_2S_2O_3$、$KMnO_4$、$KIO_3$ 和亚砷酸等标准溶液都可用库仑滴定法进行标定。

本实验是在 $H_2SO_4$ 介质中，以电解 KI 溶液产生的 $I_2$ 滴定被测物质 $Na_2S_2O_3$ 的含量，电解池中加入 KI 溶液，通电时发生如下反应：

阳极：
$$3I^- - 2e^- = I_3^-$$

阴极：
$$2H_2O+2e^-\!\!=\!\!=\!\!H_2+2OH^-$$

工作阴极置于隔离室（玻璃套管）内，套管底部有一微孔玻璃板，以保持隔离室内外的电路畅通，这样的装置避免了阴极反应对测定的干扰。阳极产物 $I_3^-$ 与 $Na_2S_2O_3$ 反应：

$$I_3^-+2S_2O_3^{2-}\!\!=\!\!=\!\!3I^-+S_4O_6^{2-}$$

由于上述反应在化学计量点之前溶液中没有过量的 $I_2$，不存在可逆电对，因而当采用双指示电极法指示终点时，两个铂指示电极回路中无电流通过。继续电解，产生的 $I_2$ 与全部 $Na_2S_2O_3$ 作用完毕，稍过量的 $I_2$ 即可与 $I^-$ 形成 $I_2/I^-$ 可逆电对，此时在指示电极上发生下列电极反应：

指示阳极： $\qquad\qquad 2I^-\longrightarrow I_2+2e^-$

指示阴极： $\qquad\qquad I_3^-+2e^-\longrightarrow 3I^-$

由于在两个指示电极之间保持一个很小的电位差（约 200mV），所以此时在指示电极回路中立即出现电流的突跃，可以指示终点的到达。

在正式滴定前，需进行预电解，以清除系统内还原性干扰物质，提高标定的准确度。

### 三、主要仪器和试剂

1. 仪器

KLT-1 型通用库仑仪，电磁搅拌器，容量瓶（250mL、50mL），刻度移液管，量筒，烧杯。

2. 试剂

$H_2SO_4$ 溶液（1.0mol·$L^{-1}$），KI 溶液（200g·$L^{-1}$），$Na_2S_2O_3$ 溶液（待标定，浓度约为 0.01mol·$L^{-1}$）。

### 四、实验步骤

(1)通电，开机，预热，了解各功能键的功能及使用方法。

(2)加 10mL KI 溶液（循环使用）、1mL $Na_2S_2O_3$ 溶液、约 40mL 蒸馏水（增容，使电极完全浸入溶液而利于电解或指示）于电解池中，调节电磁搅拌器维持中匀速搅拌。

(3)电解电流旋至 5mA、时针电位器旋至 70～80mV（分针一圈为 500mV），然后依次按下电流、上升、启动、工作、电解五个按钮，指示灯灭，电解开始，数码管同时开始记录电解电量。

(4)等到指示灯自动变亮，数码管即显示出滴定 $Na_2S_2O_3$ 所需要的 $I_3^-$ 而消耗的电量（mC）。

(5)记录数据，按启动按钮使数码管回零；加 1mL $Na_2S_2O_3$ 溶液重复三次。

(6)关机。

### 五、数据处理

$Na_2S_2O_3$ 浓度（mol·$L^{-1}$）的计算：

$$c_{Na_2S_2O_3}=\frac{Q}{96487\times V}$$

## 六、思考题

(1)结合本实验,说明以库仑法标定溶液浓度的基本原理。与化学分析中的标定方法相比,本法有何优点?

(2)根据本实验,应从哪几方面入手提高标定的准确度?

(3)为什么要进行预电解?

## 七、注意事项

(1)必须了解电解池结构、电极的呈现状态及原因,用正确的方法使用和保护电解池。

(2)加 1mL $Na_2S_2O_3$ 溶液时必须特别准确,微小失误即可能导致很大的误差。

(3)重复实验不再加 KI 溶液,因为 KI 是循环使用的,只需加 1mL $Na_2S_2O_3$ 溶液。蒸馏水的作用是增容,使电极完全浸入溶液而利于电解或指示。

(4)搅拌速率必须适中且稳定。

(5)电解系统中双铂片为电解阳极,电解阴极内应装有电解液,且液面要高于电解池内的液面。

# 7.4　KLT-1 型通用库仑仪操作规程

### 1. 技术指标

电解电流:50mA、10mA、5mA 三挡连续可调。50mA 挡电量:读数×5mC;其他两挡:读数×1mC。

主机积分精度:误差小于 0.5%。

分析误差及最小检出量:2mL 进样,分析大于 10ppm($10^{-6}$)的标准液时,变异系数小于 3%,回收率大于 95%。

指示电极终点检测方式:指示电极电流法、电位法、等当点上升、等当点下降四种方式根据电极和电解液任意组合。

结果显示:四位数字直接显示电量(mC)。

### 2. 使用方法

(1)开启电源前所有按键全部释放,"工作/停止"开关置"停止"挡,电解电流量程选择根据样品含量大小、样品量多少及分析精度选择合适的挡,一般情况下选 10mA 挡。

(2)开启电源开关,预热 10min,根据样品分析需要及采用的滴定剂,选用指示电极电位法或指示电极电流法,把指示电极插头和电解电极插头插入机后相应的孔内,并夹在相应的电极上。把配好电解液的电解杯放在电磁搅拌器上,开启电磁搅拌器,选择适当转速。

(3)例如,电解 $Fe^{2+}$ 测定 $Cr^{6+}$ 时,终点指示方式可选"电位下降"法,接好电解电极及指示电极线(此时电解阴极为有用电极,即中二芯黑线接双铂片,红线接铂丝阴极,大二芯黑夹子夹钨棒参比电极,红夹子夹两指示铂片中的任意一根),并把插头插入主机的相应插孔。补偿电位预先调在 3 的位置,按下启动键,调节补偿电位器使表针指在 40mV 左右,待指针稍稳定，将"工作/停止"开关置"工作"挡，按一下电解按钮，灯灭，开始电解，电解至终点时表针开始向左突变，红灯亮，仪器显示数即为所消耗的电量(mC)。

(4)再如，电解碘测定砷时，终点指示方式可选择"电流上升"法。把夹钨棒的黑夹子夹到两指示铂片中的另一根即可。其他接线与步骤(3)相同，极化电位钟表电位器预先调在 0.4 的位置，按下启动按键，按下极化电位按键，调节极化电位到所需的极化电位值，使 50μA 表头至 20 左右，松开极化电位键，等表头指针稍稳定，按一下电解按钮，灯灭，开始电解。电解至终点时表针开始向右突变，红灯亮，仪器读数即为总消耗的电量(mC)。

3. 注意事项

(1)仪器在使用过程中，拿出电极头或松开电极夹时必须先释放启动键，以使仪器的指示回路输入端起到保护作用，不会损坏机内的配件。

(2)电解电极及采用电位法指示滴定终点的正、负极不能接错。

(3)电解过程中不要换挡，否则会使误差增加。

(4)量程选择在 50mA 挡时，电量为读数乘以 5mC；10mA 和 5mA 挡时电量读数单位即为 mC。

(5)电解电流的选择：一般分析低含量时可选择小电流，但如果电流太小(小于 50mA)，有时可能终点不能停止，这主要是因为等当点突变速率太小而使微分电压太低不能关闭。

# 第8章 极谱法和伏安法

极谱法（polarography）和伏安法（voltammetry）是一类特殊的电解分析方法，其特殊性表现在两个电极上，电解池由工作电极和参比电极组成，工作电极为面积较小的极化电极，参比电极则采用面积较大、不易极化的去极化电极。

极谱法是指使用表面积不断更新的滴汞电极作工作电极的方法，包括直流极谱法、单扫描极谱法、交流极谱法、方波极谱法、脉冲极谱法及交流示波极谱法等。伏安法的工作电极既可以是面积固定的悬汞、石墨、铂等电极，也可是表面作周期性连续更新的滴汞电极。伏安法和极谱法是根据对试样电解过程中获得的电流-电位曲线进行分析的电化学方法。

## 8.1 基 本 原 理

### 8.1.1 直流极谱法

#### 1. 基本装置

直流极谱法又称经典极谱法，实验装置（两电极系统）如图 8-1 所示。电解池由待测电解液和两支电极组成，一支是大面积的饱和甘汞电极（saturated calomel electrode，SCE）作为参比电极（阳极），另一支是面积很小的滴汞电极（dropping mercury electrode，DME）作为工作电极（阴极）。

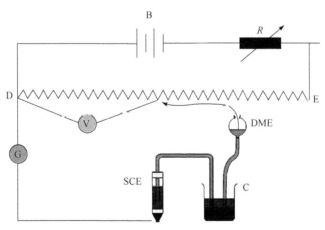

图 8-1 极谱法基本装置

极谱分析的电流都很小（微安数量级），对大面积的甘汞电极而言，电流密度很小，引起甘汞电极的电位变化甚微，可认为是恒定的；而对于滴汞电极，由于面积很小，电解时电流密度很大，很容易发生浓差极化。电极电位与外加电压的关系为

$$V_{外}=E_{SCE} - E_{DME} + iR$$

由于 $E_{SCE}$ 恒定，$iR$ 项可忽略不计（电流很小），因此滴汞电极的电位 $E_{DME}$ 就完全随着外加电压的改变而变化，即

$$V_{外} = -E_{DME} + E_{SCE}$$

在实际工作中，当回路电流较大或内阻较高时，$iR$ 项不能忽略，此时就不可用外加电压代替 $E_{DME}$。要准确测定滴汞电极的电位，必须设法消除 $iR$ 项的影响。通常的做法是采用三电极系统，如图 8-2 所示。由参比电极与工作电极组成一个电位监测回路，由于此回路中的阻抗很高，实际上没有明显的电流通过，因此该回路中的电位降可忽略不计。显然，通过这种装置，就可以随时显示出电解过程中工作电极对参比电极的电位 $E_w$。

### 2. 极谱波

通过连续改变加在工作电极和参比电极上的电压，并记录电流的变化，绘制 $i$-$V$ 曲线，所得的 $i$-$V$ 曲线称为极谱波或极谱图。

图 8-3 是 $1.0 \times 10^{-3}$ mol·$L^{-1}$ $Pb^{2+}$ 在外加电压由 0.2V 逐渐增加到 0.7V 条件下记录的极谱波，曲线的①～②段仅有微小的电流流过，这时的电流称为残余电流 $i_r$，它是由溶液中的微量杂质，尤其是溶液中未除净的氧被还原形成的电解电流，以及滴汞电极在成长和滴落过程中，汞滴面积不断改变所引起的充电电流（也称电容电流）两部构成的。当外加电压到达 $Pb^{2+}$ 的分解电压（曲线的②～④段）后，电流随电压的增加而迅速增加，此时 $Pb^{2+}$ 在滴汞电极（阴极）上发生还原反应，产生的金属与汞形成汞齐：

$$Pb^{2+} + 2e^- + Hg \longrightarrow Pb(Hg)$$

在阳极上发生氧化反应：

$$2Hg + 2Cl^- - 2e^- \longrightarrow Hg_2Cl_2$$

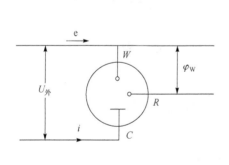

图 8-2　三电极极谱法装置图

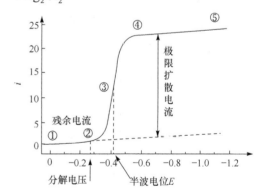

图 8-3　$Pb^{2+}$ 在一定条件下记录的极谱波

$Pb^{2+}$ 的消耗导致电极表面的离子浓度 $c_0$ 与本体溶液中的离子浓度 $c$ 存在一定的浓差梯度，因而使金属离子从本体溶液向电极表面扩散。若只存在离子的扩散运动，不存在其他质量传递过程，则电解电流与 $Pb^{2+}$ 的浓差梯度成正比，即浓差梯度越大，电流越大。

当外加电压继续增加超过④～⑤段时，滴汞电极的电位变得更负，电极反应足够快，使得电极表面的金属离子浓度 $c_0$ 趋近于零，这时达到极限扩散状态，即电流的大小取决于金属离子从溶液本体向电极表面的扩散，即使滴汞电极电位再向负方向移动，电流也不会增加。所以，在极限扩散状态下，电流与金属离子在本体溶液中的浓度成正比。

### 3. 尤考维奇方程

滴汞电极上受扩散控制的扩散电流 $i_d$ ($i_d = i_l - i_r$) 可用尤考维奇(Ilkovic)方程表示:

$$i_d = 607nD^{1/2}m^{2/3}\tau^{1/6}c$$

式中,$i_d$ 为极限扩散电流,μA;$n$ 为电子转移数;$D$ 为被测物在溶液中的扩散系数,$cm^2 \cdot s^{-1}$;$m$ 为汞流速,$mg \cdot s^{-1}$;$\tau$ 为滴汞周期,s;$c$ 为被测物浓度,$mmol \cdot L^{-1}$。

当实验条件一定时

$$i_d = kc$$

上式是定量分析的基础。

### 4. 影响极限扩散电流的主要因素

#### 1)溶液组分的影响

从尤考维奇方程看,扩散电流与扩散系数 $D$ 的平方根成正比,$D$ 依赖于溶液的黏度,黏度越大,$D$ 就越小。溶液组成不同,其黏度不同,从而 $D$ 不同,将影响扩散电流的数值。因此,分析时应使标准液与待测溶液的组成基本一致。

#### 2)毛细管特性的影响

在尤考维奇方程中,参数 $m$、$\tau$ 都与毛细管的性质有关,因此把 $m^{2/3}\tau^{1/6}$ 称为毛细管特性常数。由于扩散电流与 $m^{2/3}\tau^{1/6}$ 成正比,因此 $m$ 与 $\tau$ 的任何改变均会引起扩散电流的变化。

对于特定的毛细管,$m$、$\tau$ 主要受汞柱高度 $h$ 的影响,$h$ 改变,汞滴流速 $m$ 及滴汞周期 $\tau$ 随之改变。因此,极谱分析过程中要保持汞柱高度不变。

#### 3)温度的影响

温度影响 $D$、$m$、$\tau$。室温下,温度每升高 1℃,扩散电流增加约 1.3%。故极谱分析时,应维持温度波动在 ±0.5℃,以使扩散电流的测定误差不超过 1%。

#### 4)被测物浓度的影响

被测物浓度较大时,汞滴上析出的金属多,改变汞滴表面性质,将会对扩散电流产生影响,所以极谱法适用于测量低浓度试样。

### 5. 干扰电流及其消除

在极谱分析中,除完全受扩散控制的扩散电流外,还有一些其他原因引起的电流。这些电流与被测组分无一定的比例关系,对分析工作有影响,故称为干扰电流,在极谱分析中应设法消除。

#### 1)残余电流

极谱分析时,在外加电压还未达到被测物的分解电压时,仍能观察到有微小电流通过电解池,这种电流称为残余电流 $i_r$。残余电流包括两部分。一是溶液中的微量杂质在滴汞上产生的电解电流,如溶液中的微量氧、蒸馏水中的微量铜、试剂中的微量铁等。这些杂质能在达到被测物质的分解电压前就在电极上反应产生微弱的电解电流,若所用水和试剂极纯,这一部分电流就极小。二是因汞滴生长、滴落形成的充电电流(或电容电流)$i_c$。充电电流是残余电流的主要部分。滴汞的不断生长和落下导致滴汞面积变化和双电层变化,进而引起电容变化和充电电流的变化。充电电流通常为 $10^{-7}$A,相当于 $10^{-5}$mol $\cdot L^{-1}$ 一价金属离子所产生的极限扩散电流，这就限制了直流极谱的灵敏度和检测限。

在极谱分析中，残余电流一般采用作图法予以消除，也可利用仪器的残余电流补偿装置予以抵消。

2）迁移电流

电极对待测离子的静电引力导致更多离子移向电极表面，并在电极上反应而产生的电流称为迁移电流。离子的迁移方向既可与扩散方向相同，也可相反。这种迁移不是因为浓度梯度引起的扩散，与待测物质浓度无定量关系，故应设法消除。

消除迁移电流的方法通常是加入大量的电解质，使被测溶液中含有大量的阴、阳离子，从而使电极对被测离子的静电引力大为减弱，以致被测离子所产生的迁移电流趋近于零。所加入的这种电解质称为支持电解质。

3）极谱极大现象

在极谱电解过程中，常会出现一种特殊的现象，当外加电压达到待测物质分解电压后，在极谱曲线上出现比极限扩散电流大得多的不正常的电流峰，称为极谱极大现象。这种不正常的电流峰与待测物浓度没有直接关系，主要影响扩散电流和半波电位的准确测定。

极谱极大现象的产生是由于汞滴在成长过程中，毛细管末端汞滴被屏蔽，离子不容易接近，使得汞滴表面各部分的电流密度不均匀，进而导致汞滴表面各部分的表面张力不均匀。极谱极大现象可通过在被测电解液中加入一些表面活性物质如明胶、聚乙烯醇（PVC）、Triton X-100 等加以消除。

4）氧波

溶液中溶解的氧为极谱活性物质，不仅干扰普通极谱分析，也严重干扰高灵敏度的现代极谱分析。除氧的方法有：①向溶液中通入纯净的不活泼气体，如 $N_2$ 和 $H_2$，在酸性溶液中可通入 $CO_2$ 气体除氧；②在中性或碱性溶液中可加入亚硫酸钠除氧，在 pH=3.5～8.5 的溶液中可加入抗坏血酸除氧；③在强酸性溶液中，可加入 $Na_2CO_3$ 以产生 $CO_2$，或加纯铁粉产生 $H_2$ 除氧。

6. 极谱分析方法

1）极谱波波高的测量

测量极谱波的波高常采用平行线法、切线法和矩形法，如图 8-4 所示。波形良好，极限电流部分与残余电流部分相互平行的极谱波适合采用平行线法。切线法应用较为广泛，几乎适用于所有波形，其方法是分别通过残余电流、扩散电流上升和极限电流部分画三条切线，两条平行线间的垂直距离即为波高。

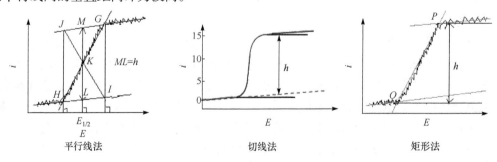

图 8-4　极谱波波高的测量方法

2)极谱定量分析

极谱定量分析方法主要有比较法、标准曲线法和标准加入法。

比较法：在标准溶液和待测溶液测量条件完全相同时采用此法。

$$c_x = \frac{h_x}{h_s} c_s$$

式中，$c_s$ 和 $h_s$ 分别表示标准溶液的浓度和波高。

标准曲线法：先配制一系列不同浓度的待测离子的标准溶液，在相同的实验条件下测定极限电流，校正残余电流及扩散电流，绘制 $i_d$-$c$ 曲线，此曲线称为标准曲线，然后测定未知样品的扩散电流，从标准曲线上查找出未知样品的浓度。此法适用于大批量同一类试样的分析，注意试样测定和标准样条件相同。

标准加入法：先作未知溶液的极谱图，得到 $h_1$，然后往溶液中加入一定量(已知量)待测离子的标准溶液，得到 $h_2$，如图 8-5 所示。

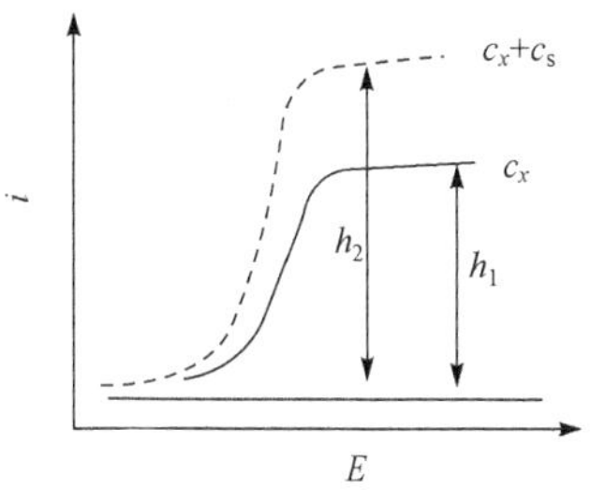

图 8-5　标准加入法

$$h_1 = Kc_x \qquad K = \frac{h_1}{c_x}$$

$$h_2 = K\frac{Vc_x + V_s c_s}{V + V_s}$$

将 $K = \dfrac{h_1}{c_x}$ 代入上式，可得

$$c_x = \frac{h_1 V_s c_s}{h_2(V + V_s) - h_1 V}$$

### 7. 极谱波方程

在极谱图上，电流急速上升的部分称为一个"极谱波"，描述与表达极谱波上的电流与滴汞电极电位间的数学关系式称为极谱波方程，极谱波的种类不同，其极谱波方程也不同。

1)极谱波的分类

按电极反应的可逆性来分，可分为可逆波和不可逆波。当电极反应速率比扩散速率快得多时，电极过程取决于扩散过程，极谱波上任一点的电流都受扩散速率所控制，这种电流仅由扩散速率控制的极谱波称为可逆波。对于可逆波，在任一电位下，电极表面上可还原物质的氧化态与还原态随时都处于平衡，且符合能斯特方程。当电极反应速率比扩散速率慢时，整个电极过程既受扩散控制，又受电极反应控制，这时产生的极谱波称为不可逆波，由于电极反应本身速率慢，滴汞电极上的电位必须加到比可逆波电位更负时，才能得到相同的电流，因而不可逆波的起波电位比可逆波为负，且波形拉得较长(图 8-6)。

可逆与不可逆极谱波的半波电位之差就是产生不可逆波所需的超电位，从图 8-6 不可逆波曲线 2 可以看到，当电极电位不够负时($AB$ 段)，由于电极反应慢，实际上没有明显的电流通过，电流完全受电极反应速率控制；当电位向更负方向增加时，超电位逐渐被克服，电极反应速率增加($BC$ 段)，此时电流受两者控制；当电位更负时，超电位完全被克服，电极反应速率已变得很快，此时电流实际上已完全受扩散控制，达到极限电流的数值($CD$ 段)。

按电极反应氧化还原性质来分，可分为还原波、氧化波和完全波，如图 8-7 所示。被测物质的氧化态在作为阴极的滴汞电极上发生还原反应而得到的极谱波称为还原波，又称阴极波。被测物质的还原态在作为阳极的滴汞电极上发生氧化反应而得到的极谱波称为氧化波，又称阳极波。被测物质的氧化态与还原态共存于溶液中，当滴汞电极电位由正到负，或由负到正时，得到既有阳极波又有阴极波的完全波。

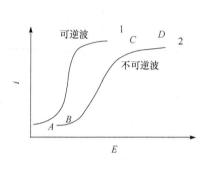
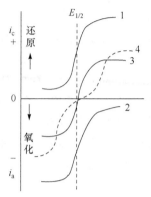

图 8-6　可逆波和不可逆波　　　　　　图 8-7　还原波、氧化波和完全波

1. 还原波；2. 氧化波；3. 完全波（可逆结合）；4. 完全波（不可逆结合）

按电极反应物质类型来分，可分为简单金属离子波和配离子波。

2）简单金属离子的极谱波

金属离子 $M^{n+}$ 在滴汞电极上还原并生成汞齐：

$$M^{n+} + ne^- + Hg \longrightarrow M(Hg)$$

根据能斯特方程及扩散电流表达式，可推出滴汞电极的电极电位 $E_{DME}$ 与电流 $i$ 间的关系式为

$$E_{DME} = E_{1/2} + \frac{RT}{nF} \ln \frac{i_d - i}{i}$$

25℃时

$$E_{DME} = E_{1/2} + \frac{0.0592}{n} \lg \frac{i_d - i}{i}$$

由上式可以计算极谱曲线上每一点的电流与电位值。当 $i = \frac{i_d}{2}$ 时，$E_{DME} = E_{1/2}$，称为半波电位，这是极谱定性的依据。

### 8.1.2　单扫描极谱法

单扫描极谱法的工作方式如图 8-8 所示，它是在一滴汞的后期加上一个快速变化的直流电压（扫描速率一般为 $250mV \cdot s^{-1}$），用示波器观察电流-电势曲线。

在单扫描极谱法中，汞滴的生长周期一般为 7s，考虑到汞滴初期表面积变化较大，电容的充、放电电流也比较大，故在滴下时间的最后约 2s 区间才加上一次扫描电压。为了使滴下时间与电压扫描同步，在滴汞电极上配有敲击装置，在每次扫描结束时启动敲击器把汞滴敲落，此后汞滴又开始生长，到最后 2s 又进行一次扫描。每扫描一次，荧光屏上就重复描绘出一次极谱图。

单扫描极谱曲线呈现平滑的峰形(图 8-9)，这是因为电位扫描速率很快，电极表面离子迅速还原，产生瞬时极谱电流，电极周围离子来不及扩散，扩散层厚度增加，导致极谱电流迅速下降，形成峰形电流。

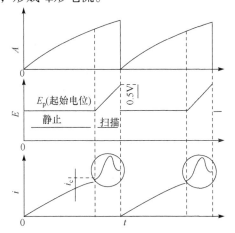

图 8-8　滴汞面积、极化电压及电流与时间的关系

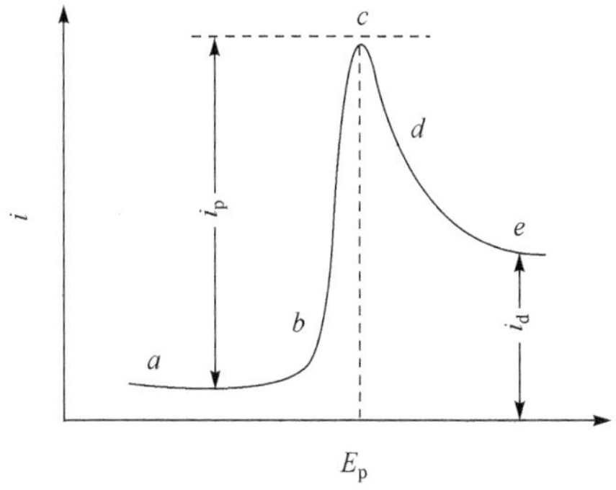

图 8-9　单扫描极谱曲线

对可逆波，单扫描极谱的峰电流方程可由下式表示：

$$i_p = 2.69 \times 10^5 n^{3/2} D^{1/2} v^{1/2} Ac$$

式中，$i_p$ 为峰电流，A；$n$ 为电子转移数；$D$ 为扩散系数，$cm^2 \cdot s^{-1}$；$v$ 为扫描速率，$V \cdot s^{-1}$；$A$ 为电极面积，$cm^2$；$c$ 为被测物质浓度，$mol \cdot L^{-1}$。所以，在一定的底液和实验条件下，峰电流与被测物质的浓度成正比。

峰电位 $E_p$ 与直流极谱半波电位 $E_{1/2}$ 的关系为

$$E_p = E_{1/2} - 1.1 \frac{RT}{nF}$$

可见，峰电位是一个与半波电位及 $n$ 有关的常数，25℃时峰电位比半波电位负 $\frac{58}{n}$ mV。利用峰电位可对未知物进行定性分析。

与直流极谱相比，单扫描极谱法具有许多优点，如极谱波呈峰形状(直流极谱波为 S 形)、波高易于测量、灵敏度较直流极谱高 4~6 倍、相邻峰的分辨率高、分析速度快等。

### 8.1.3　循环伏安法

循环伏安法是最重要的电化学分析研究方法之一。该方法使用的仪器简单、操作方便、图谱解析直观，在电化学、无机化学、有机化学、生物化学等许多研究领域被广泛使用。

循环伏安法与单扫描极谱法相似，都是以快速线性扫描的形式施加电压，不同之处在于单扫描极谱法施加的是锯齿波电压，而循环伏安法则施加三角波电压，如图 8-10 所示。

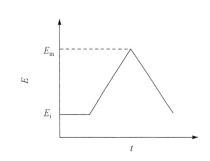

图 8-10　三角波扫描电压

起始电压 $E_i$ 开始沿某一方向变化,到终止电压 $E_m$ 后,再回扫至原来的起始电压,呈等腰三角形。电压扫描速率从每秒毫伏到伏量级,所用的工作电极有悬汞电极、铂电极或玻碳等静止电极。

当溶液中存在氧化态物质 O 时,它在电极上可逆地还原生成还原态物质 R:

$$O+ne^- \longrightarrow R$$

电位逆向变化时,在电极表面生成的 R 则被可逆地氧化为氧化态物质 O:

$$R \longrightarrow O+ne^-$$

所得的循环伏安极化曲线如图 8-11 所示。其峰电流和峰电位表达式与单扫描极谱法相同。

循环伏安法一般不用于定量分析,主要用于研究电极反应的性质、机理和电极过程动力学参数等。

在循环伏安法中,阳极峰电流 $i_{pa}$、阴极峰电流 $i_{pc}$、阳极峰电位 $E_{pa}$、阴极峰电位 $E_{pc}$ 是最重要的参数,对可逆电极过程来说:

$$\Delta E_p = E_{pa} - E_{pc} = \frac{57 \sim 63}{n} \text{mV}$$

阳极峰电位 $E_{pa}$ 与阴极峰电位 $E_{pc}$ 之差为 $57/n \sim 63/n$ mV,准确的值与扫描过阴极峰电位之后多少毫伏再回扫有关。一般在过阴极峰电位之后有足够的毫伏数再回扫,$\Delta E_p$ 值为 $58/n$ mV。

$$\frac{i_{pa}}{i_{pc}} = 1 \text{(与扫描速率无关)}$$

$i_{pa}$、$i_{pc}$ 均与扫描速率的平方根成正比。可逆电极过程的循环伏安曲线如图 8-12(a) 所示。

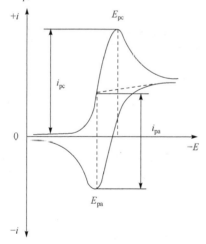

图 8-11 循环伏安极化曲线

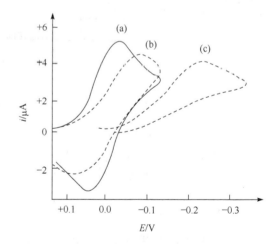

图 8-12 循环伏安曲线
(a) 可逆电极过程;(b) 准可逆电极过程;(c) 不可逆电极过程

准可逆和不可逆电极过程的循环伏安曲线分别如图 8-12(b) 和 (c) 所示。对于准可逆过程,曲线形状与可逆度有关,一般来说,$\Delta E_p > 59/n$ mV,且峰电位随扫描速率的增加而变化,阴极峰变负,阳极峰变正。此外,根据电极反应性质的不同,$\frac{i_{pc}}{i_{pa}}$ 可大于、等于或小于 1,但均与扫描速率的平方根成正比，这是因为峰电流仍由扩散速率控制。对于不可逆过程，反扫时不出现阳极峰，但仍与扫描速率的平方根成正比。扫描速率 $v$ 增加，$E_{pc}$ 变负，根据 $E_{pc}$ 与 $v$ 的关系，可以计算准可逆和不可逆电极反应的速率常数 $k_s$。

循环伏安法除可应用于电极过程可逆性的研究外，在反应产物的稳定性研究、电化学-化学偶联反应及吸附等方面也是一种有效的研究手段。

## 8.2 伏安分析仪器的基本组成

伏安分析实验是在电化学工作站(electrochemical workstation)进行的。电化学工作站是电化学测量系统的简称，是电化学研究和教学中常用的测量设备，其内部结构示意图如图 8-13 所示。将这种测量系统组成一台整机，内含快速数字信号发生器、高速数据采集系统、电位电流信号滤波器、多级信号增益、$iR$ 降补偿电路及恒电位仪、恒电流仪，可直接用于超微电极上的稳态电流测量。如果与微电流放大器及屏蔽箱连接，可测量 1pA 或更低的电流。如果与大电流放大器连接，电流范围可拓宽为±100A。

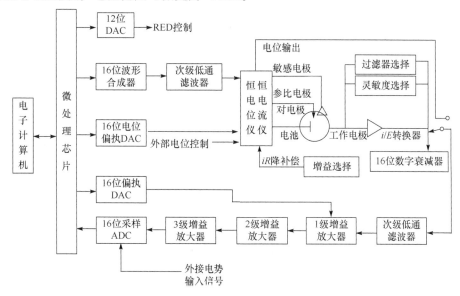

图 8-13 电化学工作站内部结构示意图

电化学工作站可进行循环伏安法、计时电流法、计时电位法、交流阻抗法、交流伏安法、电流滴定、电位滴定等测量。工作站可以同时进行两电极、三电极及四电极的工作。四电极可用于液/液界面电化学测量，对于大电流或低阻抗电解池(如电池)也十分重要，可消除由电缆和接触电阻引起的测量误差。

电化学电池主要包括电极和电解液，以及连同的一个容器。通常也可能装有一玻璃烧结物、隔板或隔膜将阳极电解液与阴极电解液隔离。通常采用三个电极：确定被研究界面的工作电极、保持恒定参考电位的参比电极及提供电流的对电极(或辅助电极)。电池的设计必须由工作电极的反应性质决定。

氧气对伏安分析法测量有很大的影响。当气体和液体相接触时，一部分气体将被溶解进入液体。溶进气体的量与该气体的分压力、溶液的温度和种类有关。因此，电解液（包括非水溶剂）都程度不一地溶有一定量的空气。因为氮气是电化学惰性物质，所以溶进再多的氮气也不影响电化学反应。但是，氧气具有很强的电化学活性，其本身容易被电解还原生成过氧化物或水。

一般使用高纯度的干燥氮气或氩气等作为鼓泡的气体。氩气的优点是比空气重，不易从电解池中逃逸出来，有利于在溶液上方形成保护气氛。氮气较轻，但价格比氩气便宜。往电解液中鼓泡的时间与电解液的量、氮气的通气量、导入气体的口径的形状有关，一般为 10~15min。

测定静置状态下的电流-电位曲线时（如循环伏安法），一旦把溶解氧除去后，就必须停止向电解液中进行氮气鼓泡。在停止鼓泡期间，要尽量避免空气（氧气）再进入电解液中，应在电解液上面用氮气封住。有时也采用把电解池与附件整体放入装满氮气的箱中进行实验的方法。

# 8.3　实 验 部 分

## 实验 14　单扫描极谱法同时测定铅和镉

### 一、实验目的

(1)掌握单扫描极谱法的原理及其特点。

(2)了解 JP-303 型极谱分析仪的结构操作和应用。

### 二、方法原理

极谱法是以液态滴汞电极作工作电极电解待测物质的稀溶液，根据所得的电流-电压曲线进行分析的方法。如用固态电极（修饰电极、汞膜）作工作电极，则称为伏安法。伏安法由极谱法发展而来，极谱法是伏安法的特例。

线性扫描（示波）极谱法是将一快速线性变化的电压施加于极谱电解池上，并根据 $i$-$E$ 曲线进行分析的方法。如一滴汞上只加一次扫描电压称为单扫描（示波）极谱法。

单扫描极谱法服从 Randles-Sevcik 方程，对于可逆电极反应，单扫描极谱仪上峰电流 $i_p$ 可表示为

$$i_p = 2.69 \times 10^5 n^{3/2} D^{1/2} v^{1/2} Ac$$

式中，$i_p$ 为峰电流，A；$n$ 为电极反应电子数；$D$ 为扩散系数，$cm^2 \cdot s^{-1}$；$v$ 为极化速率，$V \cdot s^{-1}$；$A$ 为电极面积，$cm^2$；$c$ 为被测物浓度，$mol \cdot L^{-1}$。在一定条件下，$i_p = Kc$，即峰电流与待测物质的稀溶液浓度成正比。

在稀盐酸介质中，$Pb^{2+}$ 和 $Cd^{2+}$ 能在滴汞电极上产生良好的可逆极谱波，波峰电位分别在 $-0.5V$ 和 $-0.70V$（vs.SCE）左右，在一定的浓度范围内，峰电流与它们的浓度成正比，可用于测定铅和镉的含量。

### 三、主要仪器和试剂

#### 1. 仪器

JP-303 型极谱分析仪,三电极系统,JM-01 型悬汞电极作工作电极,饱和甘汞电极作参比电极,铂丝电极为对电极,移液管(2.00mL、5.00mL、8.00mL、10.00mL、12.00mL、15.00mL、18.00mL),容量瓶(250mL),洗耳球。

#### 2. 试剂

铅离子标准溶液($100\mu g \cdot mL^{-1}$),镉离子标准溶液($100\mu g \cdot mL^{-1}$),HCl 溶液($6mol \cdot L^{-1}$),水样。

### 四、实验步骤

#### 1. 系列标准溶液的配制

1)$Pb^{2+}$标准溶液的配制

准确移取 $100\mu g \cdot mL^{-1}$ 铅离子标准溶液 2.00mL、5.00mL、8.00mL、10.00mL、12.00mL、15.00mL、18.00mL 于一系列 250mL 容量瓶中,再分别加入 $6mol \cdot L^{-1}$ HCl 溶液 50mL,用蒸馏水稀释至刻度,摇匀。

2)$Cd^{2+}$标准溶液的配制

准确移取 $100\mu g \cdot mL^{-1}$ 镉离子标准溶液 2.00mL、5.00mL、8.00mL、10.00mL、12.00mL、15.00mL、18.00mL 于一系列 250mL 容量瓶中,再分别加入 $6mol \cdot L^{-1}$ HCl 溶液 50mL,用蒸馏水稀释至刻度,摇匀。

#### 2. 测量

1)设置参数

打开 JP-303 型极谱分析仪的电源,进入"运行方式"菜单,设定线性扫描极谱法的方法参数菜单:导数(0~2):2,量程(10e nA e=1~4):3,扫描次数(1~8):4,起始电位(-4000~4000mV):-300,终止电位(-4000~4000mV):-1000,静止时间(0~999s):5。

2)测量标准溶液

把汞池缓慢提升至限位环处,转移部分配好的标准溶液于电解池中,将三支电极置于电解池试液中部,电极不可与池壁接触,以免影响测量重现性,然后执行运行键,仪器进入测试运行状态。运行自动完成后,屏幕显示二阶导数单扫描极谱图,"波高基准"项闪烁,选择"后谷"方法处理图谱。

按"YES"键→按"存储"键→按提示输入测定的标准溶液含量($\mu g \cdot mL^{-1}$)→按"ENT"键。更换一杯待测试液,按上述方法进行测量,直至铅离子和镉离子的标准溶液测量完成。

测量完成后,按两次"退回"键,再按"标准"键,定量分析菜单显示后,选"标准曲线法(0-9#)",输入存储的测定数据表编码,屏幕将显示所存储的测定数据菜单,检查数据无误后,按"打印"键,数据表打印完成后,按"计算"键,屏幕显示回归方程曲线及参数,按"打印"键完成图及参数的打印。

3) 水样的测试

按照 2) 的方法运行，运行自动完成后，按"计算"键，屏幕将显示测定样品的谱图及其计算结果。

### 3. 测量完毕

移开电解池，冲洗电极，再用滤纸擦干，让毛细管汞滴滴落几滴，再把汞池缓慢降落至限位杆处，使毛细管口保持半滴汞滴，然后把毛细管单独浸入蒸馏水中保存，避免毛细管堵塞。

## 五、思考题

(1) 说明线性扫描极谱法与经典直流极谱法的异同点。
(2) 单扫描极谱法为什么不需除氧?

## 六、注意事项

(1) 实验中途不能关闭电源，结束后，电解池不动，只清洗容量瓶。
(2) 电极冲洗、吸干前，不要降低储汞瓶高度。

## 实验 15　循环伏安法测定电极反应参数

## 一、实验目的

(1) 了解循环伏安法的基本原理、特点和应用。
(2) 掌握使用循环伏安法的实验技术和有关参数的测定方法。
(3) 初步学会使用电化学工作站。
(4) 学会测量峰电流和峰电位。

## 二、实验原理

实验原理参见 8.1.3 小节。

## 三、主要仪器和试剂

### 1. 仪器

CHI660E 电化学工作站，铂盘电极，玻碳电极，铂丝电极，饱和甘汞电极，超声波清洗仪，容量瓶 (50mL)，移液管 (0.50mL、1.00mL、2.00mL、3.00mL)，烧杯 (50mL)，洗耳球。

### 2. 试剂

铁氰化钾标准溶液 $(2.0 \times 10^{-2} \text{mol} \cdot \text{L}^{-1})$，亚铁氰化钾标准溶液 $(2.0 \times 10^{-2} \text{mol} \cdot \text{L}^{-1})$，抗坏血酸溶液 $(2.0 \times 10^{-2} \text{mol} \cdot \text{L}^{-1})$，硝酸钾溶液 $(1.0 \text{mol} \cdot \text{L}^{-1})$，$H_3PO_4\text{-}KH_2PO_4$ 溶液 $(0.5 \text{mol} \cdot \text{L}^{-1})$。

## 四、实验步骤

### 1. 工作电极预处理

玻碳电极为工作电极，使用前分别用 $0.3\mu m$ 和 $0.05\mu m$ $Al_2O_3$ 粉末在抛光布上抛光至呈镜面，然后用无水乙醇和超纯水分别超声清洗 $3 \sim 5min$。

### 2. 溶液配制

(1) 在 5 个 50mL 容量瓶中分别加入 $2.0 \times 10^{-2} mol \cdot L^{-1}$ 铁氰化钾和亚铁氰化钾溶液 0.00mL、0.50mL、1.00mL、2.00mL、3.00mL，再各加入 $1.0 mol \cdot L^{-1}$ 硝酸钾溶液 10.00mL，用超纯水稀释至刻度，摇匀待用。

(2) 在 5 个 50mL 容量瓶中分别加入 $2.0 \times 10^{-2} mol \cdot L^{-1}$ 抗坏血酸溶液 0.00mL、0.50mL、1.00mL、2.00mL、3.00mL，再各加入 $0.5 mol \cdot L^{-1}$ $H_3PO_4$-$KH_2PO_4$ 溶液 10.00mL，用超纯水稀释至刻度，摇匀待用。

### 3. 循环伏安法测量

(1) 打开稳压器、CHI660E 电化学工作站和计算机电源。打开测量窗口。

(2) 双击计算机上的 CHI660E 软件；打开软件界面。

(3) 选择测试技术：点击 "setup"，选择 "technique"，在下拉窗口中单击选择 "循环伏安" (cyclic voltammetry)，点击 "OK"。

(4) 设置测试参数：选好技术之后，继续在 "setup" 中选择 "parameters" 设置参数，设置好之后点击 "OK"，参数设置如下：

初始电位(init $E$)：+0.6V；高电位(high $E$)：+0.6V；低电位(low $E$)：–0.20V；扫描速率(scan rate)：$0.1V \cdot s^{-1}$；循环次数(sweep segments)：2(或 4、6)；灵敏度(sensitivity)：$1 \times 10^{-5}$。

(5) 将配制好的铁氰化钾和亚铁氰化钾溶液逐一转移至电解池(50mL 烧杯)中，插入之前准备好的玻碳电极(工作电极)、铂丝电极(对电极)及饱和甘汞电极(参比电极)，夹好电极夹。以 $100mV \cdot s^{-1}$ 的扫描速率记录循环伏安图并存盘。

(6) 用 $2.0 \times 10^{-3} mol \cdot L^{-1}$ 的溶液，分别记录扫描速率为 $5mV \cdot s^{-1}$、$10mV \cdot s^{-1}$、$20mV \cdot s^{-1}$、$50mV \cdot s^{-1}$、$100mV \cdot s^{-1}$、$200mV \cdot s^{-1}$ 的循环伏安图并存盘。在完成每一次扫描速率的测定后，要轻轻摇动一下烧杯，使电极附近溶液恢复至初始条件。

(7) 如上操作测定抗坏血酸溶液。初始电位为 0.5V，终止电位为 –0.1V。

## 五、结果处理

(1) 列表总结 $Fe(CN)_6^{3-}$/$Fe(CN)_6^{4-}$ 的测量结果($E_{pa}$，$E_{pc}$，$\Delta E_p$，$i_{pa}$，$i_{pc}$)。

(2) 列表总结抗坏血酸的测量结果($E_{pa}$，$i_{pa}$)。

(3) 绘制 $Fe(CN)_6^{3-}$/$Fe(CN)_6^{4-}$ 的 $i_{pa}$ 和 $i_{pc}$ 与相应浓度 $c$ 的关系曲线，绘制 $i_{pa}$ 和 $i_{pc}$ 与相应 $v^{1/2}$ 的关系曲线。

(4) 绘制抗坏血酸的 $i_{pc}$ 与相应浓度 $c$ 的关系曲线，绘制 $i_{pc}$ 与相应 $v^{1/2}$ 的关系曲线。

(5) 求算 $Fe(CN)_6^{3-}$/$Fe(CN)_6^{4-}$ 电极反应的 $n$。

(6) 绘制抗坏血酸的 $E_{pa}$ 与 $v$ 的关系曲线。

## 六、思考题

(1) $Fe(CN)_6^{3-}/Fe(CN)_6^{4-}$ 与抗坏血酸的循环伏安图有什么差别?

(2) 由 $Fe(CN)_6^{3-}/Fe(CN)_6^{4-}$ 与抗坏血酸的循环伏安图解释它们在电极上的可能反应机理。

(3) $Fe(CN)_6^{3-}/Fe(CN)_6^{4-}$ 的 $E_{pa}$ 与 $v$ 是什么关系? 由此可表明什么?

## 七、注意事项

(1) 指示电极表面必须仔细清洗干净,否则将严重影响循环伏安图图形。

(2) 每次扫描期间,为使电极表面恢复初始条件,应将电极提起后再放入溶液中或用搅拌子搅拌溶液,等溶液静置 1~2min 再扫描。

### 实验 16 差分脉冲伏安法测定维生素 C 药片中抗坏血酸的含量

## 一、实验目的

(1) 了解差分脉冲伏安法的原理、特点和基本应用。

(2) 掌握用差分脉冲伏安法的实验技术和有关参数的测定方法。

(3) 进一步掌握电化学工作站的使用。

## 二、实验原理

差分脉冲伏安法(differential pulse voltammetry, DPV)的电势波形可看作是线性增加的电压与恒定振幅的矩形脉冲的叠加。脉冲波形高度 $|\Delta E|$ 是固定的,典型值为 $59/n$ mV。脉冲宽度比其周期短得多,一般取 40~80ms。在对体系施加脉冲前 20ms 和脉冲后 20ms 测量电流,将这两次电流相减,并输出这个周期中的电解电流 $\Delta i$,这是差分脉冲伏安法命名的原因。随着电势增加,连续测得多个周期的电解电流 $\Delta i$,并以 $\Delta i$ 对电势 $E$ 作图,即得差分脉冲曲线。

在差分脉冲伏安法中,减少了背景电流中电容电流的干扰;此外,由于电流差减,因杂质的氧化还原电流导致的背景也被大大扣除;有很高的分辨能力,可同时进行多种物质的检测;也有很高的灵敏度。

## 三、主要仪器和试剂

### 1. 仪器

CHI660E 电化学工作站,铂盘电极,玻碳电极,铂丝电极,饱和甘汞电极,称量瓶,超声波清洗仪,容量瓶(100mL),移液管,洗耳球,进样器(200μL)。

### 2. 试剂

维生素 C 药片,抗坏血酸标准溶液($2.0\times10^{-2}$mol·$L^{-1}$),$H_3PO_4$-$KH_2PO_4$ 溶液(0.5mol·$L^{-1}$)。

## 四、实验步骤

### 1. 工作电极预处理

玻碳电极为工作电极,使用前分别用 0.3μm 和 0.05μm $Al_2O_3$ 粉末在抛光布上抛光至呈镜面，然后用无水乙醇和超纯水超声清洗 3～5min。

### 2. 溶液配制

将维生素 C 药片研碎成粉末，称取 0.5g 于 100mL 容量瓶中，用 $0.5mol \cdot L^{-1}$ $H_3PO_4$-$KH_2PO_4$ 溶液稀释至刻度，摇匀待用。

### 3. 标准曲线绘制

取 10mL $H_3PO_4$-$KH_2PO_4$ 溶液于一电解池中，接好电极，记录空白溶液的差分脉冲伏安曲线。实验采用差分脉冲伏安法。

实验参数：init $E$：–0.1V；final $E$：0.5V；incr $E$：0.004V；amplitude：0.05V；pulse width：0.05s；sampling width：0.0167；pulse period：0.2s；quiet time：2s；sensitivity：$1 \times 10^{-4}$。

空白曲线记录完毕后，用微量进样器分别加入 10μL、20μL、40μL、60μL、100μL、150μL、200μL $2.0 \times 10^{-2}$mol $\cdot$ L$^{-1}$ 抗坏血酸标准溶液，记录加入抗坏血酸标准溶液后的差分脉冲伏安图。

### 4. 维生素 C 药片中抗坏血酸的测定

取已配好的溶液 10mL 于电解池中，按上述同样条件测定抗坏血酸的峰电流。

## 五、数据处理

根据实验步骤 3 测定的结果绘制标准曲线，再由未知液测得的峰电流在标准曲线上查出抗坏血酸的含量，换算出原始维生素 C 药片中抗坏血酸的含量，以单位μg $\cdot$ mg$^{-1}$ 表示。

## 六、思考题

(1)差分脉冲伏安法为什么具有很高的灵敏度？
(2)影响差分脉冲伏安法的因素有哪些？

# 8.4　CHI600E 电化学工作站操作规程

## 一、仪器简介

CHI660E 电化学工作站集成了几乎所有常用的电化学测量技术，包括恒电位、恒电流、电位扫描、电流扫描、电位阶跃、电流阶跃、脉冲、方波、交流伏安法、流体力学调制伏安法、库仑法、电位法及交流阻抗等，可以进行各种电化学常数的测量。

### 1. 主菜单介绍

常用主菜单功能如下：
(1)file：下拉式菜单中可实现如打开文件(open)、储存数据(sace as)、打印(print)、新建(new)、数据转换(convert to txt)等操作。
(2)setup：可实现技术选择(technique)和参数设置(parameters)的功能。
(3)control：可实现实验过程中的运行实验(run)、暂停/继续(pause/resume)、终止实验

(stop)、反转扫描极性(reverse scan direction)等操作。

(4)graphics：可实现叠加两个数据(overplay plot)、并置两个窗口(parallel plots)、同一窗口中重复叠加多个数据(add data to overply)、局部放大(zoom in)等功能。

(5)data proc：包含平滑(smooth)、导数(derivative)、半微分半积分(semi-derivative and semi-integral)、数据列表(data list)等功能。

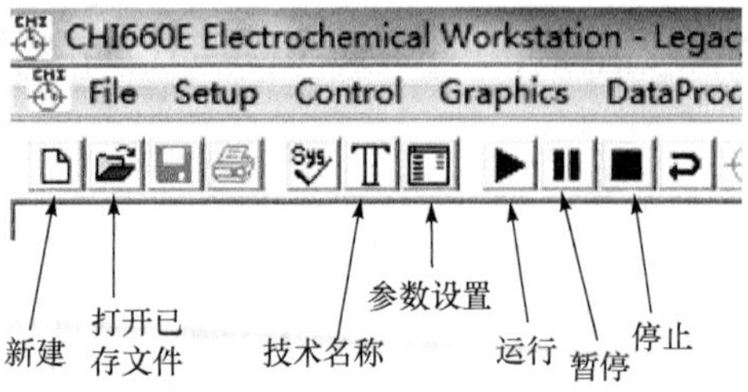

2. 常用工具栏介绍

常用工具栏界面如图8-14所示，执行一个命令只需按一次键。

图 8-14　常用工具栏界面

## 二、操作规程

### 1. 开机前检查

(1)开机前须检查电化学工作站的接地端与地线连接是否正常。

(2)电极在反应池中放置的位置要正确，防止电极间短路。

(3)严禁在开机状态下插拔电化学工作站与计算机的数据连接线。

### 2. 开机

先开启交流稳压器电源及电化学工作站电源开关。再开启计算机电源开关，计算机会自动连接到仪器。

### 3. 电解池及测试体系的准备

根据实验需要，提前配制好相关测试体系，将所需要检测的体系(一般为某物质的溶液)放置在烧杯或其他适合的容器中，将所用的电极放置在溶液内。

## 三、不同实验技术操作简介

### 1. 循环伏安法

(1)连接电极。循环伏安法一般采用三电极系统，分别为工作电极(裸玻碳电极、金电极、铂电极或自制电极、修饰电极)、对电极(铂丝电极)、参比电极(饱和甘汞电极或氯化银电极)。接线如下：绿色夹头接工作电极，红色夹头接对电极，白色夹头接参比电极。

(2)接好电极夹之后，双击计算机桌面上的 CHI660E 软件，打开软件界面。

(3)选择测试技术：点击"setup"，选择"technique"，在下拉窗口中单击选择"循环伏安法"(cyclic voltammetry)，点击"OK"。

(4)设置测试参数：选好技术之后，继续在"setup"中选择"parameters"设置参数，在下拉窗口中根据实验需求设置具体的参数，设置好之后点击"OK"。

参数设置：初始电位(init $E$)、高电位(high $E$)、低电位(low $E$)根据测试的电位区间设置。扫描速率(scan rate)一般为 $0.1V \cdot s^{-1}$，循环次数(sweep segments)、灵敏度(sensitivity)等均根

据测试需求设置。

(5)测试：设置好参数之后，再次检查三电极是否接好，点击"▲"，开始测试。注意：不同待测物质的峰电位和峰电流强度都不一样。

(6)数据保存：等待测试结束，将数据命名并转换为 txt 文件(convert to txt)，在弹出的窗口中选择需要导出的文件，导出格式为 txt 文件。

(7)下次测试如条件技术相同，可直接打开之前保存的数据，点击"开始运行"。

(8)若想在其他计算机上打开数据，需安装软件程序。

### 2. 差分脉冲伏安法

(1)连接电极：同循环伏安法。

(2)接好电极夹之后，双击计算机桌面上的 CHI660E 软件，打开软件界面。

(3)选择测试技术：点击"setup"，选择"technique"，在下拉窗口中单击选择"差分脉冲伏安法"(differential pulse voltammetry)，点击"OK"。

(4)设置测试参数：选好技术之后，继续在"setup"中选择"parameters"设置参数，在下拉窗口中根据实验需求设置具体的参数，设置好之后点击"OK"。

参数设置：初始电位(init $E$)、终止电位(final $E$)、振幅(amplitude)、脉冲宽度(pulse width)、取样宽度(sampling width)、脉冲周期(pulse period)、静止时间(quiet time)、灵敏度(sensitivity)等均根据测试需求设置，一般只设置起始和终止电位。

(5)测试：设置好参数之后，再次检查三电极是否接好，点击"▲"，开始测试。

(6)数据保存。

### 3. 交流阻抗

(1)选择测试技术：点击"setup"，选择"technique"，在下拉菜单中单击选择"交流阻抗(A.C.impedance)"，点击"OK"。

(2)设置参数：主要设置下拉菜单中上面五个参数，其他不用设置，使用仪器默认参数。

## 四、结束实验

实验结束，先关闭程序窗口、计算机，再关电化学工作站及稳压器。做好相应的设备使用记录和实验记录。

## 五、实验中可能出现的问题

(1)实验中如果需要电位保持或暂停扫描(仅对伏安法而言)，可单击"▌▌"按钮暂停实验，如果需要继续扫描，可再按一次该键。若要停止实验，可直接单击"■"结束实验。实验参数等选择若有问题，建议测试者等待本次扫描结束后重新设置测试。

(2)如果实验过程中发现电流溢出(overflow，经常表现为电流突然成为一平直线或得到警告)，可停止实验，在参数设定命令中，重设灵敏度(sensitivity)。数值越小越灵敏($1.0 \times 10^{-6}$要比 $1.0 \times 10^{-5}$ 灵敏)。如果溢出，应将灵敏度调低(数值越大)。灵敏度的设置以尽可能灵敏而又不溢出为准。如果灵敏度太低，虽不至溢出，但由于电流转换成的电压信号太弱，模数转换器只用了其满量程的很小一部分，数据的分辨率会很差，且相对噪声很大。对于 600 和

700 系列的仪器，在循环伏安扫描速率低于 $0.01 \text{ V} \cdot \text{s}^{-1}$ 时，参数设定时可设自动灵敏度控制 (auto sens)。此外，TAFEL、BE 和 IMP 都是自动灵敏度控制的。

(3) CHI600E 的后面装有散热风扇。风扇是机械运动装置，所以会产生声音。一般情况下都在可容忍的范围。有时仪器刚打开时会产生较大噪声，可关掉电源再打开。如果该较大噪声仍存在，可让仪器再开一会，过一段时间应能恢复正常。风扇噪声不会造成仪器损坏。风扇的平均使用寿命约为十年。如果风扇损坏或噪声持续偏高，则与 CH Instruments 或代理联系。如果能找到同样大小、同样电压的直流风扇，也可以自行更换。

## 六、注意事项

(1) 仪器的电源应采用单相三线。其中地线应与大地连接良好。地线不但可起到屏蔽机壳以降低噪声的作用，而且安全，不致由漏电而引起触电。

(2) 仪器不宜时开时关，但晚上离开实验室时建议关机。

(3) 使用温度一般为 15~28℃，此温度范围外也能工作，但会造成漂移，且影响仪器寿命。

(4) 电极夹头长时间使用造成脱落后，可自行焊接，但注意夹头不要和同轴电缆外面网状的屏蔽层造成短路。

(5) 严禁将溶液等放置在仪器上方，以防将溶液溅入仪器内部导致主板损毁。

(6) 仪器应避免强烈震动或撞击。

# 第9章　原子吸收光谱法

原子吸收光谱法(atomic absorption spectrometry, AAS)是基于从光源发出的被测元素特征辐射通过元素的原子蒸气时被其基态原子吸收，由辐射的减弱程度测定元素含量的一种现代仪器分析方法。

## 9.1　基　本　原　理

### 9.1.1　理论基础

特征辐射能被基态原子吸收的原理为：气态自由原子能由基态原子通过获取电磁辐射跃迁到更高能态，外层电子跃迁到更高能级水平，成为激发态原子。在这个过程中，因为基态原子只吸收一定的能量，所以只有特定波长的辐射可以被吸收(图9-1)。辐射强度对应的吸收值与吸收体积中产生的原子的数量，即样品中元素的浓度有关，这种关系就是研究样品中某一元素定量测定的基本理论基础。

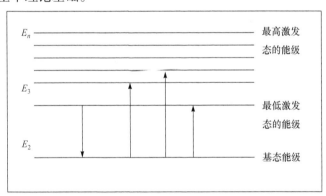

图 9-1　基态原子对光的吸收

在利用原子吸收光谱仪的实验中，先是由待测元素空心阴极灯发射出一定强度和一定波长的光，当它通过含有待测元素基态原子蒸气的火焰时，其中部分特征谱线的光被吸收，而未被吸收的光经单色器照射到光电检测器上被检测，根据该特征谱线光被吸收的程度，即可测得试样中待测元素的含量。这种吸收可以在图9-2中看到。其定量分析依据为物质产生的原子蒸气中，待测元素的基态原子对光源特征辐射谱线的吸收符合朗伯-比尔定律。

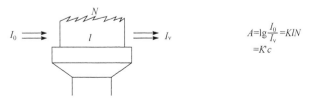

$$A=\lg\frac{I_0}{I_v}=KlN=K'c$$

图 9-2　光能量在通过火焰时被吸收

原子吸收光谱仪正是利用这一方法，选择不同金属元素空心阴极灯发出特定能量和特定波长的光，实现对不同金属元素的含量测定。这种分析方法的优点是检出限低、准确度高、选择性高（一般情况下共存元素不干扰）、应用广（可测定 70 多种元素）。其局限性在于难熔金属元素、非金属元素测定困难，不能同时测定多元素。

### 9.1.2　分析方法

#### 1. 标准曲线法

配制系列待测元素标准溶液，测定其吸光度，以吸光度 $A$ 为纵坐标，浓度 $c$ 为横坐标作图，得到标准曲线。再在相同条件下测定样品的吸光度，由标准曲线求得待测元素的浓度。本方法适用于已知样品的基本成分与标准溶液的基本成分接近的样品。

配制标准溶液时要注意以下几点：

(1)应尽量选用与试样组成接近的标准样品，并用相同的方法处理。如用纯待测元素溶液作标准溶液时，为提高测定的准确度，可放入定量的基体元素。应尽量使 $A$ 的测定范围为 $0.05 \sim 0.5$，此时的测量误差较小。

(2)每次测定前必须用标准溶液检查，并保持测定条件的稳定。

(3)应扣除空白值，为此可选用空白溶液调零。

#### 2. 标准加入法

取四份以上体积相同的待测液，从第二份开始，按比例加入已知浓度的待测元素，稀释到相同体积，测定各溶液的吸光度，并以吸光度对加入的待测元素的浓度(增量)作图，得到标准曲线。一般曲线形式为直线，将直线延长至与横坐标相交，交点与原点之间的距离所代表的浓度值就是试液中待测元素的浓度。它一般适用于组分较复杂的未知样品，能消除一些基本成分对测定的干扰，但对测定的未知成分含量要粗略估计一下，加入的标准液要和样品液浓度接近。

#### 3. 加标回收率

将相同的样品取两份，其中一份加入定量的待测成分标准物质；两份同时按相同的步骤分析，加标的一份所得的结果减去未加标一份所得的结果，其差值与加入标准物质的理论值之比即为样品加标回收率。通常以溶液中所含元素物质的量来计算，即

$$加标回收率 = \frac{加标后浓度 \times 加标后体积 - 样品浓度 \times 样品体积}{标准溶液浓度 \times 体积} \times 100\%$$

加标回收率的测定是实验室内经常用以自控的一种质量控制技术，通常加标回收率在 $96\% \sim 105\%$ 为正常。

## 9.2　原子吸收光谱仪

### 9.2.1　仪器基本结构

由图 9-3 可看出，由光源发出的光通过原子化系统产生的被测元素的基态原子层，经分

光系统(单色器)分光进入检测系统，检测系统将光强度变化转变为电信号变化，并经信号显示系统计算出测量结果。

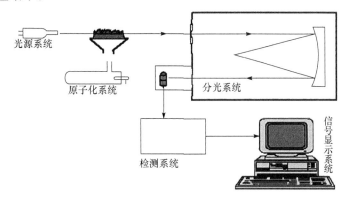

图 9-3　原子吸收光谱仪的基本构造示意图

### 9.2.2　光源系统主要部件

光源的作用是提供待测元素的特征波长光。光强应足够大，有良好的稳定性，使用寿命长。空心阴极灯是符合上述要求的理想光源，应用最广，其结构见图 9-4。

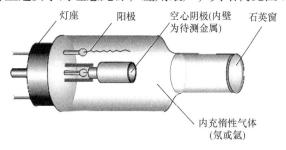

图 9-4　空心阴极灯结构示意图

空心阴极灯结构：一个阳极(钨棒)；一个空心圆柱形阴极，内壁涂有待测元素的高纯金属或合金；一个带有石英窗的玻璃管，管内充入低压惰性气体。

空心阴极灯的工作原理：施加适当电压时，电子将从空心阴极内壁流向阳极，与充入的惰性气体碰撞而使之电离产生正电荷，正电荷在电场作用下，向阴极内壁猛烈轰击，使阴极表面的金属原子溅射出来，溅射出来的金属原子再与电子、惰性气体原子及离子发生撞碰而被激发，于是阴极内辉光中便出现了阴极物质和内充惰性气体的光谱。

### 9.2.3　原子化系统主要部件

原子化器的作用是将待测试样转变成基态原子(原子蒸气)。原子化器应具有足够高的原子化效率，具有良好的稳定性和重现性。常用的原子化器有火焰原子化器和非火焰原子化器。

#### 1. 火焰原子化器

利用气体燃烧形成的火焰进行原子化的系统为火焰原子化器。

图 9-5 是用火焰原子化器测定含钙溶液样品(氯化钙形式)的示意图。样品首先通过雾化

器雾化。大的水滴作为废液排放，只有细的雾粒在雾化室与燃气和助燃气混合送入火焰。当这些雾粒进入火焰中后，雾粒迅速蒸发产生细的氯化钙分子颗粒。这些颗粒在火焰中由于热的作用，进一步解离成自由的钙原子和氯原子。

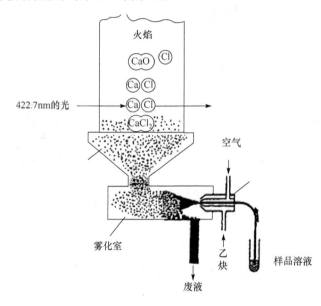

图 9-5　火焰原子化器结构及工作示意图

如果波长 422.7nm(Ca)的光束照射这部分火焰，即产生原子吸收。在火焰的上部，部分钙原子与氧结合变成氧化钙，而一部分进一步电离。因此，光通过火焰的上部原子吸收的灵敏度不会太高。

许多不同种类的气体组合曾被用作原子化的火焰。考虑分析灵敏度、安全、使用简单和稳定性等因素，四种标准火焰应用于原子吸收：空气-乙炔，氧化亚氮-乙炔，空气-氢气和氩气-氢气。这些火焰应用于不同的元素，关键取决于温度和气体的特性。空气-乙炔火焰：温度在2500K 左右；氧化亚氮-乙炔火焰：温度可达到 3000K 左右；空气-氢气火焰：最高温度 2300K 左右。

2. 石墨炉原子化器

火焰原子化法作为标准的原子化方法被广泛使用，原因是其测定值的重现性好和使用简单。然而，火焰原子化法的主要缺点是原子化效率低，提升的样品只有 1/10 左右被利用，而9/10 作为废液被排放了。同时，其分析灵敏度也不是很高。

非火焰原子化器常用的是石墨炉原子化器。石墨炉原子化法的过程是将试样注入石墨管中间位置，用大电流通过石墨管以产生高温，使试样干燥、灰化和原子化。图 9-6 为石墨管的示意图和剖面结构。

在电热原子吸收方法中，样品注入石墨管中，将最大达 300A 的电流加到管上。石墨加热到高温，样品中的元素原子化。如果光源的光通过石墨管，光被原子化的原子吸收。原子化过程可分为四个阶段，即干燥、灰化、原子化和净化。

干燥：去除溶剂，防样品溅射。

灰化：使基体和有机物尽量挥发除去。

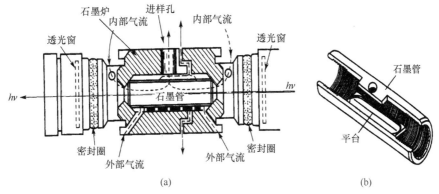

图 9-6　石墨炉原子化器结构示意图及石墨管剖面图

(a) 管式石墨炉；(b) 带石墨平台石墨管剖面

原子化：待测物化合物分解为基态原子，此时停止通氩气，延长原子停留时间，提高灵敏度。

净化：样品测定完成，高温去残渣，净化石墨管。

加热必须在一定的条件下进行(温度、加热时间和升温方式)，需要适合测定样品的组成和测定元素的类型。如果事先在仪器上设置了最优化的加热过程，则石墨管自动根据温度程序加热。

### 3. 其他原子吸收方法

对一些特殊元素，如砷、硒和汞，在原子化前利用化学反应使待测元素以原子或简单分子的形式蒸发，与大多数基体分离，称为氢化物蒸气发生技术。

首先用 HCl 酸化样品还原对象金属，然后与氢结合产生气态的金属氢化物。这些气体送到高温原子化单元进行测定。As、Se、Sb、Sn、Te、Bi、Hg 和其他金属可通过此法产生金属氢化物。

蠕动泵输送样品($5mol \cdot L^{-1}$ 盐酸和 0.5%硼氢化钠溶液)到反应线圈。反应线圈中产生的金属氢化物在气-液分离器中分离成气相和液相。氩气作为载气，把气相送入吸收池，吸收池用空气-乙炔火焰加热，金属元素实现原子化。

### 9.2.4　分光系统主要部件

单色器的主要作用是将待测元素的共振线与邻近谱线分开，实现这一功能的主要部件是光栅。光栅可分为单光束和双光束。

目前，越来越多的厂家采用单光束的形式，因为单光束与双光束相比具有明显的优势：单光束的光损失量远小于双光束；单光束仪器的信噪比高，使测量的结果更加稳定可靠(但是至少需要 30min 的预热时间)。双光束的仪器光路及结构复杂，因而故障率高。

### 9.2.5　检测系统

检测器将单色器分出的光信号进行光电转换。在原子吸收光谱仪中常用光电倍增管作检测器。

### 9.2.6 信号显示系统

信号显示系统处理放大信号并以适当方式指示或记录下来。原子吸收光谱仪还需配置计算机，安装应用软件，并配备打印机，方便输出数据。

## 9.3 实 验 部 分

### 实验 17 火焰原子吸收法测定自来水中钙、镁的含量

**一、实验目的**

(1)学习原子吸收光谱法的基本原理，掌握其特点及应用。
(2)了解原子吸收分光光度计的基本结构及其操作方法。
(3)掌握应用标准曲线法测定自来水中钙、镁含量的方法。
(4)了解加标回收率的意义并掌握其操作。

**二、实验原理**

实验原理参见 9.1.1 小节。

**三、主要仪器和试剂**

1. 仪器

ZEEnit 700P 原子吸收光谱仪，钙、镁空心阴极灯，乙炔(99.99%)钢瓶，氮气(99.99%)钢瓶，空气压缩机，分析天平(0.1mg)，容量瓶(50mL、250mL)，洗耳球，滤纸，移液管(1mL、10mL、25mL)。

2. 试剂

无水碳酸钙(基准品)，金属镁(优级纯)，盐酸(优级纯)，高纯水(或二次蒸馏水)。

**四、实验步骤**

1. 配制标准储备液

1)1000μg·mL$^{-1}$钙标准储备液
准确称取已在110℃下烘干2 h的无水碳酸钙0.6250g于100mL烧杯中，用少量高纯水润湿，盖上表面皿，滴加 1mol·L$^{-1}$盐酸溶液，直至完全溶解，然后把溶液转到 250mL 容量瓶中，用水稀释至刻度，摇匀备用。

2)100μg·mL$^{-1}$钙标准使用液
准确吸取 10.00mL 上述钙标准储备液于100mL 容量瓶中，用水稀释至刻度线，摇匀。

3)1000μg·mL$^{-1}$镁标准储备液
准确称取金属镁 0.2500g 于100mL 烧杯中，盖上表面皿，滴加5mL 1mol·L$^{-1}$盐酸溶液溶解，然后把溶液转移到 250mL 容量瓶中，用水稀释至刻度，摇匀。

4）$50\mu g \cdot mL^{-1}$ 镁标准使用液

准确吸取 5.00mL 上述镁标准储备液于 100mL 容量瓶中，用水稀释至刻度线，摇匀。

## 2. 配制钙标准溶液系列

准确吸取 2.00mL、4.00mL、6.00mL、8.00mL、10.00mL 上述钙标准使用液，分别置于 50mL 容量瓶中，用水稀释至刻度，摇匀备用，该标准溶液系列钙的浓度分别为 $4.00\mu g \cdot mL^{-1}$、$8.00\mu g \cdot mL^{-1}$、$12.00\mu g \cdot mL^{-1}$、$16.00\mu g \cdot mL^{-1}$、$20.00\mu g \cdot mL^{-1}$。

## 3. 配制自来水样溶液

准确吸取 2.00mL、5.00mL、10.00mL 自来水分别置于 50mL 容量瓶中，用水稀释至刻度，摇匀。

## 4. 绘制标准曲线

根据实验条件将原子吸收光谱仪按仪器操作步骤进行调节，待仪器电路和气路系统达到稳定，即可进样。测定各标准溶液系列的吸光度，利用软件直接得出标准曲线。

## 5. 测定

在相同的实验条件下，测定自来水样溶液的吸光度，利用软件直接得出所测试样的浓度，根据稀释倍数换算成原始水样中钙的含量。

取 4 个 50mL 容量瓶，根据实验步骤 4 所得数据，选取合适的自来水试样配制加标回收试样，并在相同的实验条件下测出样品的吸光度，换算成浓度后，计算样品加标回收率。

同上步骤配制镁的标准溶液：浓度为 $0.2000\mu g \cdot mL^{-1}$、$0.4000\mu g \cdot mL^{-1}$、$0.6000\mu g \cdot mL^{-1}$、$0.8000\mu g \cdot mL^{-1}$、$1.000\mu g \cdot mL^{-1}$，测定吸光度，得出标准曲线；测定自来水样溶液中的吸光度，利用软件直接得出所测试样的浓度，根据稀释倍数换算成原始水样中镁的含量。

## 五、数据处理

（1）记录实验条件（表 9-1）。

表 9-1　实验条件记录

| 项目 | 吸收线波长/nm | 阴极灯电流/mA | 狭缝宽度/mm | 燃烧器高度/mm | 负高压/V | 乙炔流量/(L·min$^{-1}$) | 空气流量/(L·min$^{-1}$) | 燃助比 |
|---|---|---|---|---|---|---|---|---|
| 钙 | | | | | | | | |
| 镁 | | | | | | | | |

（2）记录测量钙、镁标准溶液的浓度，记录软件所得的标准曲线参数（表 9-2）。

表 9-2　测量钙、镁标准溶液的浓度和标准曲线参数

| 项目 | 标准溶液系列浓度/(μg·mL$^{-1}$) | 回归方程 | 线性关系 | $R^2$ |
|---|---|---|---|---|
| 钙 | | $A=$ | | |
| 镁 | | $A=$ | | |

(3)记录所测自来水试样钙、镁浓度,根据稀释倍数求得原始自来水中钙、镁含量,如多次测量也可求出平均值(表9-3)。

表 9-3　自来水样中钙、镁含量的测定

| 项目 | | 试样浓度/$(\mu g \cdot mL^{-1})$ | 稀释关系 | 原始溶液浓度/$(\mu g \cdot mL^{-1})$ | 平均值/$(\mu g \cdot mL^{-1})$ |
|---|---|---|---|---|---|
| 钙 | 1 | | | | |
| | 2 | | | | |
| 镁 | 1 | | | | |
| | 2 | | | | |

(4)记录试样和标准溶液的浓度和体积,以及加标后的浓度和体积,分别计算测定钙、镁时的加标回收率(表9-4)。

表 9-4　加标回收率的测定

| 项目 | | 试样浓度/$(\mu g \cdot mL^{-1})$ | 试样体积/mL | 标准溶液浓度/$(\mu g \cdot mL^{-1})$ | 标准溶液体积/mL | 加标试样浓度/$(\mu g \cdot mL^{-1})$ | 加标试样体积/mL | 加标回收率 |
|---|---|---|---|---|---|---|---|---|
| 钙 | 1 | | | | | | | |
| | 2 | | | | | | | |
| 镁 | 1 | | | | | | | |
| | 2 | | | | | | | |

## 六、思考题

(1)原子吸收光谱法为什么要用待测元素的空心阴极灯作为光源?

(2)实验所作的标准曲线线性关系如何?若不理想,是什么原因造成的?应怎样克服?

(3)加标回收率超过了正常范围吗?影响加标回收率的因素是什么?

(4)通过实验,你是否了解了什么是燃助比?对于不同的金属,应依据什么来选择不同的燃助比?为什么?

## 七、注意事项

(1)配制溶液的步骤要严格遵循操作规范,操作对实验结果的影响较大。

(2)实验中会根据实际情况调节吸收波长、灯电流等仪器工作条件,记录数据要根据调整后的条件进行记录。

(3)原子吸收实验中用到的水必须是超纯水或二次蒸馏水。

(4)加标回收率须为96%～105%。

### 实验 18　原子吸收光谱法测定黄芪中常见金属元素含量

## 一、实验目的

(1)学习了解原子吸收光谱法的测定原理。

(2)掌握原子吸收光谱仪的使用方法。

(3)学会植物样品的消化方法。

(4)掌握溶液配制的基本操作。

## 二、实验原理

原子吸收光谱法又称为原子吸收分光光度法，通常简称原子吸收法。原子处于基态，核外电子在各自能量最低的轨道上运动。如果将一定外界能量如光能提供给该基态原子，当外界光能量恰好等于该基态原子中基态和某一较高能级之间的能级差时，该原子将吸收这一特征波长的光，外层电子由基态跃迁到相应的激发态，从而产生原子吸收光谱。核外电子从基态跃迁至第一激发态所吸收的谱线称为共振吸收线，简称共振线。由于基态与第一激发态之间的能级差最小，电子跃迁概率最大，故共振吸收线最易产生。对多数元素来说，它是所有吸收线中最灵敏的，在原子吸收光谱分析中通常以共振线为吸收线。

原子吸收光谱分析的波长区域在近紫外区。其分析原理是将光源辐射出的待测元素的特征光谱通过样品的蒸气，被待测元素的基态原子吸收，由发射光谱被减弱的程度求得样品中待测元素的含量，它符合朗伯-比尔定律：

$$A = -\lg(I/I_0) = -\lg T = KcL$$

式中，$I$ 为透射光强度；$I_0$ 为发射光强度；$T$ 为透射比；$L$ 为光通过原子化器光程。由于 $L$ 是定值，所以吸光度与浓度成正比。

## 三、主要仪器和试剂

### 1. 仪器

原子吸收光谱仪，各元素空心阴极灯，粉碎机，电子天平，药匙，电磁炉，玻璃漏斗，烧杯(100mL)，容量瓶(50mL、100mL、250mL)，洗瓶，玻璃棒，移液管(1mL、10mL、25mL)，量筒(50mL)，洗耳球，滤纸。

### 2. 试剂

碳酸钙、碳酸钠、碳酸钾、碳酸镁(均为基准物质)，高氯酸(优级纯)，硝酸(优级纯)，超纯水，黄芪。

## 四、实验内容

### 1. 样品的消化

分别称取粉碎后的黄芪粉末 1.000～2.000g，置于 100mL 烧杯中，加入混酸(硝酸：高氯酸=4：1)40mL。封口室温下过夜后，于电磁炉上消化，消化过程可用保温挡加热。在消化过程中保持溶液体积基本不变，消化完全时溶液近乎无色，这时可将消化液蒸发至近干，并可能会有不溶的消化产物析出，用 4%硝酸溶解消化产物并定容至 100mL 容量瓶中待用(平行实验两份)。

### 2. 各金属元素标准溶液的配制

(1)配制金属元素的标准溶液(质量浓度 1mg·mL$^{-1}$)。
(2)按需要配制不同金属元素标准溶液系列(表 9-5 仅为参考)。测定介质均为 4%硝酸。

**表 9-5　不同金属元素标准溶液系列的配制**

| 元素 | 标准溶液浓度/$(\mu g \cdot mL^{-1})$ |
|---|---|
| Ca | 0.00, 5.00, 10.00, 15.00, 20.00, 25.00 |
| Mg | 0.00, 5.00, 10.00, 15.00, 20.00, 25.00 |
| K | 0.00, 5.00, 10.00, 15.00, 20.00, 25.00 |
| Na | 0.00, 5.00, 10.00, 15.00, 20.00, 25.00 |

3. 最佳实验条件的确定

用元素标准溶液系列探寻原子吸收光谱法测定各元素的最佳仪器工作条件。

(1)吸收波长的选择。

(2)原子化工作条件的选择：①空心阴极灯工作条件(包括预热时间、工作电流)；②火焰燃烧器操作条件(试液提升量、火焰类型、燃烧器高度)；③最佳操作条件(惰性气体、最佳原子化温度)。

(3)光谱通带的选择。

(4)检测器光电倍增管工作条件的选择。

4. 标准曲线的绘制

将各元素标准溶液系列按最佳仪器工作条件进行测定。以元素质量浓度 $c(\mu g \cdot mL^{-1})$ 为横坐标，以溶液吸光度 $A$ 为纵坐标，绘制出标准曲线。

5. 样品中金属元素的测定

按确定的最佳仪器工作条件，将各样品溶液分别导入火焰原子化器中进行测定，由回归方程计算出样品中金属元素的含量。

## 五、数据处理

(1)分别记录测定波长、灯电流、狭缝、空气流量和乙炔流量。

(2)记录标准溶液、线性回归方程和相关系数。

(3)记录样品的测定结果。

## 六、思考题

(1)空心阴极灯作为光源有什么特点？

(2)在配制标准溶液时需要注意哪些细节有利于所作标准曲线的良好线性关系？

## 七、注意事项

(1)～(3)同实验 17 "注意事项" (1)～(3)。

(4)在消化过程中可用电磁炉的保温挡加热，保持溶液体积基本不变，待消化液变为无色后才能蒸发至近干。

## 9.4 ZEEnit 700P 火焰-石墨炉原子吸收光谱仪操作规程

### 9.4.1 开机运行

(1) 打开计算机电源。

(2) 打开乙炔气瓶总阀, 调节气体减压阀出口压力为 0.12MPa(仅在火焰模式下需要)。

(3) 打开空气压缩机电源(仅在火焰模式下需要, 气体出口压力为 0.55MPa)。

(4) 打开氩气瓶总阀, 调节气体减压阀出口压力为 0.55 MPa(火焰和石墨炉模式均需要)。

(5) 打开冷却循环水电源(仅在石墨炉模式下需要)。

(6) 打开 ZEEnit 700P 主机电源(待仪器自检完毕, 约 8s)。

(7) 待仪器自检完毕后, 双击 AAS 图标 , 进入应用软件的开始菜单界面(图 9-7)。

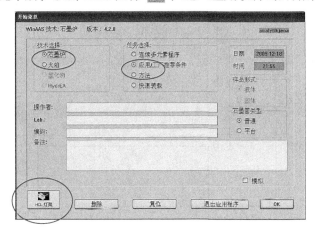

图 9-7 AAS 应用软件开始菜单界面

火焰模式或石墨炉模式按需要在图 9-7 中选择。

(8) 元素空心阴极灯的安装: 点击 进入灯座菜单(图 9-8), 在灯座相应位置安装元素空心阴极灯。

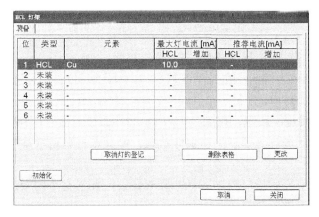

图 9-8 灯座菜单

将光标移动到相应位置，点击 更改 或双击，将出现元素周期表(图 9-9)，选择将要测试的元素，并与要安装的空心阴极灯相对应。最后点击 OK 确认。

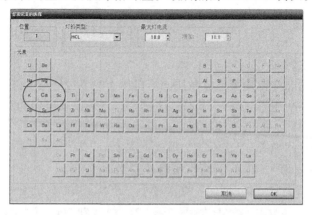

图 9-9　灯和元素的选择界面

选择待测元素钙，点击钙元素按钮，进入该元素的厂家推荐参数界面(图 9-10)。在此界面上点击装载命令，进入初始化过程，需 30~40s 时间。

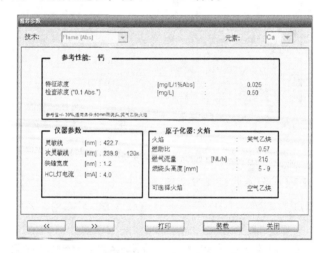

图 9-10　钙元素厂家推荐参数界面

(9)初始化之后，点击"仪器"按钮，进入仪器界面：

(a)点击"光学参数"按钮，在光学参数界面内(图 9-11)，可以选择或改变元素分析线、灯的状态、狭缝宽度、灯电流。

(b)点击"能量/增益"按钮，在图 9-12 所示的界面中点击"自动调整"按钮，仪器开始自动调节待测元素空心阴极灯光源能量至最佳状态，最后点击自动增益控制按钮 AGC ，结束能量最佳化过程。

注意：当选择氘空心阴极灯自动背景扣除时，待测元素空心阴极灯光源能量与氘空心阴极灯光源能量的比例关系调节请参照如下所述：

在灯位调节里，点击"自动调整"按钮，仪器开始自动调节待测元素空心阴极灯光源能量至最佳状态，改变 HC 或 BC(从 0~4)，并点击自动增益控制按钮 AGC ，使：①空心阴极灯光源能量和氘空心阴极灯光源能量相差不超过 10%；②氘空心阴极灯电流为 10～30mA；③光电倍增管负高压的值为 200～500。满足上述三个条件后，结束能量最佳化过程。

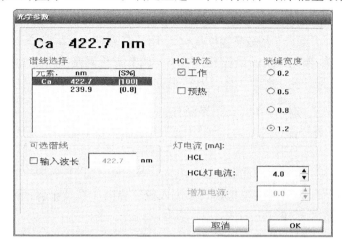

图 9-11　光学参数界面

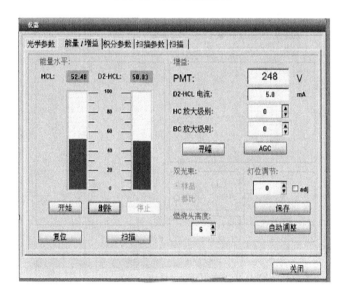

图 9-12　能量/增益界面

注意：每改变一次 HC ampl.level 或 BC ampl.level 值（从 0～4），需点击自动增益控制按钮 AGC，观察上述三个条件是否满足要求。

（c）点击"积分参数"按钮，在积分参数界面，可根据实际情况设定数据。

（d）点击"扫描参数"按钮，在扫描参数界面里，输入扫描波长范围（在给出波长范围前后 50nm）。输完之后，点击"扫描"按钮进行波长扫描（此步可略）。

（e）点击"扫描"按钮，在扫描界面里，点击按钮 Start，开始波长扫描。扫描结束后，显示分析线波长（此步可略）。最后点击 OK，退出"仪器"界面。

注意：最后两步一般只在质量鉴定时才使用，测试时狭缝宽度 slit 应选为 0.2nm。

（10）点击"火焰"按钮，进入"控制"界面，控制界面中，一定要注意先后点击"测试空气"，等待空气显示"OK"后再点击"测试燃气"，测试燃气过程较长，可能需要 1min 的时间检测空气和燃气流量和压力，当燃气和空气都达到"OK"后，点击"测试结束"，结束检测过程。接着，点击"点火"按钮，点燃火焰。

(11)点燃火焰后，点击"火焰灵敏度优化"，用空白液校零（ [AZ] ），用 1.0ppm Cu 标准溶液调节燃烧头-雾化系统的最佳雾化效率，调节雾化器及撞击球的位置，使吸光度达最大值（如雾化效率已最佳化，此步可略。注意：此步仅在清洗燃烧头-雾化系统后才需最佳化）。最后点击 [OK] 键，退出"Flame"界面。

(12)点击"自动进样器"进入"自动进样器"的编辑界面（如果用户没有选配自动进样器，此步可略）。

(13)标样测量——绘制标准曲线。

(a)点击"校正"，选择标准校正模式，进入校正界面，在校正界面内，有 5 种校正方法可以选择，这里已选择标样校正为例。

(b)点击"条件"，进入条件设定界面（图 9-13），可进行数据和选项设定。标样数量须根据实际情况而定。并且勾选"校正曲线做完后直接继续做样品"的复选框。

(c)点击"统计"，进入图 9-14 的数学统计界面，设定数据和选项。

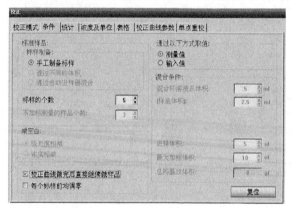

图 9-13　条件设定界面

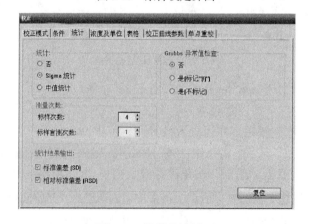

图 9-14　数学统计界面

(d)点击"浓度及单位"，在这个界面中，选择浓度单位即可，如 $\mu g \cdot mL^{-1}$。

(e)点击"表格"，进入如图 9-15 所示界面。

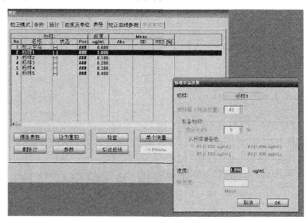

图 9-15　表格界面

在图 9-15 的表格界面调节的数据较多。校正空白为校正零点，即空白零点，不需要改变。以标样 1 为例，双击"标样 1"，会弹出标准系列浓度输入的对话框，在这个对话框中输入标准溶液的浓度，按"Enter"结束，表格内的标样浓度即改好。随后依次输入标样 2～5 的浓度。

（f）点击"校正曲线参数"，进入校正曲线界面，可设定曲线形式和截距等数据。

（g）重新点击"表格"，进入如图 9-16 所示界面。

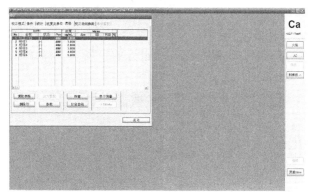

图 9-16　表格完成界面

在此界面，点击右下角"开始/Abs"，会弹出提示文件保存的页面。一般选择"开始一个新的报告文件"，点击"OK"后，测量正式开始。

接下来，会提示测量的信息，如图 9-17 所示。

a)按提示将吸样管放入清洗液中，待进样稳定后点击"OK"，进行自动校零。这一步的操作要领是一定要先将吸样管放入清洗溶液中，进样稳定后才能点击"OK"。自动校零完成后，自动出现如图 9-18 所示的空白溶液测量提示。

b)将吸样管放入空白溶液中，点击 OK ，进行空白测量。空白测量完毕之后，会继续弹出手动工作模式的插入到标样 1 的提示对话框，将吸样管放入标样 1，点击 OK ，进行标样 1 测量。测量显示如图 9-19 所示，其中左侧为棒状图，右侧为吸光度。

图 9 17　测量清洗溶液的提示界面　　　　图 9-18　测量空白溶液的提示界面

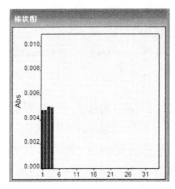

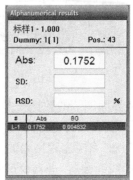

图 9-19　标样 1 的测量显示

c) 软件会继续提示标样 2～5 的测量，根据提示测量完所有的标样。

当所有的标样测量完毕时，表格界面显示如图 9-20 所示，标样溶液每一个浓度均有测量所得的吸光度。

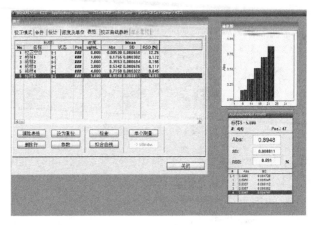

图 9-20　测量结束，表格完成界面

此时点击"拟合曲线"，软件自动生成如图 9-21 所示的标准曲线，并显示标准曲线的相关系数。

$R^2 \geq 0.995$，表明标准曲线良好，可以进入待测样品测量。最后点击 OK 键，根据"协议"界面，点击"是"，将标准曲线添加（图 9-22）。退出"校正"界面。

(14)样品测量。

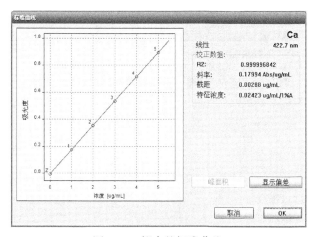

图 9-21 拟合的标准曲线

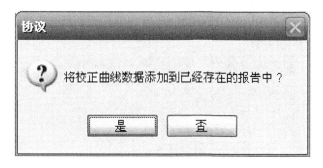

图 9-22 添加校正曲线数据提示界面

(a)在如图 9-23 所示的界面上，点击"样品"标签。

图 9-23 样品标签

进入样品测量界面，如图 9-24 所示。

在这个界面，有样品运行表格、样品浓度输出、样品名称输入、数学统计等按钮。点击"初始化表格"，设定要测量的待测样品数量，如 15 个样品。

(b)依次点击"浓度输出"、"样品编号"、"统计"并设置，设置方法同校正模式。

(c)重新点击"样品表格"，进入样品测量界面(图 9-24)。

在图 9-24 所示界面的计算机屏幕左下方找到"开始/浓度"按钮并点击，进行样品测量。出现保存数据的提醒对话框，如图 9-25 所示。

按图 9-25 进行选择，点击"OK"，开始样品测定。测量界面类似标样测量。

注意：测量样品之前，可以用空白溶液，点击 AZ 按钮校零。

同样将进样管出入相应样品中，进样正常 3s 后，点击"OK"测量，此时因为标准曲线已经存在，软件根据吸光度的结果，自动换算为样品的浓度，结果显示如图 9-26 所示，左侧图显示样品的吸光度；中间图显示样品在标准曲线中的浓度；右侧图显示的是样品的浓度数值。根据提示完成所有样品的测量。

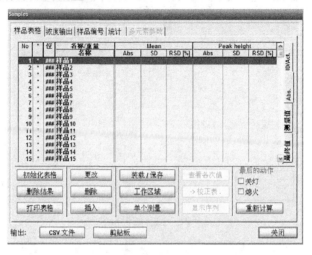

图 9-24　样品测量界面

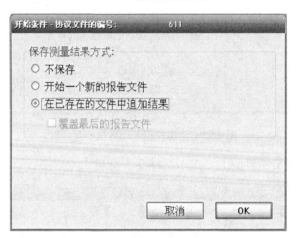

图 9-25　样品测量结果保存提示

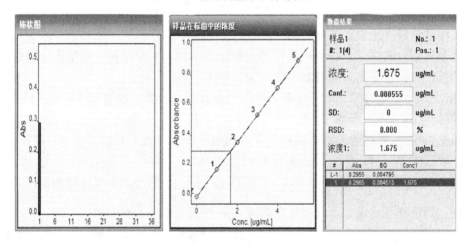

图 9-26　样品测量结果

(15)打印测试结果。

(a)样品测试完毕后，点击"剪贴板"，选"平均值"，点击"选择输出栏目"，选择输出项目。选好之后，点击"OK"，打开一个 Excel 表格，进行"粘贴"操作。

(b)测试结果转存：点击"CSV 文件"，可将结果转存到任何路径下，并可通过 Excel 文档对测试结果进行编辑。为测量结果选定名称，点击保存。

(c)点击"打印"标签，进入打印界面，将鼠标移动至需要打印的报告上，蓝色突出显示，点击"显示报告"，将显示结果报告。根据需要，勾选左上角的"打印"或"保存"，进行打印或储存结果。

(16)退出程序：单击屏幕右上角的关闭键，出现提示询问是否保存参数。根据需要进行保存或不保存的操作，如果近期有使用这种方法的需要可点击"是"进行保存，下次使用可点出此方法直接使用。

### 9.4.2　关机

(1)火焰菜单中点击"熄灭火焰"。或先关闭乙炔气瓶总阀，等火焰熄灭后，再退出 AAS 软件系统，此时乙炔气瓶分压表还有一定的压力，这是正常的。

(2)退出 AAS 操作软件系统。关闭 ZEEnit 700P 主机电源。关闭计算机电源。

(3)关闭乙炔气瓶总阀，断开空气压缩机电源(将空气压缩机中的空气放掉)。

(4)关闭氩气瓶总阀。关闭电源总开关。

# 第 10 章　原子发射光谱法

原子发射光谱法(atomic emission spectrometry，AES)是依据每种元素的原子或离子在热激发下由高能态向低能态跃迁时发射的特征谱线进行定性或定量分析的光谱方法。它可以多元素同时测定，是最古老的元素分析方法之一。

## 10.1　基 本 原 理

### 10.1.1　理论基础

原子发射光谱法是根据处于激发态的待测元素原子回到基态时发射的特征谱线对待测元素进行分析的方法。原子的核外电子一般处在基态运动，当获取足够的能量后，就会从基态跃迁到激发态。电子处于激发态不稳定(寿命小于 $10^{-8}$ s)，迅速回到基态时，以光的形式释放出多余的能量，就得到发射光谱。原子发射光谱为线状光谱，如图 10-1～图 10-3 所示。

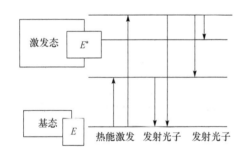

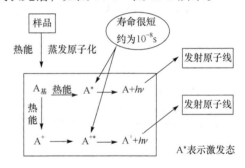

图 10-1　原子反射光谱产生的示意图　　　　图 10-2　样品激发示意图

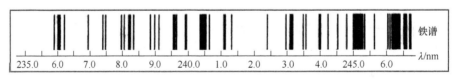

图 10-3　原子发射光谱(以铁原子为例)

发射光谱分析过程分为三步，即激发、分光和检测。第一步是利用激光光源使试样蒸发出来，然后解离成原子，或进一步电离成离子，最后使原子或离子激发，发射辐射。第二步是利用光谱仪把光源发出的光按波长展开，获得光谱。波长与能量的关系如下：$\lambda = \dfrac{hc}{E_2 - E_1}$。第三步是利用检测系统记录光谱，测量谱线波长、强度，并进行运算，最后得到试样中元素的含量。

### 10.1.2　仪器工作方法

电感耦合等离子体（inductively coupled plasma，ICP）是由高频电流经感应线圈产生高频电磁场，使工作气体（Ar）电离形成火焰状放电高温等离子体，等离子体的最高温度为 10000K。试样溶液通过进样毛细管经蠕动泵作用进入雾化器雾化形成气溶胶，由载气引入高温等离子体，进行蒸发、原子化、激发、电离，并产生辐射。光源经过采光管进入狭缝、反光镜、棱镜、中阶梯光栅、准直镜形成二维光谱，谱线以光斑形式落在 540×540 像素的 CID 上，每个光斑覆盖几个像素，光谱仪通过测量落在像素上的光量子数测量元素浓度。光量子数信号通过电路转换为数字信号，最后通过计算机显示和打印机打印出结果。

### 10.1.3　ICP 发射光谱分析方法

1. 定性分析

要确认试样中存在某个元素，需要在试样光谱中找出三条或三条以上该元素的灵敏线，并且谱线之间的强度关系是合理的；只要某元素的最灵敏线不存在，就可以肯定试样中无该元素。可以通过对比标准谱线图观察待测元素特征谱线是否存在，从而确定该元素是否存在。

定性分析原理：由于待测元素原子的能级结构不同，因此发射谱线的特征不同，其辐射波长与能量差之间的关系符合普朗克公式：

$$\Delta E = E_2 - E_1 = \frac{hc}{\lambda}$$

2. 定量分析

待测元素原子的浓度不同，因此发射强度不同，谱线强度和元素浓度符合罗马金公式：

$$I = ac^b$$

式中，$I$ 为谱线强度；$c$ 为元素含量；$b$ 为自吸系数；$a$ 为发射系数，与试样的蒸发、激发和发射的整个过程有关。在等离子体光源中，在很宽的浓度范围内，$b=1$，所以谱线强度与浓度成正比。

若对上式取对数，则得

$$\lg I = b \lg c + \lg a$$

上式为光谱定量分析的基本关系式。以 $\lg I$ 对 $\lg c$ 作图，在一定范围内为直线。

3. 定量分析方法

1）内标法

上面的关系式只有在固定的条件下，$a$、$b$ 才是常数。在实际分析中，通常采用内标法消除工作条件变化对测定结果的影响。内标法是在被测元素的谱线中选择一条谱线作为分析线，再选择其他元素的一条谱线作为内标线，两条线组成分析线对。提供内标线的元素称为内标元素。

设分析线和内标线的强度分别为 $I$ 和 $I_0$，则

$$I=ac^b \quad I_0=a_0c_0^{b_0} \quad R=\frac{I}{I_0}=\frac{ac^b}{a_0c_0^{b_0}}$$

当内标元素的含量一定时，$\dfrac{a}{a_0c_0^{b_0}}$ 为常数；$R=\dfrac{I}{I_0}=a'c^b$ 取对数后，得到

$$\lg R=b\lg c+\lg a'$$

此为内标法定量分析的基本公式。

在光谱定量分析中，内标元素的含量必须固定，它可以是试样中的基体成分，也可以是以一定含量加入试样中的外加元素。使用内标法必须具备下列条件：①分析线对应具有相同或相近的激发电位和电离电位；②内标元素与分析元素应具有相近的沸点、化学活性及相近的相对原子质量；③内标元素的含量固定，不随分析元素的含量变化而变化；④内标线及分析线自吸要小；⑤分析线和内标线附近的背景应尽量小；⑥分析线对的波长、强度及宽度也尽量接近。

2）标准曲线法

标准样与试样在相同条件下激发光谱，以分析线强度（或内标法分析线对强度比 $R$ 或 $\lg R$）对浓度 $c$ 或 $\lg c$ 作标准曲线，再由标准曲线求得试样中被测元素含量。

3）标准加入法

在测定低含量元素时，找不到合适的基体配制标准试样时，可以采用标准加入法。

原子发射光谱分析在鉴定金属元素方面（定性分析）具有较大的优越性，不需分离、多元素同时测定、灵敏、快捷。

## 10.2　原子发射光谱仪

### 10.2.1　原子发射光谱仪基本结构

图 10-4 为原子发射光谱仪基本结构。

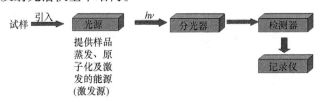

图 10-4　原子发射光谱仪基本结构

### 10.2.2　RF 高频发生器

RF 高频发生器通过工作线圈给等离子体输送能量，维持 ICP 光源稳定放电，目前 ICP 的 RF 高频发生器主要有两种振荡类型，即自激式和它激式。高频发生器要求输出功率稳定性好，点火容易，发热量小，火焰稳定，有效转换功率高，对不同样品及不同浓度变化的抗干扰能力强。

自激式 RF 发生器又称自由振式 RF 发生器，它由整流电源、振荡回路和电子管功率放大器三部分组成。自激式 PF 发生器的主要特点是结构简单、价格低廉、制造调试比较容易，在技术指标上能基本满足光谱分析要求；但其主要的缺点是频率稳定性及功率稳定性较差，这主要是由于等离子体负载作为振荡回路的一部分，负载的改变将影响 L-C 振荡器的频率及回

路的工作状态。

它激式 RF 发生器又称晶体控制型 RF 发生器。与自激式不同，它是利用石英晶体的压电效应构成振荡器并取代 L-C 振荡回路的电容、电感元件。

### 10.2.3　光源

ICP 提供试样蒸发、解离、原子化、激发所需要的能量（同时在光源中发射出特征谱线）。应具备的条件有高灵敏度和低检出限；在工作过程中稳定；无背景或背景较小；有足够的亮度，可缩短测试时间；消耗的试样少；结构简单，操作方便，使用安全。图 10-5 为 ICP 的结构。

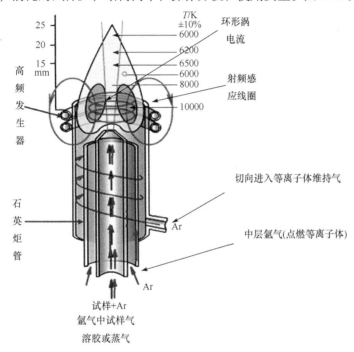

图 10-5　ICP 的结构

ICP 的工作原理：①接通高频发生器，高频电流通过感应线圈产生交换高频磁场；②用高频点火装置引燃辅助 Ar，产生气体电离（Ar++e）；③电子和离子被高频磁场加速，再产生碰撞电离，电子和离子数急剧增加，在气体中形成环形涡电流；④环形涡电流释放大量的热，将中心层气体加热到 1000℃左右，在管口形成火炬状稳定的等离子体焰炬（等离子体焰炬外观像火焰，但其实属于气体放电）。

### 10.2.4　分光器

复合光经色散元素分光后，得到一条按波长顺序排列的光谱，将复合光束分解为单色光，并进行观测，包括：①一个入射狭缝，提供与狭缝尺寸相同的辐射光带；②一个能产生一束平行光的准直器；③一个或两个组合的色散元件；④一个能使被色散的特定狭窄光带重显的聚焦元件；⑤一个或多个能使所需光带分离的出射狭缝（全谱直读型仪器无需出射狭缝）。

在 ICP 光谱仪的分光系统中，采用的色散元件几乎全都是光栅，在一些高分辨率的系统中，棱镜也是分光系统中的一个组成部件。

### 10.2.5　检测器

光电转换器件是光电光谱仪接收系统的核心部分，主要是利用光电效应将不同波长的辐射能转化成光电流的信号。光电转换器件主要有两大类：一类是光电发射器件，如光电管与光电倍增管，当辐射作用于器件中的光敏材料上时，使发射的电子进入真空或气体中，并产生电流，这种效应称为光电效应；另一类是半导体光电器件，包括固体成像器件，当辐射能作用于器件中光敏材料时，所产生的电子通常不脱离光敏材料，而是依靠吸收光子后所产生的电子-空穴对在半导体材料中自由运动的光电导(吸收光子后半导体的电阻减小，而电导增加)产生电流，这种效应称为内光电效应。

光电转换器件种类很多，但在光电光谱仪中的光电转换器件要求在紫外至可见光谱区域(160～800nm)很宽的波长范围内有很高的灵敏度和信噪比，很宽的线性响应范围，以及短的响应时间。

目前可应用于光电光谱仪的光电转换器件有以下两类：光电倍增管及固态成像器件。

#### 1. 光电倍增管

外光电效应所释放的电子打在物体上能释放出更多的电子的现象称为二次电子倍增。光电倍增管就是根据二次电子倍增现象制造的，它由一个光阴极、多个打拿极和一个阳极所组成，每一个电极保持比前一个电极高得多的电压(如100V)。当入射光照射到光阴极而释放出电子时，电子在高真空中被电场加速，打到第一倍增电极上。一个入射电子的能量给予倍增电极中的多个电子，从而每一个入射电子平均使倍增电极表面发射几个电子。二次发射的电子又被加速打到第二倍增电极上，电子数目再度被二次发射过程倍增，如此逐级进一步倍增，直到电子聚集到阳极为止。通常光电倍增管约有十二个倍增电极，电子放大系数(或称增益)可达$10^8$，特别适合于对微弱光强的测量，普遍为光电直读光谱仪所采用。

#### 2. 固态成像器件

固态成像器件是新一代的光电转换检测器，它是一类以半导体硅片为基材的光敏元件制成的多元阵列集成电路式的焦平面检测器。目前较成熟的属于这一类的成像器件主要是电荷注入器件(CID)和电荷耦合器件(CCD)。

### 10.2.6　计算机

现代仪器多用计算机控制仪器的启动、关闭和操作，以及测量数据的记录和转换。计算机一般具有以下功能：①程序控制，仪器各部件的启动、关闭；②时实控制，时间监控、远程诊断、信息转移；③数据处理，谱线数据库专家系统。

## 10.3　实 验 部 分

### 实验 19　ICP 原子发射光谱法测定水中常见的金属离子含量

**一、实验目的**

(1)了解原子发射光谱仪的结构、使用、维护和保养方法。

(2)了解全谱直读型光谱仪操作方法和实验条件的选择。

(3)掌握原子发射光谱法的基本原理、特点。

(4)通过对水中多种微量元素的测定，掌握相应的实验测定技术、定量测定方法及有关术语。

## 二、实验原理

实验原理参见 10.1.1 小节。

## 三、主要仪器和试剂

### 1. 仪器

Optima 8000 电感耦合等离子体发射光谱仪，氩气(99.996%)钢瓶，烧杯(100mL)，容量瓶(500mL、1000mL)。

### 2. 试剂

各元素标准储备液(1.0000mg·mL$^{-1}$)，HNO$_3$(优级纯，1∶1 和 1%)，高纯水(或二次蒸馏水)，水样。

## 四、实验步骤

### 1. 配制标准溶液

1)各元素标准储备液

Cu、Pb、Zn、Fe、Co、Ni、Mn、Cd 的标准储备液：分别称取各高纯金属 1.000g 于 100mL 小烧杯中，加少量硝酸溶解后，纯水定容于 1000mL 容量瓶中。

Ag、Sr、Ba 标准储备液：分别称取优级纯 AgNO$_3$ 1.575g、Sr(NO$_3$)$_2$ 22.415g 和 Ba(NO$_3$)$_2$ 21.903g 于烧杯中，分别加入 20mL(1∶1)硝酸，溶解后用高纯水定容于 1000mL 容量瓶中。

Li、Cr 的标准储备液：分别称取光谱纯 Li$_2$CO$_3$ 2.662g 和优级纯 K$_2$Cr$_2$O$_7$ 1.416g 于 200mL 烧杯中，分别加少量高纯水溶解后，用 1%硝酸定容于 500mL 容量瓶中。

以上各元素标准储备液的浓度均为 1.0000mg·mL$^{-1}$。

2)混合标准溶液系列

分别吸取若干上述各标准储备液，采用逐级稀释的方法配制成各元素含量均为 0.0000mg·mL$^{-1}$、0.05000mg·mL$^{-1}$、0.1000mg·mL$^{-1}$、0.5000mg·mL$^{-1}$、1.000mg·mL$^{-1}$、2.000mg·mL$^{-1}$、5.000mg·mL$^{-1}$、10.00mg·mL$^{-1}$ 混合标准溶液系列，介质为 1%硝酸。混合标准溶液系列必须无沉淀、无化学干扰。

### 2. 测定与记录

按照选定条件，开机，点炬，待光源稳定，用高纯水较零后测标准溶液，得出标准曲线。以同样的方法直接测定水样，得出测定结果，进行精密度、准确度实验。

记录所选择的测定条件、数据，整理得出所测水样中各元素的含量，并进行讨论和分析。

## 五、数据处理

(1)仪器工作条件和标准曲线相关数据：列表记录各元素的波长、载气量、观测高度、狭缝宽度、检出限和线性关系。

(2)样品相关数据：列表记录各元素的样品分析线强度，计算样品的浓度、相对标准偏差、加标回收率，并根据稀释关系换算为原始水样的各元素浓度。

## 六、思考题

(1)ICP 原子发射光谱法和原子吸收光谱法有什么不同？

(2)为什么 ICP 原子发射光谱法能够同时测定多种元素？

(3)如何选择实验条件？若实验条件在实验过程中变化，对测量结果有什么影响？

## 七、注意事项

(1)实验中所涉及的标准溶液的浓度是指该元素的含量。

(2)测定样品的浓度时注意稀释倍数的记录。

(3)严格按操作规程进行开机、点炬的操作，在测定过程中不得打开灯盖。

### 实验 20　微波消解 ICP-AES 法测定当地土壤中的常见重金属含量

## 一、实验目的

(1)了解原子发射光谱仪的结构、使用、维护和保养方法。

(2)了解全谱直读型光谱仪操作方法和实验条件的选择。

(3)掌握原子发射光谱法的基本原理、特点。

(4)通过对土壤中的重金属的测定，掌握相应的实验测定技术、定量测定方法及有关术语。

## 二、实验原理

实验原理参见 10.1.1 小节。

## 三、主要仪器和试剂

### 1. 仪器

Optima 8000 电感耦合等离子体发射光谱仪，氩气(99.996%)钢瓶，密闭微波消解仪，玛瑙研钵，容量瓶(10mL、25mL)。

### 2. 试剂

Cu、Pb、Mn、Cd 标准溶液，土壤样品，$HNO_3$(优级纯)，HCl(优级纯)，高纯水(或二次蒸馏水)。

## 四、实验内容

### 1. 配制标准溶液

(1)各元素标准溶液：参照实验 19 中的标准溶液配制方法，以 1% $HNO_3$ 配制成各元素浓度均为 50μg·mL⁻¹ 的混合标准溶液。

（2）配制标准溶液系列：于 5 个 10mL 容量瓶中分别加入 50μg·mL⁻¹ 重金属混合标准溶液 0.00mL、0.10mL、0.20mL、0.40mL 和 0.80mL，分别加入 1% HNO₃ 定容摇匀。该系列各元素浓度分别为 0.00μg·mL⁻¹、0.50μg·mL⁻¹、1.0μg·mL⁻¹、2.0μg·mL⁻¹ 和 4.0μg·mL⁻¹。

### 2. 制备土壤样品

1）采集处理土壤样品

将采集的土壤样品 500g 风干后除去土样中大块异物，混匀后用四分法缩分至 100g，用玛瑙研钵将土壤样品碾压，然后过 2mm 尼龙筛除去 2mm 以上的砂砾，混匀上述土样进一步研磨，再过 100 目尼龙筛，试样混匀后备用。

2）土壤样品的微波消解

第一步：准确称取 0.1950~0.2000g 制备好的土壤样品在 105℃下干燥 2~3 h，置于聚四氟乙烯（PTFE）消解罐中，依次加入 2mL 硝酸、6mL 盐酸与样品充分混合，待反应完毕后加盖内盖。

第二步：拧上消解罐罐盖，放入微波消解仪炉内，设定微波消解温度-时间程序为 150℃-15min。依次按启动开关和运行消解程序键，进行样品消解。

第三步：消解完成后，待消解罐完全冷却后取出，打开罐盖，再小心打开内盖。

第四步：每次分别以 1~2mL 超纯水冲洗消解罐和内盖两三次，抽滤，并把过滤液转移至 25mL 容量瓶中，转移过程中要冲洗抽滤瓶两三次，并将冲洗液转移至容量瓶中，再用超纯水定容至 25mL。

### 3. 测定与记录

按照选定条件，开机，点炬，待光源稳定后，用超纯水校零后测标准溶液，得出标准曲线。

以同样的方法直接测定样品，得出测定结果，进行精密度、准确度实验。

记录所选择的测定条件、数据，整理得出所测样品中各元素的含量，并进行讨论和分析。

## 五、数据处理

（1）仪器工作条件和标准曲线相关数据（表 10-1）。

### 表 10-1　仪器工作条件和标准曲线相关数据记录

| 元素 | 波长 | 载气量 | 观测高度 | 狭缝宽度 | 检出限 | 线性关系 |
|------|------|--------|----------|----------|--------|----------|
| Cu | | | | | | |
| Mn | | | | | | |
| Cd | | | | | | |
| Pb | | | | | | |

(2)样品相关数据(表 10-2)。

**表 10-2　样品相关数据记录及处理**

| 元素 | 分析线强度 | 样品浓度 | RSD/% | 加标回收率 | 稀释关系 | 原始浓度 |
|------|-----------|---------|-------|-----------|---------|---------|
| Cu | | | | | | |
| Mn | | | | | | |
| Cd | | | | | | |
| Pb | | | | | | |

## 六、思考题

(1)ICP 原子发射光谱法的光源特点有哪些?

(2)什么是四分法?

## 七、注意事项

(1)~(3)同实验 19"注意事项"(1)~(3)。

(4)微波消解要严格遵循操作规程,取出时一定要完全冷却才能打开内盖,否则会有液体喷出,造成安全事故,并对测定结果有严重的影响。

# 10.4　Optima 8000 等离子体原子发射光谱仪操作规程

## 10.4.1　开机

(1)打开墙上的电闸。

(2)打开通风橱,拉杆开关在抽风口右侧,竖直为开。

(3)开右边氩气,调节到 0.7 MPa,左边为备用氩气。

(4)开空压机,左边黑色阀门打到横向,开靠墙的开关由 off 至 auto,打压好(左表为 7 bar,墙上两个表约 80 psi)后把黑色阀门打回竖向。

(5)开水循环机,开关在水循环机背后,显示 E-C 为正常。

(6)开 Optima 8000 主机,开关在其右侧。

(7)开计算机,双击进入 WinLab32 for ICP 软件(自检约 2min)。此时弹出初始界面。

## 10.4.2　编辑方法

在图初始界面依次点击 File→new→method…,此时弹出图 10-6 界面。

按图 10-6 所示选定好之后,单击"OK"。软件自动弹出图 10-7 所示界面,此时光标选定的是测定元素及条件的选择。

在图 10-7 界面上单击"Periodic Table",弹出元素周期表界面。在元素周期表中选择要分析的元素(以 Pd 为例)。然后单击右下角的"λTable"键,弹出图 10-8 的 Wavelength Table(谱线数据)界面,选择要分析的谱线(可选 1 条或多条)。

在图 10-8 界面中,选中需要的分析谱线,然后单击"Enter selected Wavelength in Method"

键，就可关闭两个当前窗口。

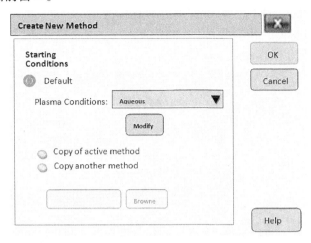

图 10-6　方法确定界面

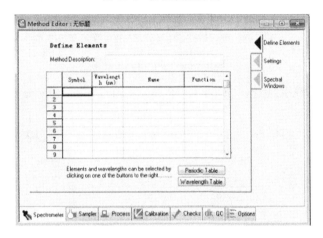

图 10-7　测定元素及条件选择界面

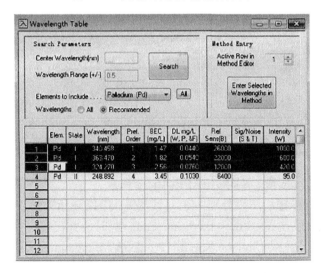

图 10-8　Wavelength Table 界面

　　单击 Spectrometer 标签中的 settings 选项，出现背景界面，进行数据选择：把 Delay Time 的 60 改为 35；Replicates 的 1 改为 3。其他选项无需改动。

　　点开"Sample"标签，出现如图 10-9 所示 Autosampler（自动进样器）的界面，其中的 Autosampler 选项中要为 Between Samples。

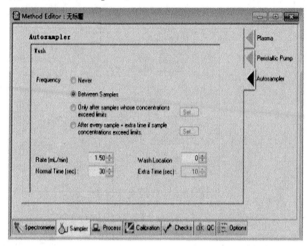

图 10-9　Autosampler 界面

　　点开 Calibration（校准）标签，如图 10-10 所示，在 Define Standards（标准曲线）选项中输入标样的 ID。

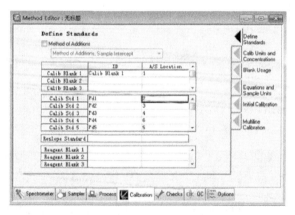

图 10-10　Define Standards 界面

　　继续点开 Calibration 标签中的 Calib Units and Concentrations（校准单元和浓度）选项，出现如图 10-11 所示界面，在此界面上，将浓度单位选为 mg/L，双击表头 Pd1～Pd5 依次输入标样的浓度（共 5 个），点"OK"。紧接着，点击 Calibration 标签中的 Equations and Sample Units（方程和样本单位）选项，界面变化如图 10-12 所示。

　　在图 10-12 界面上，把后两栏分别由 3、4 改为 4、5，以与标样的数字一致。选择完毕后，直接点击左上角，保存方法：File→save→method。此时会弹出保存路径选择的界面，单击 Browse（浏览）选择路径并双击 methods.mdb：D：\Data\Method\methods.mdb。把方法名字改为 Pd-121106。最后点"OK"。关闭当前窗口，进行下一步操作。

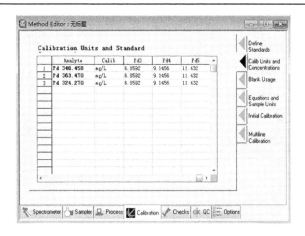

图 10-11　Calibration Units and Standard 界面

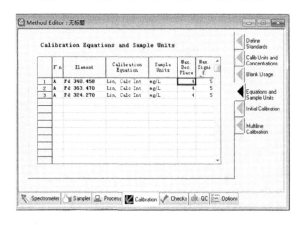

图 10-12　Calibration Equations and Sample Units 界面

### 10.4.3　点炬

（1）打开仪器左侧的门装蠕动泵。蠕动泵为顺时针转动，注意管子的安装方向且要卡紧管子,进样管插入超纯水中。单击 Plasma 图标,在此界面上点击 Pump（泵）按钮。然后点击 Neb（雾化器）按钮。

（2）诊断雾化器背压：如图 10-13 所示,按 System→Diagnostics 的顺序打开 Diagnostics（诊断）界面。

在此界面选 Plasma,出现如图 10-14 所示的 Plasma（等离子体）相关数据界面。操作光标,拉下上部的滚动条可见 Neb Back Pressure（雾化器背压）数值，200 多为正常值，若比此值小要清洗雾化器。

取出进样管使水走干后,点击"ON"点炬,此时蠕动泵停,一会儿后红灯由闪烁变至常亮，表示点炬成功。可关闭当前窗口。

### 10.4.4　测试

按照 File→open→method 的顺序，打开 method（方法）菜单。

打开 method 之后，把之前建立的方法按之前的路径 Browse 上去（图 10-15）。点"OK"。

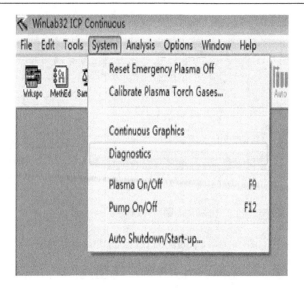

图 10-13　Diagnostics 界面

图 10-14　Plasma 相关数据界面

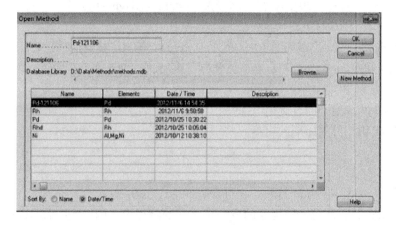

图 10-15　选择方法

单击"WRKSPC"按钮，双击 manu.wsp。在出现的界面上，进行数据保存的路径选择。保存结果：单击下面的一个 Open Browse 路径（D：\Data\Result\Result.mdb），改结果文件名为 Pd-121106，点"OK"。此时界面如图 10-16 所示，Save Data（保存数据）的勾打上。

在图 10-16 中找到"Analyze Blank"键，未选中前，此键为黑色，单击此键，渐变为蓝色，此步操作后，仪器开始自动测量空白样品，完成分析空白的测量后，单击 Analyze Standard（分析标样），分析标样 1，换标样 2 后继续单击依次分析，直至分析完 5 个标样。之后单击 Analyze Sample（分析样品）依次分析样品。软件界面如图 10-17 所示，结束后关闭当前窗口。

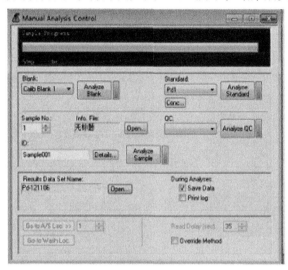

图 10-16　Save Data 复选框选中示意界面

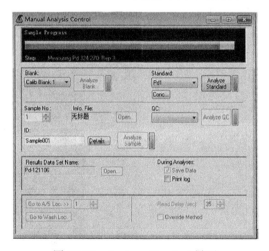

图 10-17　Analyze Standard 界面

样品分析结束后关闭当前窗口。

### 10.4.5　熄炬

通 1%硝酸 3min，通超纯水 3min。取出进样管排空 2min。点 Plasma 图标的 OFF 熄炬。松开泵管，关泵门，退出软件。

关闭空压机。关靠墙的开关由 auto 至 off，开右边的银色阀门放气和水，完全降压后旋紧。

关循环水机，关闭氩气。

关闭通风橱（放下拉杆至横向）。

5min 后关闭主机电源开关（主机右侧）。

### 10.4.6 数据处理

数据处理可在 WinLab32 for ICP Off line 进行。

打开方法：File→open→method，或点击图标栏的 Method 按钮，在出现的界面上按之前的路径把方法浏览上去。

点击 Examine 图标，然后点击 Data→Select Data Set···（选择数据集），操作后弹出的是如图 10-18 所示的界面，把刚保存的结果文件打开。点击下一步→下一步→完成。

图 10-18 保存文件界面

如果要拉波长及基点，可以打开作好的曲线，将光标移动至图形上，点击右键，选择 Update Method Parameters···（更新方法参数），此时会出现如图 10-19 所示的方法参数数据界面，可根据实际情况更改数据。

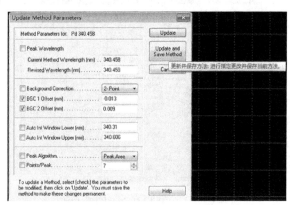

图 10-19 Update Method Parameters 界面

更改之后，仍然在图 10-19 的界面中单击 Update and Save Method（更新和保存方法）。点双三角的图标可以进入下个波长，继续拉波长、基点、保存更新方法。

下一步点击 Reprocess（重置）图标，把 D 盘的 results.mdb 文件浏览上，双击刚做的结果。在图 10-20 界面中，全选数据。

图 10-20　全选数据界面

点击 Spectra 图标、Results 图标。点击 Reprocess 键，点击"OK"。此时结果已计算出。

### 10.4.7　关机

(1)分析完毕后，分别用 3%稀硝酸和去离子水冲洗进样系统 5～10min。点击"plasma"，在弹出的对话框中点击"关闭"熄火。

(2)让蠕动泵空转 1～2min，排尽雾室及泵管中的废液。

(3)松开蠕动泵夹，关闭抽风机电源。

(4)退出 WinLab 32 软件，关闭计算机、显示器、打印机。

(5)关闭主机电源、稳压器(若非长时间不用仪器，5000 系列仪器推荐不关闭主机电源)。

(6)排掉空气压缩机以及空气过滤器中的水分。

(7)登记操作记录和仪器运行记录。

# 第 11 章　紫外吸收光谱法

紫外吸收光谱法是利用物质的分子或离子对某一波长范围的光的吸收作用，对物质进行定性分析、定量分析及结构分析的方法，所依据的光谱是分子或离子吸收入射光中特定波长的光而产生的吸收光谱。按所吸收光的波长区域不同，分为紫外分光光度法和可见分光光度法，合称为紫外-可见分光光度法。

紫外-可见分光光度法(ultraviolet and visible spectrophotometry，UV-vis)是研究物质在紫外-可见光区(200~800nm)分子吸收光谱的分析方法。

物质对光的吸收是选择性的，利用被测物质对某波长的光的吸收了解物质的特性，是光谱法的基础。通过测定被测物质对不同波长的光的吸收强度(吸光度)，以波长为横坐标，吸光度为纵坐标作图，得出该物质在测定波长范围的吸收曲线。这种曲线体现了物质对不同波长的光的吸收能力，称为吸收光谱。

不同结构的物质吸收光谱也不同，这是对物质进行定性分析的基础，通过检测吸收光谱对比鉴定分析物质。在相同条件下，测定未知物的吸收光谱，与标准物的吸收光谱进行比较，如果两吸收光谱的形状和吸收峰的数目、位置、拐点等完全一致，就可初步判定未知物与标准物是同一种物质。

紫外-可见分光光度法的定量分析基础是朗伯-比尔定律。当一束平行单色光通过均匀的样品时，其吸光度与吸光组分的浓度、吸收池的厚度乘积成正比。在吸收曲线中，通常选用最大吸收波长$\lambda_{max}$进行物质含量的测定。在一定波长($\lambda_{max}$)下测定某物质的标准溶液系列的吸光度作标准曲线，然后测定样品溶液的吸光度，由标准曲线求得样品溶液的浓度或含量。

## 11.1　基　本　原　理

当一束光照射到某物质或某溶液时，该物质的分子、原子或离子与光子作用，光子的能量发生转移，物质中的这些粒子就会发生能级跃迁，从较低能级(基态)跃迁到较高能量状态(激发态)，这一过程称为物质对光的吸收。

### 11.1.1　分子吸收光谱

1. 分子吸收光谱的产生——由能级间的跃迁引起

能级差：$\Delta E=h\nu=hc/\lambda$。
跃迁：电子受激发，从低能级转移到高能级的过程。

2. 分子吸收光谱的分类

分子内运动涉及三种跃迁能级，所需能量大小顺序为$\Delta E_电>\Delta E_振>\Delta E_转$。

3. 有机化合物紫外-可见吸收光谱的产生

1)电子跃迁

紫外-可见吸收光谱的基本原理是利用在光的照射下待测样品内部的电子跃迁。与紫外-可见吸收光谱有关的电子有三种，即形成单键的σ电子、形成双键的π电子及未参与成键的 n 电子。电子跃迁类型不同，实际跃迁需要的能量不同，电子跃迁所处的波长范围也不同。电子跃迁类型有以下几种。

(1)σ→σ\* 跃迁：是指处于成键轨道上的σ电子吸收光子后被激发跃迁到σ\* 反键轨道。主要为饱和烃类 C—C 键，能量很高，$\lambda<150$nm(远紫外区)。

(2)n→σ\* 跃迁：是指分子中处于非成键轨道上的 n 电子吸收能量后向σ\* 反键轨道的跃迁。主要为含杂原子饱和基团 C—X 键(X 为 S、N、O、Cl、Br、I、OH、$NH_2$ 等)，能量较大，$\lambda$ 为 150～250nm(真空紫外区)。

(3)π→π\* 跃迁：是指不饱和键中的π电子吸收光波能量后跃迁到π\* 反键轨道。主要为不饱和基团(—C=C—，—C=O)。能量较小，体系共轭，随着共轭体系的增大或杂原子的取代，$E$ 更小，$\lambda$ 更大。是强吸收带，$\lambda$ 约为 200nm。

(4)n→π\* 跃迁：是指分子中处于非成键轨道上的 n 电子吸收能量后向π\* 反键轨道的跃迁。是生色团中的未成键孤对电子向π\* 反键轨道跃迁，属于禁阻助跃迁。主要为含杂原子不饱和基团(—C≡N，C=O)。能量最小，弱吸收带，$\lambda$ 为 200～400nm(近紫外区)。

吸收能量的次序为：σ→σ\* > n→σ\* ≥π→π\* > n→π\*。

特殊的结构有特殊的电子跃迁，对应不同的能量(波长)，反映在紫外-可见吸收光谱图上就有一定位置、一定强度的吸收峰，根据吸收峰的位置和强度就可以推知待测样品的结构信息。

由于分子吸收中每个电子能级上耦合有许多振-转能级，所以处于紫外-可见光区的电子跃迁而产生的吸收光谱具有"带状吸收"的特点。

由此可以看到，紫外-可见吸收光谱中包含分子中存在的化学键信息。其吸收峰的位置与分子中特定的功能基团密切相关，是有机化合物、无机配位化合物、生物分子的有效定性、定量分析手段。

2)生色团与助色团

生色团：是指分子中可以吸收光子而产生电子跃迁的原子基团。人们通常将能吸收紫外、可见光源的原子团或结构系统定义为生色团。对有机化合物主要为具有不饱和键和未成对电子的基团，如 C=C，C=O，C=N，—N=N—等。当出现几个发色团共轭，则几个发色团所产生的吸收带消失，将出现新的共轭吸收带，其波长将比单个发色团的吸收波长长，强度也增强。

助色团：是指带有非键电子对的基团，它们本身不能吸收大于 200nm 的光，但是当它们与生色团相连时，可以使生色团吸收峰加强的同时使吸收峰向长波移动。对有机化合物主要为连有杂原子的饱和基团，如—OH，—OR，—NH—，—$NR_2$，—X 等。

3)红移和蓝移

由于化合物结构变化(带有非成键电子对的基团与生色团连接、共轭、引入助色团取代基)或采用不同溶剂后吸收峰位置向长波方向的移动的效应称为红移，该基团称为红移基团；吸收峰位置向短波方向移动，这种效应称为蓝移(或紫移)，该基团称为蓝移基团。

4) 增色效应和减色效应

增色效应是指吸收强度增强的效应；减色效应是指吸收强度减小的效应。

5) 强带和弱带

$\varepsilon_{max} > 10^5$ 为强带；$\varepsilon_{min} < 10^3$ 为弱带。

### 4. 无机化合物的紫外吸收光谱

(1) 电荷迁移跃迁：某些分子既是电子给体，又是电子受体，当电子受辐射能激发从给体外层轨道向受体跃迁时，就会产生较强的吸收。

(2) 配位场跃迁：包括 d 电子跃迁和 f 电子跃迁。d 电子跃迁：强烈受配位环境的影响。f 电子跃迁：不受配位环境的影响。

### 5. 溶剂对紫外吸收光谱的影响

物质的吸收光谱与测定条件有密切的关系，测定条件不同，吸收光谱的形状、吸收峰的位置、吸收强度等都可能发生变化。影响紫外吸收光谱的因素有共轭效应、超共轭效应、溶剂效应、溶剂 pH、溶液温度等。各种因素对吸收谱带的影响表现为谱带位移、谱带强度的变化、谱带精细结构的出现或消失等。谱带位移包括蓝移和红移，变化包括增色效应和减色效应。

1) 溶剂极性的影响

极性溶剂作用下，激发态能量降低程度大于基态，从而使 $\Delta E$ 吸收红移。溶剂极性越强，$\pi \rightarrow \pi^*$ 跃迁产生谱带向长波移动越显著。

$n \rightarrow \pi^*$ 跃迁分子中含未成键 n 电子，能与极性溶剂形成氢键，作用强度比 $\pi^*$ 大，因而基态能级比激发态能级下降程度大。$n \rightarrow \pi^*$ 跃迁能增大，波长蓝移。溶剂极性越强，$n \rightarrow \pi^*$ 产生谱带向短波方向的移动越明显，即蓝移越大。

2) 溶剂对吸收波长、吸收强度及吸收光谱精细结构影响

通常极性溶剂会使由振动效应产生的光谱精细结构消失，出现宽峰。因此，若希望得到有特征的精细结构，则应在溶解度允许范围内选择极性小的溶剂。

3) 溶剂对吸收带的影响

如果溶剂和溶质吸收带有重叠，将妨碍溶质吸收带的观察。选择溶剂的原则之一是溶剂在所要测定波段范围内无吸收或吸收极小。

4) 溶剂的选择原则

溶剂纯度高，应能很好地溶解被测试样，溶剂对溶质应该是惰性的；在溶解度允许的范围内，极性适当，尽量选择极性较小的溶剂；溶剂在样品的吸收光谱区应无明显吸收，截止波长小于 $\lambda_{max}$。

## 11.1.2 紫外吸收光谱的特点

紫外吸收光谱的吸收峰通常很宽，峰的数目也很少，图形比较简单、特征性不强，当不同的分子含有相同的发色团，它们吸收光谱的形状就大体相似。在结构分析方面不具有十分专一性，所以该法的应用有一定的局限性。但紫外吸收光谱对共轭体系的研究，如利用分子中共轭程度确定未知物的结构有独特的优点，通常是根据最大吸收峰的位置及强度判断其共轭体系的类型，以及在结构相似的情况下区分共轭方式不同的异构体。所以，紫外吸收光谱是对有机物进行定性鉴定及结构分析的一种重要辅助手段。

### 11.1.3　定性分析

1. 定性分析的依据

分子或离子吸收入射光中特定波长的光而产生吸收光谱。主要比较吸收光谱的特征：吸收光谱的形状、吸收峰的数目、吸收峰的位置(波长)、吸收峰的强度、相应的吸光系数。0.4

2. 定性分析的方法

(1)吸收曲线比较法：用经验规则计算 $\lambda_{max}$ 与测定的 $\lambda_{max}$ 比较；与标准谱图比较；与标准化合物的吸收光谱比较。

(2)结构分析：官能团鉴定；顺反异构体的确定；互变异构体的确定。

(3)纯度的控制和检验。

### 11.1.4　定量分析

基本方法：在一定波长($\lambda_{max}$)下测定某物质的标准溶液系列的吸光度作标准曲线，然后测定样品溶液的吸光度，由标准曲线求得样品溶液的浓度或含量。

1. 定量分析的依据

朗伯-比尔定律：

$$A=\varepsilon bc$$

式中，$\varepsilon$ 为摩尔吸光系数；$b$ 为液层厚度；$c$ 为样品浓度；$A$ 为吸光度。当用适当波长的单色光照射吸收物质的溶液时，其吸光度与溶液浓度和透光液厚度的乘积成正比。

2. 定量分析的方法

单波长法：吸光系数法；标准曲线法；对照法：外标一点法；标准加入法。

多波长法：多波长线性回归法；导数光谱法等。

## 11.2　紫外-可见分光光度计

### 11.2.1　仪器结构及工作原理

1. 仪器结构

(1)光源：光源的作用是提供辐射-连续复合光。

紫外-可见分光光度计同时具有可见和紫外两种光源。①可见光源：碘钨灯 320～1100nm；优点为发射强度大、使用寿命长；②紫外光源：氘灯 180～375nm，氘灯的发射强度比氢灯大 4 倍，玻璃对这一波长有强吸收，因此必须用石英光窗。

(2)单色器：单色器是从连续光谱中获得所需单色光的装置。常用的有棱镜和光栅两种单色器。

(3)吸收池：吸收池是用于盛放溶液并提供一定吸光厚度的器皿。它由玻璃或石英制成。玻璃吸收池只能用于可见光区。最常用的吸收池厚度为 1cm。

(4)检测器：检测器的作用是检测光信号。常用的检测器有光电管和光电倍增管。

(5)数据记录处理系统。

紫外-可见分光光度计结构示意图如图 11-1 所示。

图 11-1　紫外-可见分光光度计结构示意图

2. 工作原理

光源发出的光通过光孔调制成光束，然后进入单色器。单色器由色散棱镜或衍射光栅组成，光束从单色器的色散元件发出后成为多组分不同波长的单色光，通过光栅的转动，分别将不同波长的单色光经狭缝送入样品池，然后进入检测器(检测器通常为光电管或光电倍增管)。最后由电子放大电路放大，从微安表或数字电压表读取吸光度，或驱动记录设备，得到光谱图。

### 11.2.2　仪器类型

分光光度计可分为单波长分光光度计和双波长分光光度计。

单波长分光光度计还可分为单光束分光光度计和双光束分光光度计两大系列。

## 11.3　实 验 部 分

### 实验21　紫外吸收光谱鉴定物质的纯度

**一、实验目的**

(1)学习紫外吸收光谱的绘制方法，并利用吸收光谱对化合物进行鉴定。

(2)了解溶剂的性质对吸收光谱的影响，能根据需要正确选择溶剂。

(3)熟悉紫外分光光度法的基本操作及数据处理方法。

**二、实验原理**

极性溶剂影响溶质吸收波长的位移，而且还影响吸收峰吸收强度及其形状。例如，苯酚的 B 吸收带，在不同极性溶剂中，其强度和形状均受到影响。在非极性溶剂正庚烷中，可清晰看到苯酚 B 吸收带的精细结构；但在极性溶剂乙醇中，苯酚 B 吸收带的精细结构消失，仅存在一个宽的吸收峰，而且其吸收强度也明显减弱。在许多芳香烃化合物中均有此现象，由于有机化合物在极性溶剂中存在溶剂效应，所以在记录紫外吸收光谱时应注明所用的溶剂。

水杨酸(salicylic acid)即邻-羟基苯甲酸(o-hydroxybenzoic acid)，是一种重要的有机合成原料，为白色针状结晶或单斜棱晶，有辛辣味。微溶于水，溶于丙酮、松节油、乙醇、乙醚、苯和氯仿。分子式为 $C_7H_6O_3$，相对分子质量为 138.12。

苯(benzene)在常温下为无色、有甜味的透明液体，并具有强烈的芳香气味。苯可燃、有毒，是一种致癌物质。苯是一种碳氢化合物，也是最简单的芳烃。它难溶于水，易溶于有机溶剂，本身也可作为有机溶剂。分子式为 $C_6H_6$，相对分子质量为 78.11。

实验内容包括以下几方面。

### 1. 定性分析(未知芳香族化合物的鉴定)

定性分析方法一般是标准比较法：测绘未知试样的紫外吸收光谱，并与标准试样的光谱图进行比较。当浓度和溶剂相同时，如果两者的图谱(曲线形状、吸收峰数目、$\lambda_{max}$ 和 $\varepsilon_{max}$)相同，说明两者是同一化合物。

邻-羟基苯甲酸在 231nm 和 296nm 处有吸收峰。

### 2. 纯物质中杂质的检查

一些在紫外光区无吸收的物质，如果其中有微量的对紫外光具有高吸收系数的杂质，则可定性检出。例如，乙醇中杂质苯的检查：纯乙醇在 200～400nm 无吸收，如果乙醇中含微量苯，则可测到200nm 有强吸收($\varepsilon=8000$)，255nm 有弱吸收($\varepsilon=215$，群峰)。

### 3. 溶剂性质对吸收光谱的影响

溶剂的极性对化合物吸收峰的波长、强度、形状及精细结构都有影响。极性溶剂有助于 $n{\rightarrow}\pi^*$ 跃迁向短波移动(蓝移)，$\pi{\rightarrow}\pi^*$ 跃迁向长波移动(红移)，并使谱带的精细结构完全消失。实验中分别以极性不同的正己烷、乙醇、水为溶剂，了解溶剂极性对吸收光谱的影响。

## 三、主要仪器和试剂

### 1. 仪器

Lambda 35 紫外-可见分光光度计(或 U-3900H 紫外-可见分光光度计)，石英比色皿(1cm)，容量瓶(50mL、100mL)，移液管(10mL、25mL)，洗耳球，分析天平，烧杯(50mL)，镜头纸。

### 2. 试剂

邻-羟基苯甲酸(分析纯)，无水乙醇(分析纯)，苯(分析纯)，正己烷(分析纯)，去离子水。

## 四、实验步骤

### 1. 试剂的配制及准备

(1)配制邻-羟基苯甲酸的水溶液($15mg \cdot L^{-1}$)：准确称取邻-羟基苯甲酸 0.0015g，用去离子水溶解后，转移到 100mL 容量瓶，稀释至刻度，摇匀备用。

(2)配制邻-羟基苯甲酸的正己烷溶液($15mg \cdot L^{-1}$)：准确称取邻-羟基苯甲酸 0.0015g，用正己烷溶解后，转移到 100mL 容量瓶，稀释至刻度，摇匀备用。

(3)配制邻-羟基苯甲酸的乙醇溶液($15mg \cdot L^{-1}$)：准确称取邻-羟基苯甲酸 0.0015g，用乙醇溶解后，转移到 100mL 容量瓶，稀释至刻度，摇匀备用。

(4)乙醇试样：在纯乙醇中加入少量苯。

### 2. 邻-羟基苯甲酸的鉴定

用 1cm 石英比色皿，以去离子水作参比溶液，在 200～360nm 测绘邻-羟基苯甲酸的水溶液($15mg \cdot L^{-1}$)的吸收光谱曲线，记录测定化合物的吸收光谱及实验条件(波长、吸光度 $A$)，确定峰值波长，并计算 $\varepsilon_{max}$，与标准邻-羟基苯甲酸参数进行比较(表 11-1)。

**表 11-1  邻-羟基苯甲酸参数**

| 溶液 | $c/(mg \cdot L^{-1})$ | $\lambda_{max}/nm$ | | $A$ | | $\varepsilon /(L \cdot mol^{-1} \cdot cm^{-1})$ | |
|---|---|---|---|---|---|---|---|
| | | $\lambda_1$ | $\lambda_2$ | $A_1$ | $A_2$ | $\varepsilon_1$ | $\varepsilon_2$ |
| 标准邻-羟基苯甲酸 | 15 | 231 | 296 | 0.7504 | 0.4090 | 8420 | 4520 |
| 测定邻-羟基苯甲酸 | 15 | | | | | | |

### 3. 乙醇中杂质的检查

用 1cm 石英比色皿，以纯乙醇作参比溶液，在 220～280nm 测绘乙醇试样的吸收光谱曲线，记录乙醇试样的吸收光谱及实验条件，根据吸收光谱确定是否有苯吸收峰，峰值波长是多少。

纯乙醇是饱和醇，在 200～400nm 无吸收。

苯在紫外区有三个吸收带：

$\pi \rightarrow \pi^*$ 180～184nm，$\varepsilon = 47000 \sim 60000$(远紫外，意义不大)；

$\pi \rightarrow \pi^*$ 200～204μm，$\varepsilon = 8000$(在远紫外末端，不常用)；

$\pi \rightarrow \pi^*$ 230～270nm，$\varepsilon = 204$(弱吸收的 B 带 $\pi \rightarrow \pi^*$，这是苯环的精细结构或苯带，常用来识别芳香族化合物)。

### 4. 溶剂性质对吸收光谱的影响

用 1cm 石英比色皿，以相应的溶剂作参比液，在 200～350nm 测绘邻-羟基苯甲酸的水溶液($15mg \cdot L^{-1}$)、邻-羟基苯甲酸的正己烷溶液($15mg \cdot L^{-1}$)和邻-羟基苯甲酸的乙醇溶液($15mg \cdot L^{-1}$)的吸收光谱曲线，记录不同溶剂的邻-羟基苯甲酸的吸收光谱及实验条件，比较吸收峰的变化，了解溶剂的极性对吸收曲线的波长、强度的影响。

溶剂极性增大，$\pi \rightarrow \pi^*$ 跃迁红移，$n \rightarrow \pi^*$ 跃迁紫移(表 11-2)。

**表 11-2  溶剂的影响**

| 跃迁 | 正己烷 | 乙醇 | 水 | 极性 |
|---|---|---|---|---|
| $\pi \rightarrow \pi^*$ | | | | |
| $n \rightarrow \pi^*$ | | | | |

**五、数据处理**

(1)绘制并记录邻-羟基苯甲酸的吸收光谱曲线和实验条件，确定峰值波长并计算 $\varepsilon_{max}$，与标准邻-羟基苯甲酸参数进行比较。

(2)绘制并记录乙醇试样的吸收光谱曲线和实验条件，根据吸收光谱确定是否有苯吸收峰，记录峰值波长。

(3)记录不同溶剂的邻-羟基苯甲酸的吸收光谱及实验条件，比较吸收峰的变化，了解溶剂的极性对吸收曲线的波长、强度的影响。

**六、思考题**

(1)试样溶液浓度大小对测量有何影响？应如何调整？

(2)$\varepsilon_{max}$ 值的大小与哪些因素有关？

**七、注意事项**

(1)要遵守紫外-可见分光光度计的操作规则。

(2)注意保护吸收池的窗面透明度，防止被硬物划伤。拿取时，手指应捏住池的毛面，以免沾污或磨损光面。

(3)关闭电源后 5min 之内不要重新开启仪器，频繁开启仪器会损伤光源。

实验 22　紫外分光光度法测定维生素 C 的含量

**一、实验目的**

(1)学习维生素 C 溶液的配制方法。

(2)学习利用紫外分光光度法测定维生素 C 含量的方法。

(3)熟悉紫外分光光度法的基本操作及数据处理方法。

**二、实验原理**

维生素 C(2，3，5，6-四羟基-2-己烯酸-4-内酯)又称抗坏血酸，是一种含有 6 个碳原子的酸性多羟基化合物，分子式为 $C_6H_8O_6$，相对分子质量为 176.1。为白色或略带浅黄色的结晶或粉末，无臭，味酸，在酸性环境中稳定，空气中氧、热、光、碱性物质可促进其氧化破坏。在干燥空气中比较稳定，其水溶液不稳定，尤其在中性或碱性溶液中很快被氧化，是强还原剂。可在 pH=5～6 及 EDTA 存在的溶液中稳定存在，测定其含量的方法有多种。本实验以含有 EDTA 的乙酸-乙酸钠缓冲溶液(pH=6)为溶剂，采用紫外分光光度法测定维生素 C 的含量。

**三、主要仪器和试剂**

1. 仪器

Lambda 35 紫外-可见分光光度计(或 U-3900H 紫外-可见分光光度计)，石英比色皿(1cm)，容量瓶(50mL、100mL、1000mL)，移液管(10mL、25mL)，洗耳球，分析天平，烧杯(50mL)，研钵，镜头纸。

2. 试剂

维生素 C(分析纯)，市售维生素 C 药片，乙酸(分析纯)，无水乙酸钠(分析纯)，EDTA(分析纯)。

## 四、实验步骤

1. 试剂的配制

(1)乙酸钠·乙酸-EDTA 溶液配制：称取无水乙酸钠 10g，用水溶解于 50mL 烧杯，移取 6mol·L$^{-1}$乙酸 8mL 和 0.05mol·L$^{-1}$ EDTA 2mL，转移至 1000mL 容量瓶中，用纯水稀释至刻度，摇匀备用。

(2)维生素C储备液(500mg·L$^{-1}$)：准确称取维生素C基准品 0.0500g，用乙酸钠-乙酸-EDTA 溶液溶解后转移至 100mL 容量瓶中，稀释至刻度，摇匀备用。

(3)维生素 C 标准溶液(50mg·L$^{-1}$)：用移液管准确移取上述 500mg·L$^{-1}$维生素 C 储备液 10.00mL 转移至 100mL 容量瓶中，用乙酸钠-乙酸-EDTA 溶液稀释至刻度，摇匀备用。

(4)市售维生素 C 试样储备液(400mg·L$^{-1}$)：准确称取市售维生素 C 药片 0.0400g，用乙酸钠-乙酸-EDTA 溶液溶解后转移至 100mL 容量瓶中，稀释至刻度，摇匀备用(市售维生素 C 药片需研细)。

(5)市售维生素 C 试样溶液(40mg·L$^{-1}$)：用移液管准确移取上述 400mg·L$^{-1}$市售维生素 C 试样储备液 10.00mL 转移至 100mL 容量瓶中，用乙酸钠-乙酸-EDTA 溶液稀释至刻度，摇匀备用。

(6)配制系列标准溶液：在 6 个 50mL 容量瓶中，用移液管分别加入 0.00mL、2.00mL、4.00mL、6.00mL、8.00mL、10.00mL 50mg·L$^{-1}$维生素 C 标准溶液，用乙酸钠-乙酸-EDTA 溶液稀释至刻度，摇匀备用。

(7)配制待测溶液：在 1 个 50mL 容量瓶中，用移液管加入 10.00mL 40mg·L$^{-1}$市售维生素 C 试样溶液，用乙酸钠-乙酸-EDTA 溶液稀释至刻度，摇匀备用。

2. 吸收曲线的绘制

用 1cm 石英比色皿，以乙酸钠-乙酸-EDTA 溶液为参比，测定系列标准溶液中的第 5 号溶液(8.00mL 的标准溶液)在 230～310nm 的吸光度，以波长为横坐标，吸光度为纵坐标绘制吸收曲线，找出最大吸收波长。

3. 标准曲线的绘制

用 1cm 石英比色皿，以乙酸钠-乙酸-EDTA 溶液为参比，在最大吸收波长下分别测定系列标准溶液的吸光度，以浓度为横坐标，吸光度为纵坐标绘制标准曲线。

4. 待测溶液的测定

用 1cm 石英比色皿，以乙酸钠-乙酸-EDTA 溶液为参比，在最大吸收波长下测定待测试样溶液的吸光度。

## 五、数据处理

(1)以波长为横坐标，吸光度为纵坐标绘制吸收曲线，找出最大吸收波长。

(2)以浓度为横坐标，吸光度为纵坐标绘制标准曲线。

(3)根据待测溶液吸光度求出其浓度，并计算出市售维生素 C 药片中维生素 C 的含量。

## 六、思考题

(1)配制维生素 C 储备液应注意什么问题？

(2)简述分光光度法测定中的一般步骤。

(3)本实验为什么要用石英比色皿？

## 七、注意事项

(1)要遵守紫外-可见分光光度计的操作规则。

(2)按溶液浓度由低到高进行测定，减小误差。

(3)注意保护吸收池的窗面透明度，防止被硬物划伤。拿取时，手指应捏住池的毛面，以免沾污或磨损光面。

(4)一般供试品溶液的吸光度读数以在 0.3～0.7 时的误差较小。

(5)关闭电源后 5min 之内不要重新开启仪器，频繁开启仪器会损伤光源。

# 11.4　U-3900H 紫外-可见分光光度计操作规程

## 11.4.1　仪器简介

U-3900H 紫外-可见分光光度计可满足各种分析需求，分析对象可为固体或液体材料。该型号仪器应用范围广，主要应用于水质、环境、生物技术、制药、材料等领域的分析检测。

特点：低散射光和低噪声，可测量的吸光度范围宽；采用碘钨灯(可见光区)和氘灯(紫外区)作为光源，可根据检测需要转换波长；双光束系统将单色光分离，单色器的单色光被扇形旋转镜分成参考光束和样品光束直接进入样品仓；U-3900H 使用的 UV Solutions 程序(需连接计算机)可以轻松控制设备，支持各种定量分析功能；具备液体和固体样品检测的多种配件；装有像差校正凹面光栅；双单色系统。

主要技术指标：光谱范围为 190～900nm；更宽的吸光度测试范围为-5.5～5.5Abs；杂散光为 0.015%；波长精度为 0.1nm；可变狭缝为 0.1nm、0.5nm、1nm、2nm、4nm、5nm。

## 11.4.2　仪器结构和类型

1. 仪器结构

(1)辐射源：卤钨灯(波长范围 350～2500nm)，氘灯(波长范围 180～460nm)。

(2)单色器：由入射狭缝、出射狭缝、透镜系统和色散元件(棱镜或光栅)组成，是产生高纯度单色光束的装置，其功能包括将光源产生的复合光分解为单色光和分出所需的单色光束。

(3)试样容器：又称吸收池，供盛放试液进行吸光度测量，分为石英池和玻璃池两种，前者适用于紫外到可见光区，后者只适用于可见光区。容器的光程一般为 0.5～10cm。

（4）检测器：又称光电转换器，常用的有光电管或光电倍增管，后者较前者更灵敏，特别适用于检测较弱的辐射。

（5）显示装置。

仪器光路示意图如图 11-2 所示。

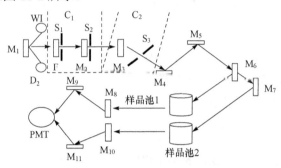

图 11-2　仪器光路示意图

WI. 碘钨灯；$D_2$. 氘灯；C. 单色器；F. 滤光器；S. 狭缝；

M. 光学镜(光栅、平面镜、聚光镜、反射镜、旋转镜)；PMT. 光电倍增管

**2. 仪器类型**

仪器类型有单波长单光束分光光度计、单波长双光束分光光度计和双波长双光束分光光度计。

### 11.4.3　操作规程

**1. 开机**

（1）打开稳压电源

（2）打开光谱仪电源，稳定约 5min，等待仪器自检和稳定。

（3）打开计算机电源，双击桌面上 图标，仪器主机开始初始化。初始化完毕，进入工作状态。

**2. 运行**

1）波长扫描

操作流程如图 11-3 所示。

（1）启动软件，在"Edit"下拉菜单中选择"Method…"选项，或点击右侧 按钮。

（2）测量参数设置。

设置窗口由 5 个页面组成，分别是：General（总体）；Instrument（仪器条件）；Monitor（模拟监视）；Processing（数据处理）；Report（报告格式）。

（a）General 总体设置页面。Operator（操作者名）；Comments（注释说明）；Measurement（测量方式）选择 Wavelength scan（波长扫描）。

（b）Instrument 仪器条件设置页面。Data mode（数据方式）：选用 Abs 吸光度；Start /End

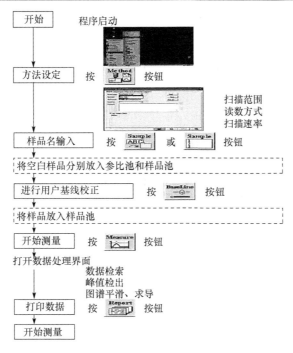

图 11-3　波长扫描操作流程

wavelength（波长扫描起始值/终止值）；Scan speed（波长扫描速率）；Response（响应速率）；Baseline（使用基线）；Replicates（样品的测量重复次数）；Path length（设置所用样品的光程）：即比色皿的长度；Slit（狭缝宽度）。

（c）Monitor 模拟监视设置页面。$Y$-Axis：Max/Min（设置纵坐标显示最大/小值）；Overlay（在测量窗口显示组合图谱）。

（d）Processing 数据处理设置页面。Peak Finding（光谱峰的找寻方法）。

（e）Report 报告格式设置页面。Output（输出方式选项）：选择 Use Microsoft（R）Excel 将结果以 Microsoft（R）Excel 文件格式保存。

所有页面设置完成后，点击确定，测量参数设置完成。

（3）样品名设置，备注信息及文件名输入。

点击屏幕右侧按钮 进入设置页面。在 Sample 中输入样品名称；在 Destination 中输入所需保存的文件名及保存路径。

（4）基线校正。

用户基线校正方法。打开仪器样品池外盖，样品池（样品光路 S）和参比池（参比光路 R）中均放空白对照液，关上样品室门。点击 按钮。选择 User 1 或 User 2 后按"OK"按钮，进行用户基线校正。

（5）测量。

有两种方法可以开始测量：使用菜单方式选择"Spectrophotometer"菜单下"Start"选项开始测量或使用按钮方式点击 按钮开始测量，终止扫描点击 按钮。在数据窗口中显示扫描图谱和峰值数据。

（6）数据处理：将所得数据在计算机中处理。

（7）数据打印。

选择"File"文件菜单中的"Print…"选项或点击 🖨 按钮开始打印。

2）固定波长测量（定量测定）

操作流程如图11-4所示。

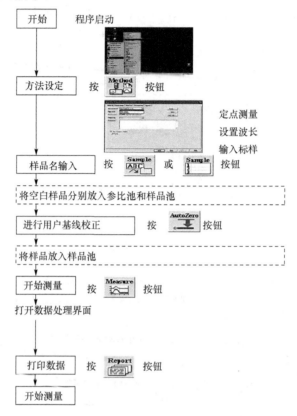

图 11-4　固定波长测量操作流程

（1）启动软件，在 Measurement 中选择 Photometry（固定波长测量）。

（2）测量参数设置。

出现 6 张重叠的测量条件菜单，分别是：General（总体）；Quantitation（定量条件）；Instrument（仪器条件）；Standards（标准菜单）；Monitor（模拟监视）；Report（报告格式）。

（a）General 总体设置页面。Measurement（测量方式）选择 Photometry（固定波长测量）。其他设置同波长扫描。

（b）Quantitation 定量条件设置页面。Measurement type（测量类型）选择 Wavelength（指定波长）；Calibration（曲线校正类型）；Number of（波长数）；Concentration（浓度单位）；Conc Digits（有效小数位数）；Force curve through zero（强制曲线通过零点）。

（c）Instrument 仪器条件设置页面。Wavelength（1～6）（波长值），根据上项内容的波长数设定波长值。其他同波长扫描。

（d）Standards 标准菜单设置页面。Number of（标样个数）；Standard name（标样品名）；Concentration（浓度）；Comments（标样注释）。

(e) Monitor 模拟监视设置页面。与前项波长扫描相同。

(f) Report 报告格式设置页面。与前项波长扫描相同。

所有页面设置完成后，点击确定，测量参数设置完成。

(3) 样品名设置，备注信息及文件名输入(方法同波长扫描)。

(4) 基线校正(方法同波长扫描)。

(5) 测量。

上述内容全部设定后点击"OK"确认，屏幕显示出一个四等份测量画面。

每放入一个标准样品后，点击屏幕右侧 ⊠ 快捷框实施测量，直至全部标样依次测完。最后显示一条完整的工作曲线。

每放入一个未知样品后点击屏幕左下方 ⊡ 框或按键盘上的 F4 键进行测量，直至全部样品测完。

最后点击屏幕下方的 ⊡ 框或键盘上的 F9 键结束全部测量。

(6) 数据处理：将所得数据在计算机中处理。

(7) 数据打印(方法同波长扫描)。

### 3. 关机

测试完成后，取出样品池，使用完毕后，按以下步骤退出 UV Solution 软件，并关闭仪器。

选中"File"菜单中"Exit"选项。选好选项点击"Yes"按钮，退出 UV Solution 软件。关闭仪器主机电源。根据计算机操作系统的要求及步骤关闭计算机。关闭打印机。

### 11.4.4　仪器相关设置介绍

#### 1. 软件预设运行

运行以下几类实验：Wavelength scan(波长扫描)；Time scan(时间扫描)；Photometry(固定波长测量)等。

#### 2. 设置参数

设置窗口由以下页面组成：General(总体)；Instrument(仪器条件)；Monitor(模拟监视)；Processing(数据处理)；Report(报告格式)；Quantitation(定量条件)；Standards(标准菜单)。

1) General 总体设置页面

Measurement(测量方式)： Wavelength scan(波长扫描)； Time scan(时间扫描)；Photometry(固定波长测量)。

Operator(操作者名)：输入操作者姓名；Instrument(仪器类型)：仪器型号由软件自动从仪器主机获得；Sampling(进样器)；Comments(注释说明)：填写一些备注信息；Accessory(附件注释)；Option(附属品选择)；Use Sample Table(样品表)：选择是否使用样品表；"Load"按钮：装载保存的方法；"Save"按钮：保存当前参数；"Save As"按钮：当前设置参数另存。

2) Instrument 仪器条件设置页面

Data mode(数据方式)：$T\%$(透过率)，ABS(吸光度)，$E_s$(样品侧单光束能量)，$E_R$(参比侧单光束能量)，$R\%$(反射率)。

Start wavelength(起始波长)；End wavelength(终止波长)；Scan speed(扫描速率)：通过下拉式选项框进行选择，11 挡任选；High(高分辨率)：一般选择 OFF；Baseline correction(基线校正)：System(系统基线校正)，User(两条用户基线校正)，None(不使用基线)；Delay(延迟时间)；Cycle time(循环周期)：在重复测量时，两次测量的间隔设定范围为 0.1～99min；Auto Zero before each run：选定后每次测量前在指定的波长处自动调零；UV Scan speed change function：选定后则单独设定仅在紫外区的扫描切换波长和扫描速率；Lamp change mode(光源转换模式)：Auto(在 340nm 处自动切换)，D2 only(仅用氘灯)，WI only(仅用钨灯)；Lamp change(光源转换点)：可延伸光源应用区域，设定范围为 325～370nm；WI Lamp(钨灯开关)；D2 Lamp(氘灯开关)；Slit width(狭缝宽度)，六挡可设定；PMT Mode(光电管电压模式)：Auto(自动)，Fixed(固定)；PMT Voltage(光电管高压)；Integration(积分时间)(0.5～10s)；Replicates(重复次数)，设置样品的重复测量次数；Wavelength(1～6)(波长数目)用于根据设置的波长不同输入 1～6 个波长值；Path correct(光程校正)：决定是否需要光程校正；Path length(光路长度)：仅对吸光度方式有效。

3) Monitor 模拟监视设置页面

Y-axis Max(纵轴最大标尺)；Y-axis Min(纵轴最小标尺)；Open data processing window after acquisition(测量后打开数据处理窗口)；Print report after acquisition(测量后自动打印报告)；Overlay(连续测量的图谱叠加)。

4) Processing 数据处理设置页面

Average Replicates(平均值)：当使用重复测量时，是否将测量结果进行平均；Processing choices(处理方法选择)：Savitsky-Golay smoothing(自动平滑方式)，Mean smoothing(平均平滑方式)，Median smoothing(中间平滑方式)；Derivative(微分方式)；Processing(数据处理步骤)；Peak Finding(光谱峰的找寻方法)；Integrating(积分方式)：Rectangular(矩形)，Trapezoid(梯形)，Romberg(罗伯格形)；Threshold(阈值)：将小于设定值的峰舍去，设定范围 0.0001～4.000；Sensitivity(灵敏度)：有四挡可选，一般选 1。

5) Report 报告格式设置页面

Output(输出方式选项)：Report output(打印输出方式)；Use Microsoft(R)Excel[将结果以 Microsoft(R)Excel 文件格式保存]；Use print generator sheet(使用特殊的表格方式打印)；Orientation(打印方向)：选择横向打印或纵向打印；Printing transferring items(打印选项)；Include data(打印数据)，Include method(打印方法参数)；Include option parameter(打印选项参数)，Include graph(打印图谱)，Include peak table(打印峰值列表)，Peak WL/Peak data(峰值波长及数据列表打印)，Start WL/End WL(扫描起始/结束波长打印)，Valley WL/Valley data(谷值波长及数据列表打印)，Peak Area(峰面积打印)；Include data listing(打印数据列表)：Constant(固定间隔)：软件将根据所设定的波长范围及间隔，打印测量数据点；Select data(选择指定的数据点)：软件提供用户指定打印所测量数据点，用户最多可指定 12 点；Printer font(打印机字体)。

6) Quantitation 定量条件设置页面

Measurement type(测量类型)：Peak area(峰面积)，Peak height(峰高)，Derivative(微分)，Ratio(峰比测定)。

Calibration type(曲线校正类型)：1st order(一次线性方程)，2nd order(二次曲线方程)，

3rd order(三次曲线方程)，Segmented(折线)。

Number of(波长数)：可设定六个波长；Concentration(浓度单位)；Conc Digits(有效小数位数)；Manual calibration(系数输入)：当已知回归曲线参数时，可以直接输入回归曲线的参数；Force curve through zero(强制曲线通过零点)；Lower concentration(标尺下限范围)；Upper concentration(标尺上限范围)。

7) Standards 标准菜单设置页面

No.(序号)；Name(标样品名)；Comments(标样注释)；Concentration(浓度)；Insert command(插入)；Delete command(删除)；Number of(标样个数)；Update(更新)：当对标准样品表中的栏目进行过修改后，使用"Update"按钮进行数据更新。

### 11.4.5　仪器维护

(1)紫外-可见分光光度计属大型精密仪器，必须由专人管理和使用，未经管理人员同意，不得随意操作，要遵守分光光度计的操作规则。

(2)温度和湿度是影响仪器性能的重要因素。应具备四季恒湿的仪器室，配置恒温设备，特别是南方地区的实验室。

(3)注意保护比色皿的窗面透明度，防止被硬物划伤。拿取时，手指应捏住比色皿的毛面，以免沾污或磨损光面。易挥发、具有腐蚀性的样品，对主机内塑料或石英池有溶解作用的样品等应尽量少测或不测。

(4)环境中的尘埃和腐蚀性气体会影响机械系统的灵活性，降低各种限位开关、按键、光电耦合器的可靠性，也是造成光学部件铝膜锈蚀的原因之一。因此，必须定期清洁，保证环境和仪器室内卫生条件，防尘。

(5)测定完毕时，关闭所有电源开关，并做好仪器使用登记整理和清洁工作。检查安全后方可离开实验室。

### 11.4.6　仪器使用注意事项

(1)定量操作(标准曲线制作、未知液测定)时应保持仪器参数设置一致。

(2)在比色皿中倒入溶液前，应先用该溶液淋洗内壁三次。倒入量不可过多，以比色皿高度的 4/5 为宜。

(3)按溶液浓度由低到高进行测定，减小误差。

### 11.4.7　仪器简易操作规程

1. 开机

开启稳压电源。开启计算机。开启仪器电源。

2. 运行

(1)双击桌面图标"FL Solutions"。打开运行软件，初始化。预热 15～20min。

(2)点击右上角"Method"，在界面中设置方法及参数。

(a)测量模式的选择：在 General 总体设置页面中 Measurement(测量方式)下选择 Wavelength scan(波长扫描)或 Photometry(固定波长测量)。

(b)在 Instrument 仪器条件设置页面中设置仪器参数及扫描参数。

Data mode（数据方式）；Start /End wavelength（起始/终止波长）；Scan speed（扫描速率）；Baseline correction（基线校正）；Slit width（狭缝宽度）；PMT Voltage（光电管高压）。

(c)设置纵轴范围、数据显示、报告等其他页面参数。设置完成点击确定。

(d)Monitor 模拟监视设置页面：Y-axis Max /Min（纵轴最大/最小标尺）。

(3)点击侧边 "Sample" 按钮，输入样品名称，存储路径及文件名。

(4)打开盖子，放入待测样品后，盖上盖子（请勿用力）。

(5)预扫：点击扫描界面右侧 "PreScan" 预扫按钮。

(6)扫描：点击扫描界面右侧 "Measure"（或快捷键 F4）。

3. 关机

逆开机顺序实施操作。

# 11.5　Lambda 35 紫外-可见分光光度计操作规程

## 11.5.1　仪器简介

Lambda 35 紫外-可见分光光度计是完全计算机控制的双光束紫外-可见分光光度计。整机及光学系统采用宇航技术的硬件，可移动部件少，采用预校准并可自动切换的碘钨灯与氘灯，稳定性好、基线平直度高、杂散光低，配置 UV WinlabTM 操作软件包，可进行波长扫描、时间驱动、波长编程、浓度测定及方法储存等，以及多种生化方法程序等。

主要技术指标：光谱范围为 190～1100nm；带宽为 1nm；杂散光小于 0.01% $T$；波长精度为 0.1nm；可变狭缝为 0.5nm、1.0nm、2.0nm、4.0nm。

主要用途：其应用广泛，不仅可进行定量分析，还可利用吸收峰的特性进行定性分析和简单的结构分析，同时还可测定一些平衡常数、配合物配位比等，对于常量、微量、多组分都可测定。广泛应用于冶金、地质、机械制造、环境保护、生物化学、医学卫生、临床检验、食品卫生、药品检验、农业化学等领域。

## 11.5.2　仪器结构

(1)光源：光源的作用是提供辐射-连续复合光。可见光区：碘钨灯 320～1100nm；发射强度大、使用寿命长。紫外光区：氘灯 180～375nm。

(2)单色器：单色器是从连续光谱中获得所需单色光的装置。常用的有棱镜和光栅两种单色器。

(3)吸收池：吸收池是用于盛放溶液并提供一定吸光厚度的器皿。它由玻璃或石英制成。玻璃吸收池只能用于可见光区。最常用的吸收池厚度为 1cm。

(4)检测器：检测器的作用是检测光信号。常用的检测器有光电管和光电倍增管。

(5)数据记录处理系统。

仪器光路示意图如图 11-5 所示。

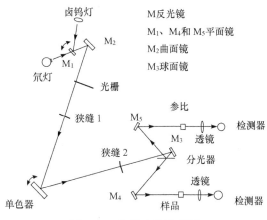

图 11-5　仪器光路示意图

### 11.5.3　操作规程

1. 开机

(1)打开稳压电源。打开光度计电源,稳定约 5min,等待仪器自检和稳定。

(2)打开计算机电源,启动计算机,双击桌面上 ▨ 图标,进入方法设置界面。Lambda 35 紫外-可见分光光度计操作流程如图 11-6 所示。

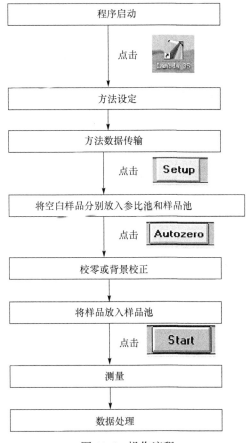

图 11-6　操作流程

2. 运行

1）选择实验方法

方法：在分析中必须对分光光度计设定一些必要的参数，这些参数的组合就形成一个"方法"。Lambda 系列 UV WinLab 软件预设运行以下几类实验：Scan（波长扫描）扫描范围 200～1100nm；Time drive（时间驱动）在固定波长下进行时间扫描；Wavelength quant（波长定量）等。

进入方法选择：①在下拉菜单中"File"选择 Open 打开所需的方法文件名；②在下拉菜单中"Application"打开所需要的实验方法；③在方法窗口中选所需的方法文件名，点击打开（该方法为以前保存的方法）；④在工具条（快捷方式）中选实验方法。进入该实验方法，设置测试参数。一般选用②或③。

2）光谱扫描

（1）选择进入 Scan（波长扫描）方法。

设置窗口由以下页面组成，分别是：Scan（波长条件）；Inst（仪器条件）；Sample（样品文件）。可用光标点击下方的页标而选择。

（2）在第一页 Scan 中设置扫描参数：起始波长（Start wavelength）；终止波长（End wavelength）；吸光度范围（Ordinate min-max，一般是 0～1）；数据间隔（Data interval）；重复次数（Number of cycles）等。

（3）在第二页 Inst 中设置仪器参数：测光方式（Ordinate mode，一般为 A）；扫描速率（Scan speed）；光源灯开关（Lamp UV 和 LampVis）；狭缝选择（Sit）；平滑度选择（Smooth）。

（4）在第三页 Sample 中设置样品有关参数、样品文件名（Result file name）及添加样品信息。

（5）完成以上参数后，如需保存方法则点击主菜单"File"项下"Save as"保存方法。设置参数完毕后点击工具栏中 Setup 保存设置。

（6）调零：打开仪器样品池外盖，样品池（S）和参比池（R）中均放空白对照液，关上样品室门。点击工具栏中 Autozero ，将弹出一个小窗口提示放空白样品。然后点击"确定"。基线扫描 1～2min。

（7）样品测试：校正完成后内侧放置参比，外侧（靠近操作者）放置样品，盖好外盖，点击 Start ，点击"确定"，进行样品光谱扫描。若有多个样品，重复上述操作即可。

（8）谱图数据处理：测试完成后，右键单击谱图左下角的样品名称，选择文件类型保存文件。也可选用导出数据于 Excel 中进行处理。将光标放在曲线上右击即可对谱图进行编辑，如标峰、保存等。将光标放在曲线以外的空白处，点击右键，可在谱图上增加标记、图片及打印谱图。

（9）标峰：在光谱图主菜单"Date handling"选择"Peak"或点击工具栏 ，出现以下选择框，按需要填入波长起始、终止值，选择需要标注内容（Peak 波峰、Base 波谷），点击"OK"。显示出光谱的峰值或谷值，选中可直接复制到其他文档。

（10）导出数据：单击主菜单"Date handling"选择"List"。按需要选出选项，并填入波长范围，输出数据方式一般选择"excel.Ltx"，点击"OK"，显示光谱谱图峰值数据表，选中可直接复制到其他文档，在计算机中处理数据。

3）固定波长测定（定量测定）

（1）选择进入 Wavelength quant（波长定量）方法或点击 。

设置窗口由以下页面组成：Wavep（波长编程）；Inst（仪器条件）；Sample（样品文件）。可用光标点击下方的页标而选择。

(2) 在第一页 Wavep 中设置扫描参数：设置波长数目（Number of wavelength）；输入所需的波长、扫描次数（Number of cycles）等。

(3) 在第二页 Inst 中设置仪器参数，设置方法同光谱扫描。

(4) 在第三页 Sample 中设置：样品有关参数、样品文件名（Result Filename）及添加样品信息，设置方法同光谱扫描。

(5) 完成以上参数后，点击主菜单"File"项下"Save as"保存方法。设置参数完毕后点击工具栏中 $\boxed{\text{Setup}}$ 保存设置。

(6) 调零：操作同光谱扫描。

(7) 样品测试：操作同光谱扫描。

若有多个样品，重复上述操作即可。扫描结束后，在子窗口中生成数据。

(8) 谱图数据处理：测试完成后，将所得数据在计算机中处理。

4) Time drive 时间驱动（在固定波长下进行时间扫描）

（略）

### 3. 关机

测试完成后，取出样品池，关闭计算机、仪器、电源，清理实验现场，保持样品池、样品架、前表面附件的清洁。在仪器使用登记本上进行登记。

#### 11.5.4　仪器相关设置介绍

#### 1. 软件预设运行

运行以下几类实验：Scan（波长扫描）；Time drive（时间驱动）；Wavelength quant（波长定量）等。

#### 2. 设置参数

设置窗口由以下页面组成：Scan（波长条件）；Inst（仪器条件）；Sample（样品文件）。

1) Scan（波长条件）

Start wavelength（起始波长）；End wavelength（终止波长）；Ordinate min、Ordinate max（吸光度范围，一般是 0～1）；Data interval（数据间隔），一般根据数据所需选择 1；Number of cycles（重复次数）。

2) Inst（仪器条件）

Ordinate mode（测光方式），一般选 $A$（吸光度）；Scan speed（扫描速率），一般选 480；Lamp UV 和 LampVis（光源灯开关），用什么灯开什么灯，UV 表示紫外，Vis 表示可见；Sit（狭缝选择）；一般选 1，和数据间隔保持一致；Smooth（平滑度选择），自动平滑为 0。

3) Sample（样品文件）

Result file name（样品文件名）；Number of samples（样品数量）；Sample identity（样品代号）；Sample info（样品说明）。

4）Wavep（波长编程）

Number of wavelength（波长数目）；输入所需的波长；扫描次数（Number of cycles）。

5）标峰

Threshold（精细度）；Absclassa stat、Absclassa end（波长范围）；Peak /Base/ Both（波峰/波谷/两者）。

### 11.5.5　仪器简易操作规程

1. 开机

依次开启稳压电源、仪器电源、计算机。

2. 运行

（1）双击桌面图标"Lambda 35"打开运行软件。初始化，预热 15～20min。

（2）在界面中设置方法及参数。

（a）测量模式的选择：Scan（波长扫描）（扫描范围 200～1100nm）；Wavelength quant（波长定量）。

（b）在第一页 Scan 中设置扫描参数：起始/终止波长（Start/ End wavelength）；吸光度范围（Ordinate min-max，一般是 0～1）。

（c）在第二页 Inst 中设置仪器参数：测光方式（Ordinate mode，一般为 A）；扫描速率（Scan speed）；狭缝选择（Sit）；平滑度选择（Smooth）。

（d）在第三页 Sample 中设置样品有关参数。

（3）设置参数完毕后点击工具栏中"Setup"保存设置。

（4）调零：打开仪器样品池外盖，样品池（S）和参比池（R）中均放空白对照液，关上样品室门。点击工具栏中"Autozero"进行校零。

（5）样品测试：校正完成后内侧放置参比，外侧（靠近操作者）放置样品，点击"Start"进行测定。

（6）谱图数据处理：测试完成后，右键单击谱图左下角的样品名称，选择文件类型保存文件。也可选用导出数据于 Excel 中进行处理。导出数据：单击主菜单"Date handling"选择"List"。按需要选出选项，并填入波长范围，点击"OK"，显示光谱谱图峰值表。选中可直接复制到其他文档。

3. 关机

逆开机顺序实施操作。

# 第12章 红外吸收光谱法

红外吸收光谱(infrared absorption spectroscopy, IR)又称分子振动转动光谱,主要用于分子结构的基础研究和物质化学组成的分析。测定的基本方法是用一定频率的红外光照射分子时,如果分子中某一个基团的振动频率和红外光的频率一样,二者就会产生共振,光的能量通过分子偶极矩的变化传递给分子,这个基团吸收红外光而增加了能量,产生振动跃迁;如果分子中没有同样频率的振动,红外光就不会被吸收。因此,用连续改变频率的红外光照射样品,则通过样品的红外光的部分能量被吸收,而使有些区域的光吸收较多,有些区域光吸收较少,将分子吸收红外光的情况用仪器记录,即得到该样品的红外吸收光谱图,如图 12-1所示。

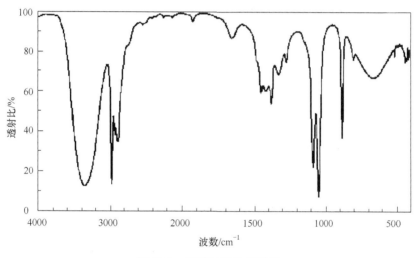

图 12-1  乙醇的红外光谱图

## 12.1  基 本 原 理

红外光谱是由于分子振动能级的跃迁(同时伴随转动能级跃迁)而产生的。

分子要产生红外吸收作用,必须满足两个条件:①辐射能必须与分子的激发态和基态之间的能量差相当,这样辐射能才会被分子吸收,用来增强它的自然振动;②分子的振动必须引起分子偶极矩的净变化。

红外光谱中的常用术语简介如下。

(1)伸缩振动和变形振动。

分子的振动可分为伸缩振动和变形振动两大类。沿着原子之间连接方向发生的振动,即键角不变、键长改变的振动称为伸缩振动,伸缩振动又分为对称伸缩振动和不对称伸缩振动。变形振动是改变键角的振动。一般来说,键长的改变比键角的改变需要更大的能量,因此伸缩振动出现在高频区，而变形振动出现在低频区。

（2）波数和波长。

波数是指每厘米所含光波的数目，符号为$\sigma$，单位为 $cm^{-1}$。波长是指光波的运动中，两个相邻的波峰（或波谷）之间的直线距离，符号为$\lambda$，单位为$\mu m$。波数是波长的倒数，二者的关系为

$$\sigma/cm^{-1} = \frac{10000}{\lambda/\mu m}$$

## 12.2　红外光谱仪

目前使用的红外光谱仪主要有色散型红外光谱仪和傅里叶变换红外光谱仪。色散型红外光谱仪以棱镜或光栅作为单色器，由于采用了狭缝，这类色散型红外光谱仪的能量受到严格限制，扫描速率慢，且灵敏度、分辨率和准确度都较低。傅里叶变换红外光谱仪没有色散元件，主要由光源、迈克耳孙干涉仪、检测器和计算机等组成，具有分辨率很高、波数精度高、扫描速率极快、光谱范围宽、灵敏度高等优点。

### 12.2.1　色散型红外光谱仪

色散型红外光谱仪的工作原理如图 12-2 所示，从光源发出的红外辐射被均匀地分为两束，一束通过样品池，另一束通过参比池，然后进入单色器。在单色器内先通过以一定频率转动的扇形镜（切光器），其作用与其他双光束光度计一样，即周期性地切割两束光，使试样光束和参比光束交替地进入单色器中的色散棱镜或光栅，最后进入检测器。随着扇形镜的转动，检测器交替地接受这两束光。假定从单色器发出的为某波数的单色光，而该单色光不被试样吸收，此时两束光的强度相等，检测器不产生交流信号；改变波数，若试样对该波数的光产生吸收，则两束光的强度有差异，此时就在检测器上产生一定频率的交流信号。此信号通过交流放大器放大，即可通过伺服系统驱动参比光路上的光学衰减器（光楔）进行补偿，减弱参比光路的光强，使投射在检测器上的光强等于试样光路的光强。试样对各种不同波数的红外辐射的吸收不同，参比光路上的光楔也相应地按比例移动进行补偿。记录笔与光楔同步，因而随着光楔部位的改变，记录笔在记录纸上描绘出红外吸收光谱图。

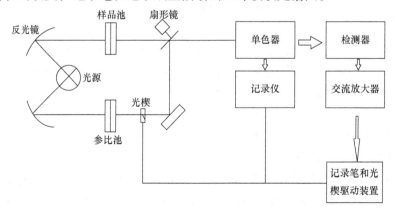

图 12-2　色散型红外光谱仪的工作原理

色散型红外光谱仪主要由光源、单色器和检测器等部件构成。

(1)光源:常用的光源有能斯特灯和硅碳棒两种,它们都能够发射高强度连续波长的红外光。

(2)单色器:单色器由光栅、准直镜和狭缝组成,它的作用是把通过样品池和参比池而进入入射狭缝的复色光分成单色光投射到检测器上。

(3)检测器:其检测原理是利用照射在它上面的红外光产生热效应,再转变成电信号进行检测。常用的红外检测器有真空热电偶、热释电检测器和 MCT 检测器等。

### 12.2.2 傅里叶变换红外光谱仪

新一代红外光谱测量技术及仪器——傅里叶变换红外光谱仪(fourier transform infrared spectrophotometer, FTIR)出现在 20 世纪 70 年代。它没有色散元件,主要由光源、迈克耳孙干涉仪、检测器和计算机等组成。具有分辨率很高、波数精度高、扫描速率极快、光谱范围宽、灵敏度高等优点。其工作原理如图 12-3 所示,光源发出的红外光经过迈克耳孙干涉仪转变成干涉光,通过试样后得到含试样信息的干涉图,被计算机采集后经过快速傅里叶变换,得到相应的红外光谱图。

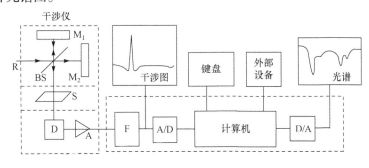

图 12-3 傅里叶变换红外光谱仪的工作原理

R. 红外光源;$M_1$. 定镜;$M_2$. 动镜;BS. 光束分裂器;S. 试样;D. 检测器;A. 放大器;

F. 滤光器;A/D. 模/数转换器;D/A. 数/模转换器

傅里叶变换红外光谱仪的核心部件是迈克耳孙干涉仪,图 12-4 是其光学示意图及工作原理。图中 $M_1$ 和 $M_2$ 为两块平面镜,它们相互垂直放置,$M_1$ 固定不动,称为定镜,$M_2$ 则可以沿图示方向作微小移动,称为动镜。在 $M_1$ 和 $M_2$ 之间放置一块呈 45°的半透膜光束分裂器 BS,可使 50%的入射光透过,其余部分被反射。当光源发出的入射光进入干涉仪后就被光束分裂器分成两束光——透射光Ⅰ和反射光Ⅱ,其中透射光Ⅰ穿过 BS 被动镜 $M_2$ 反射,沿原路回到 BS 并被反射到达检测器 D,反射光Ⅱ则由定镜 $M_1$ 沿原路反射回来通过 BS 到达 D。工作时,动镜匀速运动,造成透射光Ⅰ和反射光Ⅱ的光程差不断改变,产生了相长干涉和相消干涉,干涉光经过样品后某些频率的光被吸收,就产生了含有样品信息的干涉图,再经过计算机用傅里叶逆变换获得红外光谱图。

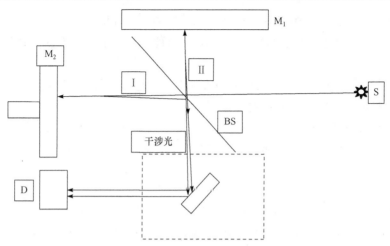

图 12-4　迈克耳孙干涉仪光学示意图及工作原理
S. 红外光源；$M_1$. 定镜；$M_2$. 动镜；BS. 光束分裂器；D. 检测器

## 12.3　试样的制备

### 12.3.1　试样要求

(1)试样的浓度和测试厚度应选择适当，以使光谱图中大多数吸收峰的透射比为 15%～70%。

(2)试样不应含有游离水。

(3)试样应该是单一组分的纯物质。

### 12.3.2　试样的制备

(1)气体样品。

采用气体池进行测量，在使用气体样品池前，首先将样品池中抽至一定真空，以除去其中的空气，然后在样品池中充入待测气体样品。

(2)液体样品。

可滴加样品在两片盐片之间，使其成为一极薄的液膜，用于测定；也可以将液体直接放入样品池中进行测定。样品池有可拆样品池和不可拆样品池之分，主要依据样品的挥发难易程度选择。

(3)固体样品。

制备固体样品有三种方法。第一种是石蜡油或氟油研糊法，即将 1～3mg 固体与一滴石蜡油或氟油放在玛瑙研钵中研磨成糊状，然后把糊状物夹在两盐片之间，放在样品池中进行测定。第二种是卤化物压片法，将 1mg 样品与约 200mg 溴化钾研细后放在压片模具中，加压制成含有分散样品的卤盐薄片，这样可以得到没有杂质吸收的红外光谱，但溴化钾易吸水，须在红外灯下操作。第三种是薄膜法，是将固体样品制成薄膜后再测定。

# 12.4　实　验　部　分

## 实验 23　溴化钾压片法测绘苯甲酸的红外吸收光谱

### 一、实验目的

(1)学习用红外吸收光谱法进行化合物定性分析的方法。

(2)熟悉并掌握溴化钾压片法制作固体试样晶片的方法。

(3)熟悉傅里叶变换红外光谱仪的工作原理及使用方法。

### 二、实验原理

红外光谱是研究分子基团振动和转动能级跃迁信息的光谱，简称振转光谱。根据实验技术和应用的不同，一般将红外光谱划分为三个区域，近红外区、中红外区和远红外区。获得信息最多的区域是中红外区，所用仪器称为中红外仪，主要研究波数为 $4000\sim400cm^{-1}$ 的分子基团振动，分子转动能级跃迁。在化合物分子中，具有相同化学键的官能团的基本振动频率吸收峰大致出现在同一频率区域；但是同一官能团，在不同化合物中由于所处的化学环境不同，其振动频率略有移动。因此，掌握不同原子基团的振动频率及其位移规律，就可以应用红外光谱鉴定有机化合物分子中存在的基团及其在分子中的相对位置。

本实验用溴化钾压片法对固体样品苯甲酸进行红外测试，学习固体样品的制样和测试方法，并通过与标准谱图对照确定化合物中各主要吸收峰的归属。

### 三、主要仪器和试剂

1. 仪器

Nicolet iS50 傅里叶变换红外光谱仪(或 Nicolet IR200 傅里叶变换红外光谱仪)，压片机及压片模具，红外灯，玛瑙研钵，不锈钢药匙。

2. 试剂

溴化钾(光谱纯)，苯甲酸(分析纯)，医用脱脂棉，无水乙醇(分析纯)。

### 四、实验步骤

(1)开启空调，使室温为 $18\sim25℃$，相对湿度调节为60%以下，设置傅里叶变换红外光谱仪的测试条件。

(2)用干燥的医用脱脂棉和沾有无水乙醇的医用脱脂棉分别擦拭干净玛瑙研钵、压片模具和不锈钢药匙。

(3)称取干燥的溴化钾约 150mg 置于干净的玛瑙研钵中。溴化钾需预先在 110℃下干燥48h 以上，并保存在干燥器内备用。将溴化钾在红外灯下研磨成大小均一的细粉，颗粒粒度应小于 $2.5\mu m$。

(4)将研磨好的适量溴化钾转移到模腔内底模面上并用小扁勺将混合物铺平，中心稍高，小心放入顶模，将样品压平，并轻轻转动几下，使粉末分布均匀。将模具放在液压机上固定，在 15MPa 压力下，即可得直径为 13mm、厚度为 0.1～0.5mm 透明的溴化钾晶片，将其作为空白背景样品。

(5)将模具置于样品架上，放入傅里叶变换红外光谱仪的样品仓中进行空白背景扫描，保存空白背景。

(6)称取干燥的溴化钾约 150mg 置于干净的玛瑙研钵中，加入 1～2mg 苯甲酸样品，同实验步骤(3)、(4)制作样品晶片，将样品晶片放入傅里叶变换红外光谱仪的样品仓中进行红外光谱扫描，扣除空白背景，即得苯甲酸的红外光谱图。

## 五、数据处理

(1)对所得红外光谱图进行基线校正、平滑处理及纵坐标归一化。
(2)与苯甲酸的标准谱图进行对照，标出主要吸收峰，储存数据。

## 六、思考题

(1)研磨时不在红外灯下操作，谱图上会出现什么情况？
(2)用压片法制样时，为什么要求研磨到颗粒粒度小于 2.5μm？
(3)芳香烃的红外特征吸收峰在谱图的什么位置？

## 七、注意事项

(1)溴化钾及药品均需干燥。
(2)研磨过程要在红外灯下进行，测试要迅速，以免样品吸水。

### 实验 24  液体试样乙酸乙酯的红外吸收光谱测定

## 一、实验目的

(1)学习用红外吸收光谱法进行化合物定性分析的方法。
(2)熟悉并掌握液膜法测绘有机液体红外吸收光谱的方法。
(3)熟悉傅里叶变换红外光谱仪的工作原理及使用方法。

## 二、实验原理

红外光谱测试中，对于不同性质的样品有不同的制样方法。本实验用液膜法对液体样品乙酸乙酯进行红外测试，学习液体样品的制样和测试方法，并通过与标准谱图对照确定化合物中各主要吸收峰的归属。

## 三、主要仪器和试剂

1. 仪器

Nicolet iS50 傅里叶变换红外光谱仪(或 Nicolet IR200 傅里叶变换红外光谱仪)，液体池，红外灯，滴管。

2. 试剂

乙酸乙酯(分析纯)，医用脱脂棉，无水乙醇(分析纯)。

### 四、实验步骤

(1)开启空调，使室温为 18~25℃，相对湿度调节为 60%以下，设置傅里叶变换红外光谱仪的测试条件。

(2)在红外灯下用沾有无水乙醇的医用脱脂棉反复擦拭液体池的窗口晶片，用干燥的医用脱脂棉擦拭干净，在红外灯下烘干后，置于干燥器中备用。

(3)将液体池置于样品架上，放入傅里叶变换红外光谱仪的样品仓中，将液体池的晶片作为空白背景样品进行空白背景扫描，保存空白背景。

(4)用滴管吸取少许液体样品乙酸乙酯，滴加到液体池的一片晶片上，盖上另一片晶片，使液体样品在两片晶片之间形成一层透明的薄液膜，注意液膜中间不能有气泡，拧好液体池的螺栓，将液体池置于傅里叶变换红外光谱仪的样品仓中进行红外光谱扫描，扣除空白背景，即得乙酸乙酯的红外光谱图。

### 五、数据处理

(1)对所得红外光谱图进行基线校正、平滑处理及纵坐标归一化。

(2)与乙酸乙酯的标准谱图进行对照，标出主要吸收峰，储存数据。

### 六、思考题

(1)红外光谱法的制样方式有哪些?分别适用于何种样品?

(2)羰基化合物的红外特征吸收峰在谱图的什么位置?

### 七、注意事项

(1)溴化钾窗片不可用水冲洗，一定要用无水乙醇等小心擦拭。

(2)液体池窗片螺丝不要旋太紧，以免损坏窗片，测试要迅速，以免溴化钾窗片吸水。

## 12.5　Nicolet iS50 红外光谱仪操作规程

### 12.5.1　仪器简介

Nicolet iS50 红外光谱仪是一键操作智能研究级傅里叶变换红外光谱仪。该系统高度灵活，可从一个简单的傅里叶变换红外光谱升级到一个完全自动化、从远红外可见到可见光的多光谱范围的光谱仪，内置检测器自动转换系统和快速自动准直及精准定位的三位分束器自动转换系统。仪器适配所有一体化智能附件和各种商业红外附件。软件功能强大，提供各种技术领先的红外检测处理方法，光谱采集中能自动进行谱图质量检查和判断提示，极大地提高了分析实验室了解复杂材料的工作效率。

仪器具有对气体、液体、固体无机和有机样品进行定性定量分析的功能，并带有具有上万张谱图的图谱库，能够很好地解决组成复杂的混合物的定性分析问题，在整个动态范围内大大改善检测限、定量和谱图性能。广泛应用于食品检测、药品检测、环境分析、毒物分析、卫生防疫、化工行业和基础科学研究。

### 12.5.2 OMNIC 软件操作

1. 开机

(1)打开稳压电源。

(2)打开光谱仪电源，稳定约半小时，使仪器能量达到最佳状态。

(3)打开计算机电源,双击仪器操作平台 OMNIC 软件,打开软件后,仪器将自动检测,联机成功后, 出现 说明光谱仪通过了各种诊断测试, 检查仪器稳定性。

2. 运行

(1)选择"采集"菜单下的"实验设置"选项, 设置需要的采集次数、分辨率和背景采集模式后, 点击"OK"。

采集次数：采集次数越多, 信噪比越好, 通常情况下可选 16 次, 如果样品的信号较弱, 可适当增加采集次数。

分辨率：固体和液体通常选择 $4cm^{-1}$，气体视情况而定，可选 $2cm^{-1}$ 甚至更高的分辨率。

背景采集模式：建议选择第一项"每采一个样品前采一个背景"或第二项"每采一个样品后采一个背景"。如果实验室环境控制较好,可以选择第三项"一个背景反复使用___时间"。如果有指定的背景, 也可选择第四项"选择指定的背景"。

(2)把制备好的样品放入样品架, 然后插入仪器样品室的固定位置上。

(3)背景采集模式为第一项、第二项和第四项时, 直接选择"采集样品"开始采集数据,背景采集模式为第二项时,先选择"采集背景",按软件提示操作后选择"采集样品"采集数据。

(4)谱图采集结束后, 将谱图进行数据处理。

(5)将所得谱图进行谱图检索。首先进行检索设置, 添加谱图库, 然后进行谱图检索。

(6)选择"文件"菜单下"保存"或"另存为"把数据存成 SPA 格式(OMNIC 软件识别格式)和 CSV 格式(Excel 格式), 把谱图存到相应的文件夹。

3. 结果分析

1)基团定性
根据被测化合物的红外特征吸收谱带的出现确定基团的存在。

2)化合物定性

(1)从待测化合物的红外光谱特征吸收频率(波数), 初步判断其属何类化合物, 然后查找该类化合物的标准红外谱图, 待测化合物的红外光谱与标准化合物的红外光谱一致, 即两者光谱吸收峰位置和相对强度基本一致时, 则可判定待测化合物是该化合物或近似的同系物。

(2)同时测定在相同制样条件下已知组成的纯化合物, 将待测化合物的红外光谱与该纯化合物的红外光谱对照, 若两者光谱完全一致, 则待测化合物是该已知化合物。

3) 未知化合物的结构鉴定

(1) 未知化合物是单一纯化合物时，测定其红外光谱后，按基团定性和化合物定性方法进行定性分析，然后与质谱、核磁共振及紫外吸收光谱等共同分析确定该化合物的结构。未知化合物是混合物时，通常需要先分离混合物，然后对各组分进行准确的定性鉴定。

(2) 定量分析：可采用 TQ Analyst 专业智能红外定量分析软件配合附件进行。

(3) 写出结果报告。

4. 关机

(1) 先关闭 OMNIC 软件，再关闭仪器电源，盖上仪器防尘罩。

(2) 将制样配件擦拭干净，放入干燥器内。

(3) 在记录本记录使用情况。

(4) 离开实验室前，须注意关灯，最后拉开总闸刀。

5. 注意事项

(1) 室内温度为 18～25℃，相对湿度应≤60%。

(2) 仪器供电电压 220V±10%，频率 50Hz±10%。

(3) 在定性分析中，样品的浓度和测试厚度应适宜。一般使红外谱图中大多数吸收峰透射比处于 10%～60% 为宜。样品太稀、太薄会使弱峰或光谱细微部分消失，但太浓、太厚会使强峰超出标尺。

(4) 样品应是单一组分的纯物质，其纯度应大于 98%，否则会因杂质光谱干扰而引起光谱解析时 "误诊"，也不便与标准光谱图对照。

(5) 样品应不含水分，包括游离水和结晶水。因为水不仅会腐蚀吸收池盐窗，还会干扰样品分子中羟基的测定。

(6) 溴化钾容易受潮，应放入干燥器中，如果溴化钾粉末受潮，应经过 120℃ 烘干。潮湿的样品应经过真空干燥，或置于 40℃ 的烘箱干燥。

(7) 制完样品后，尽量马上采集，以免样品受潮。

6. 维护保养

(1) 傅里叶变换红外光谱仪属大型精密仪器，必须由专人管理和使用，未经管理人员同意，不得随意操作，要遵守红外光谱仪的操作规则。

(2) 保持红外光谱仪内部干燥：应每周检查一次仪器内干燥剂的状态，干燥剂变红色即为失效，应及时更换。

(3) 压片机的维护：压片机在不使用时，应保持阀门处于关闭状态。

(4) 实验室保持抽湿状态，以维持空气干燥。

(5) 保持实验室安静和整洁，不得在实验室内进行样品化学处理，实验完毕即取出样品室内的样品。

(6) 操作人员请于开始程序测试后半小时内留意红外光谱仪运转情况，发现异常立即停止测试，联络相关人员。

(7) 样品室窗门应轻开轻关，避免仪器震动受损。

# 第13章 荧光分析法

分子发光分析法是基于被测物质的基态分子吸收能量被激发到较高电子能态后，在返回基态过程中以发射辐射的方式释放能量，通过测量辐射光的强度对被测物质进行定量测定的一类分析方法。

某些物质的分子能吸收能量而发射出荧光。根据荧光的光谱和荧光强度，对物质进行定性或定量的方法称为荧光分析法(fluorescence analysis)。物质吸收的光称为激发光；物质受激发后所发射的光称为发射光或荧光。如果将激发光用单色器分光后，连续测定相应的荧光的强度所得到的曲线称为该荧光物质的激发光谱(excitation spectrum)。实际上，荧光物质的激发光谱就是它的吸收光谱。在激发光谱中最大吸收波长处，固定波长和强度，检测物质所发射的荧光的波长和强度，得到的曲线称为该物质的荧光发射光谱，简称荧光光谱(fluorescence spectrum)。在建立荧光分析法时，需根据荧光光谱选择适当的测定波长。激发光谱和荧光光谱是荧光物质定性的依据。

## 13.1 基 本 原 理

室温下分子大多处在基态的最低振动能级，当受到光的照射时，便吸收与它的特征频率一致的光线，其中某些电子由原来的基态能级跃迁到第一电子激发态或更高电子激发态中的各个不同振动能级，这就是在分光光度法中所述的吸光现象。跃迁到较高能级的分子很快通过振动弛豫、内转换等方式释放能量后下降到第一电子激发态的最低振动能级，能量的这种转移形式称为无辐射跃迁。由第一电子激发态的最低振动能级下降到基态的任何振动能级，并以光的形式放出它们所吸收的能量，这种光称为荧光。

### 13.1.1 理论基础

1. 分子荧光和磷光的产生

分子荧光和磷光的产生如图 13-1 所示。

分子的多重度：

$$M=2s+1$$

式中，$s$ 为电子自旋量子数的代数和。

单重态(S)：分子中全部轨道内的电子都是自旋配对的，即 $s = 0$，则 $M = 1$。$S_0$：基态单重态；$S_1$：第一激发单重态；$S_2$：第二激发单重态。

三重态(T)：分子中具有两个自旋不配对的电子，即 $s = 1$，则 $M = 3$。$T_0$：基态三重态；$T_1$：第一激发三重态；$T_2$：第二激发三重态。

激发态是不稳定状态，电子返回基态时，通过辐射跃迁(发光)和无辐射跃迁等方式失去能量。

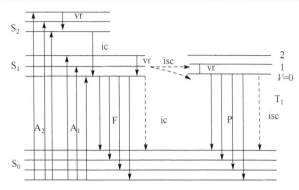

图 13-1　荧光和磷光的产生

F. 荧光；P. 磷光；$A_1$，$A_2$. 吸收；ic. 内转换；isc：系间穿越；vr. 振动弛豫

荧光发射：激发分子从第一激发单重态的最低振动能级跃迁到基态各振动能级时所产生的光子辐射称为荧光；荧光辐射能比激发能量低，荧光波长大于激发波长；荧光发射时间为 $10^{-9}\sim10^{-7}$s。

磷光发射：激发分子从第一激发三重态的最低振动能级跃迁到基态各振动能级时所产生的光子辐射称为磷光；磷光辐射能比荧光辐射能量低，磷光波长大于荧光波长；磷光发射时间为 $10^{-4}\sim10$s。

2. 激发光谱和发射光谱

激发光谱：将荧光(磷光)的发射波长固定在最大发射波长处，改变激发波长并测定相应的荧光(磷光)强度，由此得到的荧光(磷光)强度与激发波长的关系曲线即为激发光谱。

发射光谱：将激发波长固定在最大激发波长处，改变发射波长并测定相应的荧光(磷光)强度，由此得到的荧光(磷光)强度与发射波长的关系曲线即为发射光谱。

激发光谱和发射光谱是表征发光材料两个重要的性能指标。激发光谱是指发光材料在不同波长激发下，该材料的某一波长的发光谱线的强度与激发波长的关系。激发光谱反映了不同波长的光激发材料的效果。根据激发光谱可以确定使该材料发光所需的激发光的波长范围，并可以确定某发射谱线强度最大时的最佳激发波长。激发光谱对分析材料的发光过程也具有重要意义。发射光谱是指在某一特定波长激发下，所发射的不同波长的光的强度或能量分布。

### 13.1.2　分析方法

1　定性分析

不同物质的组成与结构不同，所吸收的激发波长和发射波长也不同。激发光谱和荧光光谱是荧光物质定性的依据，用以鉴定有机络合物。将试样的谱图和峰波长与已知样品进行比较，可以鉴别试样和标准样品是否为同一物质。

荧光物质特性的光谱包括激发光谱和荧光发射光谱两种。在分光光度法中，被测物质一般只有一种特征的吸收光谱，而荧光分析法能测出多种特征光谱，因此其鉴定物质的可靠性较强。前提是必须在标准品对照下进行定性。

近年发展起来的三维荧光法也是一种比较有效的定性方法。通过仪器扫描样品的三维荧光图谱指纹信息可以得出更多有效的信息，以便更精确地对样品进行分析。

2. 定量测定

1)荧光强度与溶液浓度的关系

在稀溶液中，以最大激发波长的光为入射光，测定最大发射波长光的强度时，荧光强度 $I_f$ 与荧光物质的浓度 $c$ 成正比，即

$$I_f = Kc$$

即在低浓度时，荧光强度与荧光物质的浓度呈线性关系，这就是荧光定量分析的基础。

2)荧光与环境因素的关系

荧光物质的荧光强度与其浓度、取代基的性质、溶剂的极性、分子结构和化学环境(如体系的 pH、温度)有关，而且与体系所吸收的激发光强度成正比。

3)荧光分析法的定量测定方法

荧光分析法的定量测定方法可分为直接测定法和间接测定法两类。

(1)直接测定法。利用荧光分析法对被分析物质进行浓度测定,最简单的便是直接测定法。具体方法有两种：①直接比较法：测定标准溶液的荧光强度，之后在同样条件下测定样品溶液的荧光强度，由已知标准溶液的浓度，然后计算物质的含量；②标准曲线法：将已知含量的标准品经过和样品同样处理后，配成系列标准溶液，测定其荧光强度，以荧光强度对荧光物质含量绘制标准曲线。再测定样品溶液的荧光强度，由标准曲线便可求出样品中待测荧光物质的含量。

(2)间接测定法：许多物质本身不能发荧光，或者荧光量子产率很低，仅能显现非常微弱的荧光，无法直接测定，这时可采用间接测定方法。间接测定法有以下几种：①化学转化法：通过化学反应将非荧光物质变为适合测定的荧光物质；②荧光猝灭法：利用本身不发荧光的被分析物质能使某种荧光化合物的荧光猝灭的性质，通过测量荧光化合物荧光强度的下降，间接测定该物质的浓度；③敏化发光法：对于很低浓度的分析物质，其荧光信号太弱而无法检测，可使用一种物质(敏化剂)以吸收激发光，然后将激发光能传递给发荧光的分析物质，从而提高被分析物质测定的灵敏度。上述三种间接测定法均为相对测定方法，在实验时需采用某种标准进行校准。

# 13.2 荧光分析仪

## 13.2.1 仪器结构与原理

1. 仪器结构

(1)光源：为高压汞蒸气灯或氙弧灯，后者能发射出强度较大的连续光谱，且在 300～400nm 强度几乎相等，故较常用。

(2)单色器：①激发单色器，置于光源和样品室之间的为激发单色器或第一单色器，筛选出特定的激发光谱；②发射单色器，置于样品室和检测器之间的为发射单色器或第二单色器，常采用光栅为单色器，筛选出特定的发射光谱。

(3)样品室：通常由石英池(液体样品用)或固体样品架(粉末或片状样品)组成。测量液体时，光源与检测器成直角安排；测量固体时，光源与检测器成锐角安排。

(4)检测器：一般用光电管或光电倍增管作检测器，可将光信号放大并转为电信号。

(5)显示装置。

荧光分光光度计结构示意图如图 13-2 所示。

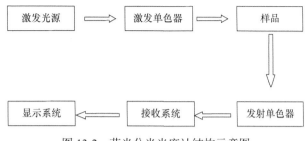

图 13-2　荧光分光光度计结构示意图

2. 工作原理

由光源氙弧灯发出的光通过切光器变为断续的光，再通过激发光单色器变成单色光，此光即为荧光物质的激发光，被测的荧光物质在激发光照射下所发出的荧光经过单色器变成单色荧光后照射于测试样品用的光电倍增管上，由其所发生的光电流经过放大器放大输出至记录仪。当测绘荧光发射光谱时，将激发固定在最适当的激发光波长处，而让荧光单色器凸轮转动，所记录的光谱即为发射光谱，简称荧光光谱。当测绘荧光激发光谱时，将荧光固定在最适当的荧光波长处，只让激发单色器凸轮转动，所记录的光谱即为激发光谱。

### 13.2.2　仪器类型

荧光光谱仪可分为 X 射线荧光光谱仪和分子荧光光谱仪。

荧光分光光度计还可分为单光束式荧光分光光度计和双光束式荧光分光光度计两大系列。其他还有低温激光荧光分光光度计，配有寿命和相分辨测定的荧光分光光度计等。

## 13.3　实　验　部　分

### 实验 25　荧光光度分析法测定维生素 $B_2$

**一、实验目的**

(1)掌握标准曲线法定量分析维生素 $B_2$ 的基本原理。

(2)了解荧光分光光度计的基本原理、结构及性能，掌握其基本操作。

**二、实验原理**

荧光是指一种光致发光的冷发光现象。当某种常温物质经某种波长的入射光(通常是紫外线或 X 射线)照射，吸收光能后进入激发态，并且立即退激发并发出比入射光的波长长的出射光(通常波长在可见光波段)，而一旦停止入射光，发光现象也随之立即消失。具有这种性质的出射光称为荧光。

以测量荧光的强度和波长为基础的分析方法称为荧光光度分析法。

维生素 $B_2$(vitamin $B_2$)的化学名称为 7, 8-二甲基-10-(1′-D-核糖基)-异咯嗪，是橘黄色无臭的针状结晶，分子式为 $C_{17}H_{20}N_4O_6$，相对分子质量为 376.37。因其色黄且含有核糖醇，故又称核黄素(riboflavin，RF)。

维生素 $B_2$ 易溶于水而不溶于乙醚等有机溶剂。在中性或酸性溶液中稳定，光照易分解，对热稳定。维生素 $B_2$ 溶液在 430～440nm 蓝光的照射下发出绿色荧光，荧光峰在 535nm 附近。维生素 $B_2$ 在 pH=6～7 的溶液中荧光强度最大，在 pH=11 时消失，而且其荧光强度与维生素 $B_2$ 溶液浓度呈线性关系，因此可以用荧光光度分析法测维生素 $B_2$ 的含量。维生素 $B_2$ 在碱性溶液中经光线照射会发生分解而转化为另一物质光黄素，光黄素也是一种能发荧光的物质，其荧光比维生素 $B_2$ 的荧光强得多，故测维生素 $B_2$ 的荧光时，溶液要控制在酸性范围内，且在避光条件下进行。

本实验采用标准曲线法测定维生素 $B_2$ 的含量。为了使各次所绘制的标准曲线重合一致，每次应以同一标准溶液对仪器进行校正。

### 三、主要仪器和试剂

1. 仪器

F-7000 荧光分光光度计，石英比色皿(1cm，四面透光)，棕色容量瓶(50mL、100mL)，移液枪或刻度移液管(5mL)，洗耳球，分析天平，烧杯(25mL)，量筒(5mL)，镜头纸。

2. 试剂

维生素 $B_2$(分析纯)，维生素 $B_2$ 药片，冰醋酸(分析纯)，去离子水。

### 四、实验步骤

1. 试剂的配制及准备

(1)配制维生素 $B_2$ 标准溶液(40mg · $L^{-1}$)：精确称取 0.0040g 维生素 $B_2$，用 1% HAc 溶解并定容于 100mL 棕色容量瓶中。

(2)配制维生素 $B_2$ 储备液(40mg · $L^{-1}$)：将维生素 $B_2$ 药片研磨成粉末状，精确称取 0.0040g，用 1% HAc 溶解并定容于 100mL 棕色容量瓶中。

(3)配制维生素 $B_2$ 标准溶液系列：分别准确移取维生素 $B_2$ 标准溶液(40mg · $L^{-1}$) 0.00mL、1.00mL、2.00mL、3.00mL、4.00mL、5.00mL 于 6 个 50mL 棕色容量瓶中，用 1% HAc 稀释至刻度，摇匀备用。

(4)配制维生素 $B_2$ 待测液：准确移取维生素 $B_2$ 储备液(40mg · $L^{-1}$)2.50mL 于 50mL 棕色容量瓶中，用 1% HAc 稀释至刻度，摇匀备用。

2. 扫描激发光谱和荧光光谱

光谱测试样时激发波长或发射波长的确定：可以根据这种荧光物质的激发谱确定其激发波长，根据发射谱确定发射波长。具体步骤如下：

(1)选定紫外波段(250～300nm)作为激发波长，测试其发射谱，获得发射光谱峰值波长 $\lambda_{em}$。

(2)以上面获得的发射峰值波长为激发谱的监控波长，合理设定激发光谱的测试范围，一般为 200nm 到($\lambda_{em}$-20nm)，测试样品激发谱，保存数据，获得激发光谱峰值波长 $\lambda_{ex}$。

(3)确定激发光谱峰值波长 $\lambda_{ex}$ 后，以 $\lambda_{ex}$ 为激发波长测试发射谱，扫描范围一般设定为 $(\lambda_{ex}+20nm)$ 到 800nm，保存发射谱数据，获得发射光谱峰值波长 $\lambda_{em}$。

(4)反复测试以确定最终的激发波长与发射波长。

但一般只要能量足够，能使物质激发，就可以得到发射谱，确定最佳的发射波长。通常选择在最大激发波长和最大发射波长处进行物质测定。

### 3. 标准曲线的绘制

选择激发波长为 $\lambda_{ex}$，发射波长为 $\lambda_{em}$，以蒸馏水为空白，按浓度由低到高依次测定 5 个标准溶液的荧光强度，绘制标准曲线并保存。

### 4. 待测液维生素 $B_2$ 含量的测定

在相同条件下测定待测液荧光强度并记录其浓度。从标准曲线上查出待测液中维生素 $B_2$ 的浓度，并计算出试样中维生素 $B_2$ 的含量。

## 五、数据处理

(1)以相对荧光强度为纵坐标，维生素 $B_2$ 的浓度为横坐标绘制标准曲线。
(2)从标准曲线上查出待测液中维生素 $B_2$ 的浓度，并计算出试样中维生素 $B_2$ 的含量。

## 六、思考题

(1)试解释荧光光度法比吸收光度法灵敏度高的原因。
(2)维生素 $B_2$ 在 pH=6~7 时荧光最强，本实验为什么在酸性溶液中测定?

## 七、注意事项

(1)要遵守荧光分光光度计的操作规则。
(2)注意保护比色皿的窗面透明度，防止被硬物划伤。拿取时，手指应捏住池的两棱，以免沾污或磨损光面。
(3)在比色皿中倒入溶液前，应先用该溶液淋洗内壁三次。倒入量不可过多，以比色皿高度的 4/5 为宜。
(4)关闭电源后 5min 之内不要重新开启仪器，实验完毕后要先关闭氙弧灯，不关主机电源(光度计的右侧)，等其散热完毕后再关闭电源。

## 实验 26　荧光分析法测定邻-羟基苯甲酸和间-羟基苯甲酸

## 一、实验目的

(1)学习荧光分析法的基本理论。
(2)掌握用荧光分析法进行多组分含量的测定。
(3)熟悉荧光分析法的基本操作及数据处理方法。

## 二、实验原理

邻-羟基苯甲酸又名水杨酸，分子式为 $C_7H_6O_3$，相对分子质量为 138.12，为白色针状晶体或毛状结晶性粉末，易溶于乙醇、乙醚、氯仿，微溶于水，在沸水中溶解。

间-羟基苯甲酸($m$-hydroxybenzoic acid)，分子式为 $C_7H_6O_3$，相对分子质量为 138.12，为无色结晶或白色粉末；易溶于热水，溶于乙醇和乙醚，微溶于冷水，不溶于苯。

邻-羟基苯甲酸和间-羟基苯甲酸分子组成相同，均含一个能发射荧光的苯环，但因其取代基的位置不同而具有不同的荧光性质。在 pH=12.0 的碱性溶液中，二者在 310nm 附近紫外光的激发下均会发射荧光，在 pH=5.5 的近中性溶液中，间-羟基苯甲酸不发荧光，邻-羟基苯甲酸因形成分子内氢键，增加了分子刚性而有较强荧光，且其荧光强度与 pH=12.0 时相同。利用此性质，可在 pH=5.5 测定二者混合物中邻-羟基苯甲酸的含量，不受间-羟基苯甲酸干扰。另取同样量混合物溶液，测定 pH=12.0 时的荧光强度，减去 pH=5.5 时测得的邻-羟基苯甲酸的荧光强度，即可求出间-羟基苯甲酸的含量。已有研究表明，二者的浓度为 $0\sim12\text{mg}\cdot\text{L}^{-1}$ 均与其荧光强度呈良好的线性关系，且对-羟基苯甲酸在上述条件下均不会发射荧光，不会干扰测定。因此，也可在邻-羟基苯甲酸、间-羟基苯甲酸、对-羟基苯甲酸三者共存时，用上述方法测定邻-羟基苯甲酸和间-羟基苯甲酸的含量。

### 三、主要仪器和试剂

#### 1. 仪器

F-7000 荧光分光光度计，石英比色皿(1cm，四面透光)，容量瓶(25mL、100mL)，移液枪或刻度移液管(2mL)，洗耳球，分析天平，烧杯(50mL)，量筒(5mL)，镜头纸 。

#### 2. 试剂

邻-羟基苯甲酸(分析纯)，间-羟基苯甲酸(分析纯)，冰醋酸(分析纯)，乙酸钠(分析纯)，氢氧化钠(分析纯)，去离子水。

### 四、实验内容

#### 1. 试剂的配制及准备

(1) 配制邻-羟基苯甲酸标准溶液($150\text{mg}\cdot\text{L}^{-1}$)：准确称取邻-羟基苯甲酸 0.0150g，用去离子水溶解并定容于 100mL 容量瓶中。

(2) 配制间-羟基苯甲酸标准溶液($150\text{mg}\cdot\text{L}^{-1}$)：准确称取间-羟基苯甲酸 0.0150g，用去离子水溶解并定容于 100mL 容量瓶中。

(3) 配制待测溶液原液：分别准确称取邻-羟基苯甲酸 0.0150g 和间-羟基苯甲酸 0.0150g，用去离子水溶解并定容于 100mL 容量瓶中。

(4) 乙酸-乙酸钠缓冲溶液：称取 47g 乙酸钠和 6g 冰醋酸溶于去离子水并稀释至 1 L，配制成 pH=5.5 的缓冲溶液。

(5) 氢氧化钠溶液($0.01000\text{mol}\cdot\text{L}^{-1}$)：准确称取 0.04g 氢氧化钠溶解于 100mL 去离子水中，配制成 pH=12.0 的氢氧化钠溶液。

(6) 配制邻-羟基苯甲酸标准溶液系列：分别准确移取 $150\text{mg}\cdot\text{L}^{-1}$ 邻-羟基苯甲酸标准溶液 0.00mL、0.40mL、0.80mL、1.20mL、1.60mL、2.00mL 于 6 个 25mL 容量瓶中，分别加入 2.5mL pH =5.5 的乙酸-乙酸钠缓冲溶液，用去离子水稀释至刻度，摇匀备用。

(7) 配制间-羟基苯甲酸标准溶液系列：分别准确移取 150mg·L$^{-1}$ 间-羟基苯甲酸标准溶液 0.00mL、0.40mL、0.80mL、1.20mL、1.60mL、2.00mL 于 6 个 25mL 容量瓶中，分别加入 3.0mL pH=12.0 的 0.01000mol·L$^{-1}$ 氢氧化钠溶液，用去离子水稀释至刻度，摇匀备用。

(8) 配制待测溶液：分别准确移取 1.00mL 上述待测溶液原液两份于 2 个 25mL 容量瓶中，其中一份加入 2.5mL 乙酸-乙酸钠缓冲溶液(pH=5.5)，另一份加入 3.0mL 0.01000mol·L$^{-1}$ 氢氧化钠溶液，用去离子水稀释至刻度，摇匀备用。

### 2. 激发光谱和发射光谱的测绘

测定邻-羟基苯甲酸标准溶液系列中第三份溶液(移取 0.8mL)和间-羟基苯甲酸标准溶液系列中第三份溶液(移取 0.8mL)各自的激发光谱和发射光谱。先固定发射波长为 400nm，在 250~350nm 进行激发波长扫描，获得溶液的激发光谱和荧光最大激发波长 $\lambda_{ex}$ 为 303.0nm 左右。再固定激发波长(最大激发波长)$\lambda_{max}$ =303.0nm，在 350~500nm 进行发射波长扫描，获得溶液的发射光谱和荧光最大发射波长 $\lambda_{em}$ 为 403.5nm 左右。此时，发现在激发光谱 $\lambda_{max}$ =303.0nm 处和发射光谱 $\lambda_{em}$ =403.5nm 处的荧光强度基本相同。

### 3. 荧光强度的测定

根据上述激发光谱和发射光谱得到的扫描结果，确定一组波长($\lambda_{ex}$=303.0nm 和 $\lambda_{em}$= 403.5nm)，使其对两个组分都有较高的灵敏度，并在此组波长下测定前述标准溶液系列和待测溶液的荧光强度。

1) 标准曲线的制作

该实验的定量测定以各标准溶液的荧光强度($I_f$)为纵坐标，分别以邻-羟基苯甲酸或间-羟基苯甲酸的浓度为横坐标，通过计算机线性拟合制作标准曲线。

将得到的标准曲线分别对应数据图，并由回归的相关系数计算公式得各标准曲线的相关系数。

2) 待测溶液中间-羟基苯甲酸和邻-羟基苯甲酸浓度的确定

通过荧光分光光度计测量并向计算机输入数据，计算机从标准曲线上读取数据，得到各待测溶液在 pH=5.5(含乙酸-乙酸钠缓冲溶液)的荧光强度和 pH=12.0(含氢氧化钠溶液)的荧光强度，并确定与荧光强度相对应的待测物的浓度。通过 pH=5.5 的荧光强度可以定量确定邻-羟基苯甲酸的浓度 $c_邻$，通过 pH=12.0 的荧光强度可以定量确定邻-羟基苯甲酸和间-羟基苯甲酸的总浓度 $c_总$。$c_总-c_邻$ 即得间-羟基苯甲酸的浓度 $c_间$(或根据 pH=12.0 的待测溶液的荧光强度与 pH=5.5 的待测溶液的荧光强度之差值，在间-羟基苯甲酸的标准曲线上确定待测溶液中间-羟基苯甲酸的浓度 $c_间$)。

## 五、数据处理

(1) 以荧光强度为纵坐标，分别以邻-羟基苯甲酸和间-羟基苯甲酸的浓度为横坐标制作标准曲线。

(2) 根据 pH=5.5 的待测溶液的荧光强度，可在邻-羟基苯甲酸的标准曲线上确定待测溶液中邻-羟基苯甲酸的浓度。

(3) 根据 pH=12.0 的待测溶液的荧光强度与 pH=5.5 的待测溶液的荧光强度之差值 $c_总-c_邻$

即得间-羟基苯甲酸的浓度 $c_间$。

## 六、思考题

(1)试样溶液浓度大小对测量有什么影响？应如何调整？

(2)物质的荧光强度与哪些因素有关？

(3)从本实验总结出几条影响物质荧光强度的因素。

## 七、注意事项

(1)～(4)同实验 25 "注意事项"(1)～(4)。

(5)定量操作(标准曲线制作，待测溶液测定)时应保持仪器参数设置一致。

# 13.4　F-7000 荧光分光光度计操作规程

### 13.4.1　仪器简介

F-7000 荧光分光光度计具有高灵敏度(rms 信噪比为 800)及同类产品最高级别的扫描速率(60000nm·min$^{-1}$)，最小样品量为 0.6mL(使用标准 10mm 荧光池)，光谱范围为 200～750nm，分辨率为 1nm，可变狭缝为 0.5nm、1.0nm、2.0nm、4.0nm 等许多新功能。

特点：可显示三维时间扫描模式追踪监控化学反应过程。增大检测时间范围，能够测定持续较长时间发光的磷光。可以使用浓度高达 6 个数量级的数据生成校正曲线，未知样品不需进行任何预处理就能进行定量。增强"时间扫描"设置时间，时间扫描能力比原来增强 2.5 倍。

目前，荧光分析法在各个领域内得到广泛应用，如有机电致发光和液晶等工业材料，水质分析等环境相关领域，荧光试剂的合成与开发等制药领域，细胞内钙离子浓度测定等生物技术相关领域。

### 13.4.2　仪器结构和类型

仪器结构和类型参见 13.2 节。

仪器光路示意图如图 13-3 所示。

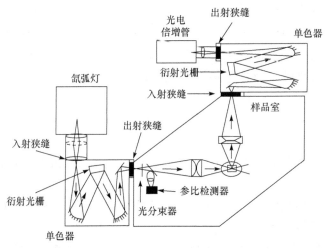

图 13-3　仪器光路示意图

### 13.4.3　操作规程

1. 开机

(1)开启稳压电源。

(2)开启仪器主机电源,开启计算机。按下仪器主机左侧面板下方的黑色按钮(POWER)。同时,观察主机正面面板右侧的 Xe LAMP 和 RUN 指示灯依次亮起来,都显示绿色。

(3)计算机进入 Windows 视窗后,双击界面右上角图标 ▨ ,打开运行软件。初始化结束后,须预热 15~20min,按界面提示选择操作方式。

(4)选择实验方法:Wavelength scan(波长扫描);Photometry(光度值法);Time scan(时间扫描);3-D scan(三维扫描)等。

2. 运行

1)波长扫描

波长扫描(Wavelength scan)操作流程如图 13-4 所示。

(1)启动程序至扫描界面,点击界面右上角"Method" ▨ 。

(2)测量参数设置。

设置窗口由 5 个页面组成,分别是 General(总体);Instrument (仪器条件);Monitor(模拟监视);Processing(数据处理);Report(报告格式)。

(a)General 总体设置页面。Measurement(测量方式)选择 Wavelength scan(波长扫描)。

(b)Instrument 仪器参数设置页面。

Scan mode(扫描模式):Emission/Excitation/Synchronous(发射光谱、激发光谱和同步荧光),根据需要选择。

Data mode(测量数据模式):Fluorescence/Phosphorescence/Luminescence(荧光测量/磷光测量/化学发光测量),选择荧光测量。

波长扫描范围:扫描荧光激发光谱(Excitation)需分别设定 EM WL(发射光谱波长);EX start/ End WL(激发光的起始/终止波长)。扫描荧光发射光谱(Emission)需分别设定 EX WL(激发光谱波长);EM start/ End WL(发射光的起始/终止波长)。扫描同步荧光(Synchronous)根据所需分别设定。

注意:激发光终止与起始波长差不小于 10nm。

Scan spced(扫描速率)。EX/EM Slit(激发/发射狭缝)。PMT Voltage(光电管负高压)。

(c)Monitor 模拟监视设置页面。Y-axis Max/Min(纵轴最大/最小标尺)。

(d)Processing 数据处理设置页面。Peak Finding(光谱峰的找寻)。

(e)Report 报告格式设置页面。Output(输出方式选项):选择 Use Microsoft(R) Excel 将结果以 Microsoft(R) Excel 文件格式保存。

所有页面设置完成后,点击确定,测量参数设置完成。

(3)样品名设置,备注信息及文件名输入。

点击界面右侧 ▨ 按钮进入文件设置页面。在 Sample 中输入样品名称;在 Destination 中输入所需保存的文件名及保存路径。输入完毕后按确定键。

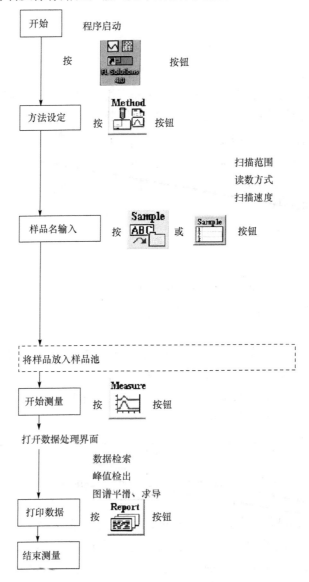

图 13-4　波长扫描操作流程

（4）扫描测试。

打开盖子，放入待测样品后，盖上盖子（请勿用力）。

预扫：点击扫描界面右侧"PreScan" 预扫按钮，这个功能是在测量条件已设定的情况下执行高速扫描，检测峰波长和移动测量系统至设定波长，预扫之后，上限光度值是自动设定的。

扫描：点击扫描界面右侧"Measure" （或快捷键 F4），窗口在线出现扫描谱图及数据。

（5）数据处理。将所得数据在计算机中处理。

（6）数据打印。

选择下拉菜单中"File"文件菜单中的"Print..."选项，或点击 按钮开始打印。

2) 光度值法

光度值法操作流程如图 13-5 所示。

（1）启动程序至扫描界面，点击界面右侧"Method" 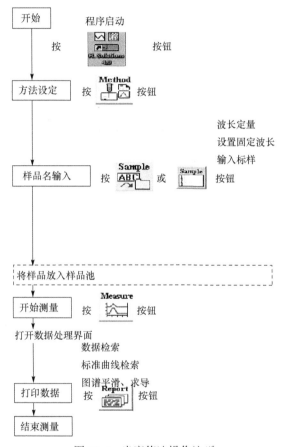。

（2）测量参数设置：在测量之前，要设定分析条件（方法）。

在分析方法窗口中，为波长扫描模式提供下列标签，分别为：General（总体）；Quantitation（定量条件）；Instrument（仪器条件）；Standards（标准菜单）；Monitor（模拟监视）；Report（报告格式）。

图 13-5 光度值法操作流程

（a）General 总体设置页面。Measurement（测量方式）选择 Photometry（光度值法）。

（b）Quantitation 定量条件设置页面。定量标签：当选择定量标签时，各参数的设置可参考仪器相关设置。选择创建标准曲线的方法、波长、峰面积、峰高或派生方法。

（c）Instrument 仪器条件设置页面：Date mode（数据模式）（选择波长模式），为创建标准曲线选择一波长。EX WL Fixed（激发波长固定）；EM WL Fixed（发射波长固定），Both WL Fixed（两侧均固定）。Wavelength（固定波长）当在波长模式下选择激发波长固定，在激发端设置一固定的波长；当在波长模式下选择发射波长固定时，在发射端设置一固定的波长。

（d）Standards 标准菜单设置页面。Number of（标样个数），设定完点击 Update 键；Standard name（标样品名）；Concentration（浓度）；Comments（标样注释）。

（e）Monitor 模拟监视设置页面。与前项波长扫描相同。

(f)Report 报告格式设置页面。与前项波长扫描相同。

(3)样品名设置，备注信息及文件名输入(方法同波长扫描)。

(4)扫描测试(方法同波长扫描)。

(5)数据处理。将所得数据在计算机中处理。

(6)数据打印(方法同波长扫描)。

3)时间扫描

三维扫描(略)。

### 3. 关机

测试完成后，取出样品池，使用完毕后，可按以下步骤退出软件，并关闭仪器。

关闭运行软件 FL Solution 4.0，弹出窗口，选中"Close the lamp，then close the monitor windows？"，打"⊙"，点击"Yes"。窗口自动关闭。同时，观察主机正面面板右侧的 Xe LAMP 指示灯暗下来，而 RUN 指示灯仍显示绿色。

约 10min 后，关闭仪器主机电源，即按下仪器主机左侧面板下方的黑色按钮(POWER)(目的是仅让风扇工作，使 Xe 灯室散热)。关闭计算机、打印机。清理实验现场，保持样品池、样品架、前表面附件的清洁。在仪器使用登记本上进行登记。

### 13.4.4  仪器相关设置介绍

#### 1. 软件预设运行

运行以下几类实验：Wavelength scan(波长扫描)；Time scan(时间扫描)；Photometry(光度值法)；3-D Scan(三维扫描)；3-D Time scan(三维时间扫描)。

#### 2. 设置参数

分析方法(Analysis Method)设置窗口组成的五个模块界面，分别为 General(总体)；Instrument(仪器条件)；Monitor(模拟监视)；Processing(数据处理)；Report(报告格式)；Quantitation(定量条件)；Standards(标准菜单)。

(1)General  总体设置页面。Measurement(测量方式)：选择 Wavelength(波长扫描)或 Photometry(光度值法)。Operator(操作者名)；Instrument(仪器类型)；Sampling(进样器)；Comments(注释说明)；Accessory(附件注释)；Usc Sample Table(样品表)；"Load"按钮，装载保存的方法；"Save"按钮，保存当前参数。

(2)Instrument 仪器条件设置页面。

Scan  mode(扫描方式)：Excitation (激发波长扫描)；Emission(发射波长扫描)；Synchronous(同步扫描)。

Data  mode(数据采集方式)：Fluorescence(荧光采集)；Luminescence(化学发光采集)；Phosphorescence(磷光采集)。

EM  WL(发射波长)；EX Start WL(激发起始波长)；EX End WL(激发终止波长)；EX WL(激发波长)；EM Start WL(发射起始波长)；EM End WL(发射终止波长)；Scan speed(扫描速率)；Delay(延迟时间)；EX Slit(激发单元狭缝)；EM Slit(发射单元狭缝)；PMT Voltage(光电管负高压)；Response(响应速率)；Corrected spectra(光谱校正)；Shutter control(光闸控制)；

Replicates(重复次数)；Cycle time(循环间隔)。

Wavelength mode(波长方式)：EX WL Fixed(激发波长固定)；EM WL Fixed(发射波长固定)；Both WL Fixed(两侧均固定)(其他设置同波长测量设置)。

(3)Monitor 模拟监视设置页面。Y-Axis Max(纵轴标尺上限值)；Y-Axis Min(纵轴标尺下限值)；Open data processing window after data acquisition(测量后打开数据处理窗口)；Print report after data acquisition(数据采集后自动打印)；Overlay(重叠光谱图)。

(4)Processing　数据处理设置页面。Processing(处理方法)；CAT(平均化)；Processing choices(处理方法的选择)；Processing steps(处理步骤)；Peak Finding(峰检出)。

(5)Report　报告格式设置页面。Output(输出方式选项)：Report output(打印输出方式)；Use Microsoft(R)Excel[将结果以 Microsoft(R)Excel 文件格式保存]。

(6)Quantitation 定量条件设置页面。

Quantitation type(测量类型)：Peak area(峰面积)；Peak height(峰高)；Derivative(微分)；Ratio(峰比测定)。

Calibration type(曲线校正类型)：1st order(一次线性方程)；2nd order(二次曲线方程)；3rd order(三次曲线方程)；Segmented(折线)。

Number of wavelengths(波数)；Concentration unit(浓度单位)；Manual calibration(手动校正)；Force curve through zero(强制曲线归零)；Digits after decimal(小数有效位)。

(7)Standards 标准菜单设置页面。No.(序号)；Name(标样品名)；Comments(标样注释)；Concentration(浓度)；Insert command(插入)；Delete command(删除)；Number of(标样个数)；Update(更新)，当对标准样品表中的栏目进行过修改后，使用"Update"按钮进行数据更新。

注意：标样测量点击 Measure 框，未知样品测量点击 F4 键，结束测量点击 F9 键。

### 13.4.5　仪器维护

(1)荧光分光光度计属大型精密仪器，必须由专人管理和使用，未经管理人员同意，不得随意操作。要遵守荧光分光光度计的操作规则。

(2)温度和湿度是影响仪器性能的重要因素。环境中的尘埃和腐蚀性气体也会影响机械系统的灵活性，降低各种限位开关、按键、光电耦合器的可靠性，同时也是造成光学部件铝膜锈蚀的原因之一。因此，必须定期清洁，保证环境和仪器室内卫生条件，防尘。

(3)易挥发、具有腐蚀性的样品，对主机内塑料或石英池有溶解作用的样品等应尽量少测或不测。

(4)测定完毕时，关闭所有电源开关，并做好仪器使用登记整理和清洁工作。检查好安全后方可离开实验室。

### 13.4.6　仪器操作注意事项

(1)要遵守荧光分光光度计的操作规则。

(2)注意保护比色皿的窗面透明度，防止被硬物划伤。拿取时，手指应捏住池的两棱，以免沾污或磨损光面。

(3)定量操作(标准曲线制作，未知液测定)时应保持仪器参数设置一致。

(4)在比色皿中倒入溶液前，应先用该溶液淋洗内壁三次，倒入量不可过多，以比色皿高度的 4/5 为宜。然后用吸水性好的软纸吸干外壁水珠，再用镜头纸擦干净，放入样品池。每次使用完毕后，应立即弃去样品溶液，先后用自来水、弱碱洗涤剂、蒸馏水仔细淋洗（严重污染的比色皿可用体积分数为 50%的稀硝酸浸泡，或用有机溶剂如三氯甲烷、四氢呋喃溶液除去有机污染物）。洗涤干净后，晾干，置于液池盒内保存。

（5）新制的溶液测定尽量于 1h 内完成，时间延长会导致溶液变质。

（6）在测定时溶液浓度由低到高进行测定，减小误差。

（7）测定完毕后，关闭所有电源开关，并做好仪器使用登记整理和清洁工作。检查好安全后方可离开实验室。

### 13.4.7　仪器简易操作规程

1. 开机

依次开启稳压电源、计算机、仪器电源。

2. 运行

（1）双击桌面图标"FL Solutions"，打开运行软件。初始化，预热 15～20min。

（2）在扫描界面，点击右上角"Method"，在界面中设置方法及参数。

（a）在 General（总体）页面中 Measurement（测量方式）下选择 Wavelength（波长扫描）或 Photometry（光度值法）。

（b）在 Instrument 仪器条件设置页面中设置仪器参数及扫描参数。

Scan mode 扫描方式：Emission/Excitation/Synchronous（发射光谱/激发光谱/同步荧光）。

Data mode（数据模式）：选择 Fluorescence 荧光测量。

波长扫描范围：扫描荧光激发光谱（Excitation）需分别设定 EM WL（发射光谱波长）；EX Start WL（激发光的起始波长）；EX End WL（激发光的终止波长）。扫描荧光发射光谱（Emission）需分别设定 EX WL（激发光谱波长）；EM Start WL（发射光的起始波长）；EM End WL（发射光的终止波长）。

选择 Scan speed（扫描速率）通常选 240（或 1200）nm·min$^{-1}$。

选择 EX/EM Slit（激发/发射狭缝）。

选择 PMT Voltage（光电管负高压）一般选 700V。

选择"Report"设定输出数据信息、仪器采集数据的步长（通常选 0.2nm）及输出数据的起始和终止波长（Data Start/End）。

（c）在 Monitor 模拟监视设置页面设置纵轴范围、数据显示、报告等其他页面参数。设置完成点击确定。

（3）点击屏幕侧边"Sample"。在界面中输入样品名称、存储路径及文件名。

（4）打开盖子，放入待测样品后，盖上盖子（请勿用力）。

（5）预扫，点击扫描界面右侧"PreScan"预扫按钮进行预扫。

（6）扫描：点击扫描界面右侧"Measure"测定按钮进行测试（或快捷键 F4）。

3. 关机

逆开机顺序操作。

# 第14章　核磁共振波谱法

核磁共振(nuclear magnetic resonance，NMR)技术于 1945 年被布洛克(Bloch)和珀塞耳(Purcell)分别独立发明，20 世纪 50 年代中期开始应用于有机化学领域，并不断发展成为有机物结构分析最有用的工具之一，可以解决有机领域中结构测定、构型和构象测定、纯度检查等一系列问题。NMR 的优点是能分析物质分子的空间构型，测定时不破坏样品，信息精密准确。NMR 通常可与 IR 并用，与 MS、UV 及化学分析方法等配合解决有机物的结构问题，还广泛应用于生化、医学、石油、物理化学等方面的分析鉴定及对微观结构的研究。

## 14.1　基　本　原　理

原子核有自旋运动，在恒定的磁场中，自旋的原子核将绕外加磁场作回旋转动，称为进动(precession)。进动有一定的频率，它与所加磁场的强度成正比。如在此基础上再加一个固定频率的电磁波，并调节外加磁场的强度，使进动频率与电磁波频率相同，这时原子核进动与电磁波产生共振，称为核磁共振。核磁共振时，原子核吸收电磁波的能量，记录的吸收曲线就是核磁共振谱(NMR spectrum)。由于不同分子中原子核的化学环境不同，将有不同的共振频率，产生不同的共振谱。记录这种波谱即可判断该原子在分子中所处的位置及相对数目，进行定量分析及相对分子质量的测定，并对有机化合物进行结构分析。

### 14.1.1　核的自旋与磁性

不同原子核的自旋运动情况不同。原子核自旋时产生自旋角动量 $P$，用核的自旋量子数 $I$ 表示。自旋量子数与原子的质量和原子序数之间有一定的关系，大致分为三种情况(表 14-1)。

表 14-1　自旋量子数与原子的质量和原子序数之间的关系

| 分类 | 质量数 | 原子序数 | 自旋量子数 $I$ | NMR 信号 | 示例 |
|------|--------|----------|----------------|----------|------|
| I | 偶数 | 偶数 | 0 | 无 | $^{12}C$， |
| II | 偶数 | 奇数 | 整数(1, 2, 3…) | 有 | $^2H$，$^{14}N$ |
| III | 奇数 | 偶数或奇数 | 半整数(1/2, 3/2, 5/2…) | 有 | $^1H$，$^{13}C$，$^{15}N$ |

实验证明：原子核作为带电荷的质点，自旋时可以产生磁矩，但并非所有的原子核自旋都产生磁矩，只有原子序数或质量数为奇数的原子核自旋时才具有磁矩，才能产生核磁共振信号，如 $^1H$、$^{13}C$、$^{15}N$、$^{17}O$、$^{19}F$、$^{29}Si$、$^{31}P$ 等。

$I=0$ 的原子核可看成是一种非自旋的球体；$I=1/2$ 的核可看成是一种电荷分布均匀的自旋

球体；$I > 1/2$ 的核可看作是一种电荷分布不均匀的自旋椭球体。

有机物中的主要元素为 C、H、N、O 等，$^1H$、$^{13}C$ 为磁性核。$^1H$ 的天然丰度较大（99.985%），磁性较强，易观察到比较满意的核磁共振信号，因而用途最广。$^{13}C$ 丰度较低，只有 $^{12}C$ 的 1.1%，灵敏度只有 $^1H$ 的 1.59%。但现代技术使 $^{13}C$ NMR 在有机结构分析中起着重要作用。

### 14.1.2 核磁共振现象

原子核是带正电荷的粒子，能自旋的核有循环电流，产生磁场，形成磁矩。核磁矩用 $\mu$ 表示，$\mu$ 与自旋角动量有以下关系：

$$\mu = \gamma P = \gamma \frac{h}{2\pi} \qquad I = \gamma h I$$

式中，$\gamma$ 为磁旋比或旋磁比，是自旋核的磁矩和角动量之比，是各种核的特征常数；$h$ 为普朗克常量。

当磁核处于无外加磁场时，其在空间的分布是无序的，自旋磁核的取向是混乱的。但当把磁核置于外磁场 $H_0$ 中时，磁矩矢量沿外磁场的轴向只能有一些特别值，不能任意取向。按空间量子化规则，自旋量子数为 $I$ 的核在外磁场中有 $2I+1$ 个取向，取向数目用磁量子数 $m$ 表示，$m = -I, -I+1, \cdots, I-1, I$ 或 $m = I, I-1, I-2, \cdots, -I$。

对 $^1H$ 核，$I=1/2$，$m=+1/2, -1/2$。$m=+1/2$，相当于核的磁矩与外磁场方向同向排列，能量较低，$E_1 = -\mu H_0$；$m= -1/2$，相当于核的磁矩与外磁场方向逆向排列，能量较高，$E_2 = \mu H_0$。因此，$^1H$ 核在外磁场中发生能级分裂，有两种取向或能级，其能级差 $\Delta E = 2\mu H_0$。

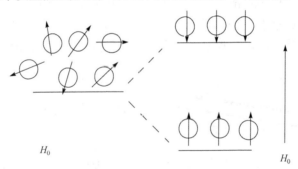

实际上，当自旋核处于磁场强度为 $H_0$ 的外磁场中时，核除自旋外，还会绕 $H_0$ 运动，其运动情况与陀螺的运动十分相似，称为进动或回旋。进动的角速度 $\omega_0$ 与外磁场强度 $H_0$ 成正比，比例常数为磁旋比 $\gamma$，进动频率用 $\nu_0$ 表示：

$$\omega_0 = 2\pi \nu_0 = \gamma H_0 \qquad \nu_0 = \frac{\gamma}{2\pi} H_0$$

氢核的能量为

$$E = -\mu H_0 \cos\theta$$

式中，$\theta$ 为核磁矩与外磁场之间的夹角。当 $\theta=0$ 时，$E$ 最小，即顺向排列的磁核能量最低；当 $\theta=180°$时，$E$ 最大，即逆向排列的磁核能量最高。它们之间的能量差为 $\Delta E$。因此，一个磁核从低能态跃迁到高能态，必须吸收 $\Delta E$ 的能量。

当用一定频率的电磁波辐射处于外磁场中的氢核，辐射能量恰好等于自旋核两种不同取向的能量差时，低能态的自旋核吸收电磁辐射能跃迁到高能态，这种现象称为核磁共振。

核磁共振的基本方程为

$$\nu_{跃迁}=\nu_{辐射}=\nu_0=\frac{\gamma}{2\pi}H_0$$

对 $^1$H 核：$H_0$=14092G 时，$\nu$ =60MHz；$H_0$=23490G 时，$\nu$ =100MHz；

　　　　　$H_0$=46973G 时，$\nu$ =200 MHz；$H_0$=140920G 时，$\nu$ =600MHz。

对 $^{13}$C 核：$H_0$=14092G 时，$\nu$ =15.08MHz。

对 $^{19}$F 核：$H_0$=14092G 时，$\nu$ =66.6MHz。

即一个特定的核在一定强度的外磁场中只有一种共振频率，而不同的核在相同外磁场 $H_0$ 时，其共振频率不同。

通常发生共振吸收有两种方法：①扫场：一定频率的电磁振荡，改变 $H_0$；②扫频：一定磁场强度，改变电磁振荡频率 $\nu$。一般采用扫场法，当改变 $H_0$ 至一定值，刚好满足共振方程时，能量被吸收，产生电流，当 $\nu_{辐射}\neq\frac{\gamma}{2\pi}H_0$ 时，电流计的读数降至水平，从而得到核磁共振能量吸收曲线。

在外磁场的作用下，$^1$H 倾向于与外磁场顺向排列，所以处于低能态的核数目比处于高能态的核数目多。但由于两者之间的能量差很少，因此低能态的核比高能态的核略多，只占微弱的优势。正是这种微弱过剩的低能态核吸收辐射能跃迁到高能态产生 $^1$H NMR 信号。如高能态核无法返回低能态，则随着跃迁的不断进行，处于低能态的核数目与高能态的核数目相等，这时 NMR 信号逐渐减弱至消失，这种现象称为饱和。但正常测试情况下不会出现饱和现象。$^1$H 可以通过非辐射方式从高能态转变成低能态，这种过程称为弛豫。弛豫的方式有两种，处于高能态的核通过交替磁场将能量转移给周围的分子，即体系往环境释放能量，这个过程称为自旋晶格弛豫，其速率为 $1/T_1$，$T_1$ 为自旋晶格弛豫时间。自旋晶格弛豫降低了磁性核的总体能量，又称为纵向弛豫。当两个处于一定距离内、进动频率相同而取向不同的核相互作用，交换能量，改变进动方向的过程称为自旋-自旋弛豫，其速率表示为 $1/T_2$。$T_2$ 为自旋-自旋弛豫时间。自旋-自旋弛豫未降低磁性核的总体能量，又称为横向弛豫。

当使用 60MHz 的仪器时，是否所有的 $^1$H 核都在 $H_0$=14092G 处产生吸收呢？实际上，核磁共振与 $^1$H 核所处的化学环境有关，化学环境不同的 $^1$H 核将在不同的共振磁场下产生吸收峰。这种由于核在分子中的化学环境不同而在不同共振磁场强度下显示吸收峰称为化学位移。

## 14.2　脉冲傅里叶变换核磁共振谱仪的基本组成

按工作方式，可将核磁共振谱仪分为两种类型：连续波核磁共振谱仪和脉冲傅里叶变换核磁共振谱仪。脉冲傅里叶变换核磁共振谱仪一般包括 5 个主要部分：射频发射系统、探头、磁场系统、信号接收系统和信号处理与控制系统，如图 14-1 所示。

### 14.2.1　射频发射系统

射频发射系统是将一个稳定的、已知频率的石英振荡器产生的电磁波，经频率综合器精确地合成出欲观测核(如 $^1$H、$^{13}$C、$^{31}$P 等)、被辐照核(如照射 $^1$H 以消除其对观测核的耦合作用)和锁定核(如 $^2$D、$^7$Li，用于稳定仪器的磁场强度)的 3 个通道所需频率的射频源。射频源发射的射频脉冲通过探头上的发射线圈照射到样品上。

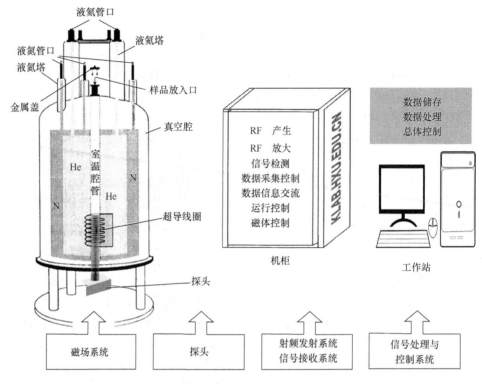

图 14-1　脉冲傅里叶变换核磁共振谱仪的基本组成

## 14.2.2　探头

探头是整个仪器的心脏，固定在磁极间隙，包括样品管支架、发射线圈、接收线圈等。样品管在探头中高速旋转，以消除管内的磁场不均匀性。探头分为多种，如正向探头、反向探头、微量探头、固体探头等。

## 14.2.3　磁场系统

磁场系统的作用是产生一个强、稳、匀的静磁场，以便观测化学位移微小差异的共振信息。高磁场磁体(高于 2.3T)需要采用超导体绕制的线圈经电激励产生，称为超导磁体。超导磁体需要使用足够的液氦和液氮降低温度，维持其正常工作。磁体内同时含有多组匀场线圈，通过调节其电流，在空间构成相互正交的梯度磁场，补偿主磁体的磁场不均匀性。通过仔细反复调节，可获得足够高的仪器分辨率和良好的 NMR 谱图，如图 14-2 所示。

## 14.2.4　信号接收系统

信号接收系统和射频发射系统实际上用的是同一组线圈。当射频脉冲发射并施加到样品上后，发射门关闭，接收门打开，自由感应衰减(FID)信号被信号接收系统接收下来。信号经前置放大器放大、检波、滤波等处理，再经模/数转换转化为数字信号，最后通过计算机快速采样，FID 信号被记录下来。

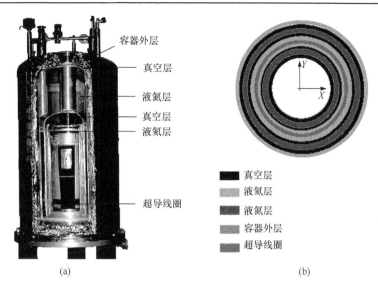

图 14-2　超导磁体结构

(a)剖面图；(b)横切面图

### 14.2.5　信号处理与控制系统

信号处理与控制系统一般由工作站及相关软件组成，主要负责控制和协调各系统工作，并对接收的 FID 信号进行累积、傅里叶变换处理等。

# 14.3　实 验 部 分

## 实验 27　$^1$H 核磁共振波谱法测定有机化合物的结构

### 一、实验目的

(1)了解核磁共振波谱法的原理及核磁共振谱仪的基本结构。

(2)掌握核磁共振图谱的分析方法。

(3)了解核磁共振在化学分析中的应用。

(4)掌握试样的制备方法。

### 二、实验原理

氢原子具有磁性，如电磁波照射氢原子核，其能通过共振吸收电磁波能量，发生跃迁。用核磁共振谱仪可以记录有关信号。处在不同环境中的氢原子因产生共振时吸收电磁波的频率不同，在图谱上出现的位置也不同，各种氢原子的这种差异称为化学位移。利用化学位移、峰面积和积分值及耦合常数等信息，可以推测其在碳骨架上的位置。

在核磁共振氢谱中，特征峰的数目反映了有机分子中氢原子化学环境的种类；核磁共振氢谱中，峰的数量就是氢的化学环境的数量，而峰的相对高度就是对应的处于某种化学环境中的氢原子的数量。不同特征峰的强度比(及特征峰的高度比)反映了不同化学环境氢原子的数目比，据此可推出未知物分子结构，同时还可以与标准谱图对照加以验证。

### 三、主要仪器和试剂

1. 仪器

AVANCE Ⅲ 400MHz 核磁共振谱仪，样品管（直径 5mm）。

2. 试剂

四甲基硅烷（TMS）内标液，氘代丙酮，未知样品。

### 四、实验步骤

1. 样品制备

对于液体样品，用一次性滴管取一定量液体（氢谱取 1 滴，碳谱取 5～10 滴），加入一干净的样品管内，然后将样品管倾斜一定的角度，取一支选好的氘代试剂（0.5～0.6mL）加入样品管中，轻轻振荡，混合均匀。

对于固体和粉末样品，取一定量样品（氢谱 5mg，碳谱 20mg），放入一干净的样品管内，然后将样品管倾斜一定的角度，把氘代试剂（0.5～0.6mL）加入样品管中，轻轻振荡样品管使样品充分溶解。

2. 样品管插入转子

将样品管插入转子的步骤如图 14-3 所示，样品管底部刚好接触量规的底部，液柱中心应与黑色中心线对齐。

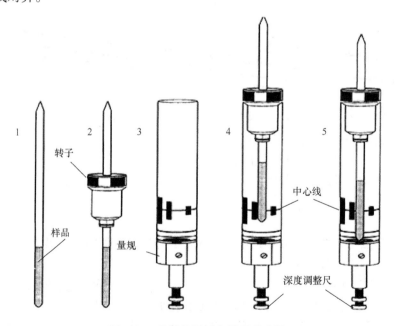

图 14-3　将样品管插入转子的步骤

3. 核磁实验操作

氢谱是单脉冲实验，即在一个脉冲作用之后开始采样。为使所得谱图有好的信噪比，检测时需进行累加，即重复上述过程。由于氢核的纵间弛豫时间一般较短，因此重复脉冲的时间间隔不用太长。

对于一些化合物，要设置足够的谱宽。羧酸、有缔合的酚、烯醇等的化学位移范围均可超过 10ppm。如设置的谱宽不够大，—OH、—COOH 的峰会折叠进来，给出错误的 $\delta$ 值。在完成记录氢谱谱图的操作之后，随即对每个峰组进行积分，最后所得的谱图含有各峰组的积分值，用于计算各类氢核数目之比。

若怀疑样品中有活泼氢(杂原子上连的氢)存在，可在作完氢谱之后滴加两滴重水，振荡，然后再记谱，原活泼氢的谱峰会消失，这就确切地证明了活泼氢的存在。当谱线重叠较严重时，可滴加少量磁各向异性溶剂(如氘代苯)，重叠的谱峰有可能分开。也可以考虑用同核去耦实验简化谱图。

详细操作参考 14.4 节的操作流程。

### 五、数据处理

根据核磁共振氢谱的一般解析步骤进行数据分析。

(1)观察谱图是否符合要求，一般观察如下几个方面：①四甲基硅烷的信号是否正常；②杂音大不大；③基线是否平；④积分曲线中没有吸收信号的地方是否平整。

如果有问题，解析时要引起注意，最好重新测试谱图。

(2)区分杂质峰、溶剂峰、旋转边峰、$^{13}C$ 卫星峰。

杂质峰：杂质含量相对样品比例很小，因此杂质峰的峰面积很小，且杂质峰与样品峰之间没有简单整数比的关系，容易区别。

溶剂峰：氘代试剂不可能达到 100%同位素纯度(大部分试剂的氘代率为 99%～99.8%)，因此谱图中往往呈现相应的溶剂峰，如 $CDCl_3$ 中溶剂峰的 $\delta$ 值约为 7.27ppm。

旋转边峰：在测试样品时，样品管在核磁共振谱仪中快速旋转，当仪器未调节到良好工作状态时，会出现旋转边带，即以强谱线为中心，呈现出一对对称的弱峰，称为旋转边峰。

$^{13}C$ 卫星峰：$^{13}C$ 具有磁矩，可以与 $^1H$ 耦合产生裂分，称为 $^{13}C$ 卫星峰，但由于 $^{13}C$ 的天然丰度只有 1.1%，只有氢的强峰才能观察到，一般不会对氢的谱图造成干扰。

(3)根据积分曲线，观察各信号的相对高度，计算样品化合物分子式中的氢原子数目。可利用可靠的甲基信号或孤立的次甲基信号为标准计算各信号峰的质子数目。

(4)先解析谱图中 $CH_3O$、$CH_3N$、$CH_3C=O$、$CH_3C=C$、$CH_3—C$ 等孤立的甲基质子信号，再解析耦合的甲基质子信号。

(5)解析羧基、醛基、分子内氢键等低磁场的质子信号。

(6)解析芳香核上的质子信号。

(7)比较滴加重水前后测定的谱图，观察有无信号峰消失的现象，了解分子结构中所连活泼氢官能团的情况。

(8)根据谱图提供信号峰数目、化学位移和耦合常数，解析一级类型谱图。

(9)解析高级类型谱图峰信号，如黄酮类化合物 B 环仅 4-位取代时，呈现 AA、BB、系统峰信号，二氢黄酮则呈现 ABX 系统峰信号。

(10)如果一维氢谱难以解析分子结构，可考虑测试二维核磁共振谱配合解析结构。

(11)根据谱图的解析，组合几种可能的结构式。

(12)对推出的结构进行指认，即每个官能团上的氢在谱图中都应有相应的归属信号。

## 六、思考题

(1)具备什么样条件的化合物才能通过核磁共振谱法测定其相对分子质量？

(2)单位 Hz 和 ppm 有什么联系？

# 14.4　AVANCE Ⅲ 400MHz 核磁共振谱仪操作流程

## 14.4.1　仪器简介

AVANCE Ⅲ 400MHz 超导核磁共振谱仪配有超屏蔽磁体、双射频通道、5mm 高分辨液体 BBFO 宽带探头、CP/MAS 宽带固体探头、Z 方向梯度线圈、ATM 自动调谐/匹配附件、变温单元。主要用于测定有机物、无机物、高分子聚合物、天然药物和小相对分子质量蛋白质等物质的基本化学结构、空间结构及构型分析；混合物的成分分析和鉴定；化学反应动力学的研究；材料微观结构和功能间的关系研究。可进行 $^1H$、$^{13}C$、$^{19}F$、$^{31}P$、$^{15}N$ 的常规检测，以及 COSY、HSQC、HMQC 等二维谱图的检测及变温实验，广泛应用于化工、石油、橡胶、建材、食品和医药等各领域化合物的结构测定。

## 14.4.2　仪器结构

仪器结构参见 14.2 节。

## 14.4.3　操作规程

(1)开启空气压缩机，拿掉探头上的盖子。

(2)在工作站桌面上双击启动 Topspin3.2 软件，软件界面如图 14-4 所示。

图 14-4　Topspin3.2 软件界面

（3）新建实验：在"Start"菜单中点击"Create Dataset"功能，在弹出的菜单中设置新实验，填写实验名、实验号、处理号、存放路径、用户名、溶剂名、实验参数类型、谱图抬头。选择"OK"生成新实验，如图 14-5 所示。

图 14-5　"新建实验"界面

常用的实验项目：$^1$H NMR：PROTON；$^{13}$C NMR：C13CPD；DEPT90：C13DEPT90；DEPT135：C13DEPT135；COSY：COSYGPSW；HSQC：HSQCETGP；HMBC：HMBCGPND；NOESY：NOESYPHSW。

（4）放样品：在"Acquire"菜单中点击"Sample"功能，在弹出的菜单中选择"Turn on sample lift air（ej）"项，当磁体内腔明显出气时，将量好深度的样品转子放在磁体内腔出气口处，感觉有气体托住样品时方可松手；然后在"Acquire"菜单中点击"Sample"功能，在弹出的菜单中选择"Turn off sample lift air（ij）"项，磁体内腔气路将被缓慢关闭，样品最终落入磁体中，样品状态图标将会改变。

（5）锁场：在"Acquire"菜单中点击"Lock"功能，在弹出的菜单中选择相应的氘代试剂。

（6）调谐：在"Acquire"菜单中点击"Tune"功能，软件将自动调谐实验设置的通道。

（7）旋转：如果采样需要旋转，可以在"Acquire"菜单中点击"Spin"功能，在弹出的菜单中选择"Turn sample rotation on（ro on）"项，样品将旋转到指定转速，样品状态图标也将随之改变。

（8）匀场：在"Acquire"菜单中点击"Shim"功能，程序将自动运行 Topshim 匀场。

（9）设 90 度参数：在"Acquire"菜单中点击"Prosol"功能，程序会调用该探头的 90 度标准参数。

（10）算增益：在"Acquire"菜单中点击"Gain"功能，程序会临时采样，以确定信号放大倍数 rg 的值。

（11）采样：在"Acquire"菜单中点击"Go"功能，程序将开始采样。在采样过程中可以在"Acqu"窗口中实时观察采样的累加状况。

（4）～（11）步操作界面见 Acquire 菜单项（图 14-6）。

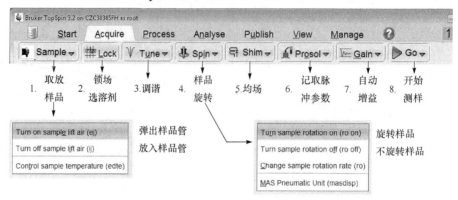

图 14-6　Acquire 菜单项

（12）谱图变换：在"Process"菜单中点击"Proc.Spectrum"功能，数据完成傅里叶变换。

（13）调相位：在"Process"菜单中点击"Adust Phase"功能，数据图形将进入手工调相位的子窗口，调整好 0 阶和 1 阶相位并存盘，退出子窗口。

（14）校准化学位移：如果需要校准化学位移，同时样品中含有 TMS，在"Process"菜单中点击"Calib. Axis"右侧的倒三角选项功能，在弹出的子菜单中选"Set TMS To 0 ppm（sref）"功能，程序将会把 TMS 设为 0。如果要用样品中其他的峰定标，则在"Process"菜单中直接点击"Calib.Axis"功能，数据图形将进入手工校位移的子窗口，之后存盘并退出子窗口。

（15）峰值检测：在"Process"菜单中直接点击"Pick Peaks"功能，数据图形将进入手工标峰的子窗口，之后存盘并退出子窗口。

（16）积分：在"Process"菜单中直接点击"Integrate"功能，数据图形将进入手工积分的子窗口，之后存盘并退出子窗口。

（12）～（16）步数据处理界面见 Process 菜单项（图 14-7）。

图 14-7　Process 菜单项

（17）画图输出：在"Publish"菜单中直接点击"Plot Layout"右侧的倒三角选项功能，数据图形将进入全屏幕排版的子窗口，进行谱图的设置和打印（图 14-8）。注意画图输出之后退出该窗口时，不要存盘！

（18）弹出样品：做完全部样品，参考（4），弹出样品，盖上探头上的盖子，关闭空气压缩机。

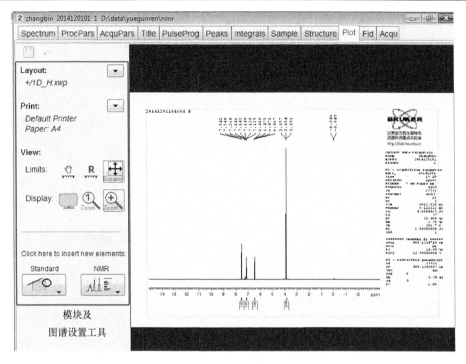

图 14-8　Plot 菜单项

### 14.4.4　开、关机操作

1. 关机操作

(1)停止采样，取出样品，关闭计算机。

(2)关闭机柜总电源。

2. 开机操作

开机的顺序非常重要，若顺序不对，计算机与机柜将无法通信，开机之前先打开空气压缩机。

(1)打开计算机。

(2)打开机柜总电源。

(3)机柜内部的 IPSO 引导结束后，IPSO 上显示的代码若为"98"，表明引导正常；若为其他代码，如"C0"，表明开机顺序错。

(4)在计算机上运行 TOPSPIN。

(5)在 TOPSPIN 软件命令行内作下述初始化指令：

(a)"cf"指令：cf 指令是系统的初始化指令。作此指令的过程中会出现若干个菜单，不要修改任何菜单，用回车键直接进入下一步。如果个别菜单无法用回车键退出，则用保存键进入下一步。随意更改 cf 中的设置，可能导致系统无法正常工作。在 cf 结束时，会出现系统配置清单，如果系统不能正常工作，需要将此表与以前的标准表进行核对。

(b)"edhead"指令：用于定义当前正在使用的探头。如果不定义当前使用的探头，核磁的默认探头可能与实际不符，导致后续的 90 度参数与实际不符，会损坏探头！

（c）"rsh"指令：用于读取并设置各匀场相的相应电流。400MHz 标准腔磁体一共有若干组室温匀场线圈。机柜冷启动时，每组匀场的电流设置可能不是最佳的。"rsh"时，要选定菜单中当前探头的最新匀场文件来读取。

（d）在已经作过的实验谱图内做"ii"指令：该指令将当前的实验参数设置到硬件系统内。如果系统有故障，此指令就会报错。另外，应经常性地运行"ii"指令，如在设置中心频率后、调谐前、采样前、不明报错信息后，这样可以减少系统故障进一步升级的可能性。

（e）"edte"指令：如需控温，可用此指令设置温控单元。

### 14.4.5　仪器使用与维护注意事项

1. 样品深度与浓度

（1）手工放样品，或者使用自动进样器进样，两者对样品插入深度的要求是有区别的。样品深度插至量规底部，适合于手工放样，此时深度为 20mm。

（2）要确保使用高品质的样品管。要求样品管竖直、同心、均匀、管口无破损，样品管壁不可以粘贴胶纸、胶带，管口不可缠绕胶带。

（3）转子紧靠在塑料量规口部，将样品管插入到底即可（只适合手工进样）。若样品量不足，插入深度应以线圈中心处为中心，样品长度上下对称，样品长度仍不应低于线圈长度，否则无法正常匀场，谱峰的下部会呈现大喇叭口形状，而且此时已被被修改过的匀场值不适合继续用于其他样品的匀场，只能用"rsh"指令读取该探头最新的匀场文件用于后续样品的匀场。

（4）样品如果只做氢谱，不需要配制高浓度溶液；样品如需做碳谱，应尽量配制饱和溶液，以减少采样时间。

（5）经过自动进样器进样后弹出的样品，如果需要再次放样做实验，必须检查样品插入深度，以确保自动进样器能安全进样。

（6）悬浊液或有沉淀的样品谱图会有大包。

2. 液体样品管手工放入和弹出时需注意的现象

1）弹出

首先应停止采样、停止样品旋转、停止自动匀场、停止锁场。然后将样品弹出（采样、旋转、匀场、锁场均需要有样品存在）。当匀场键盘（或软件匀场键盘）的"Lift"按键被按亮时，抬升样品的气流从匀场线圈的 Shim Upper Part 腔体内吹出，将磁体内的原有样品吹出，取走样品（可以同时放置新样品管），再将匀场键盘（或软件匀场键盘）的"Lift"按键按灭，Lift 气流被关断，新样品管落入磁体中。

2）放入

当匀场键盘（或软件匀场键盘）的"Lift"按键被按亮时，抬升样品的气流从匀场线圈的 Shim Upper Part 腔体内吹出，将磁体内的原有样品吹出，取走样品（可以同时放置新样品管），再将匀场键盘（或软件匀场键盘）的"Lift"按键按灭，Lift 气流被关断，新样品管落入磁体中。样品落入磁体的瞬间，匀场键盘的红色"missing"灯亮，此时核磁系统会自动吹出 spin 气流，吹气大约维持 10s，在此期间：①如果系统发现样品有转动，则会自动将"missing"灯熄灭，同时将绿色"DOWN"灯亮起，此时表明样品已经被放置到位且可以旋转；②如果系统未发现样品转动，则红色"missing"灯始终保持亮的状态，表明样品不能旋转，也可能没有被放置到位。如果样品仍能锁场，或在锁窗口能看到蝶形的氘扫场信号，表明样品已经被放置到位，但不可能旋转。不能旋转的原因可能是转子老损(建议更换)、样品管插入过深或脱落(可能会卡在探头里或损毁探头内的石英管)、匀场线圈内壁或其斜台面不净(被灰尘黏着或样品污染，需要拆卸匀场线圈并清理)、探头内的石英管已经破损(须由工程师更换)，等等。

3. 仪器维护

1)定期备份重要文件

液氦液面文件："C:\Bruker\Diskless\prog\logfiles"下的"heliumlog"文件和"heliumlog.err"文件。

匀场文件："C:\Bruker\TOPSPIN\exp\stan\nmr\lists\bsms"下的每一个文件都是匀场文件。

2)室温设定

由于某些电路工作在某一特定温度下，机柜会散发出大量热量，所处的磁体间应设定温度不高于21℃。在潮湿的季节应该除湿。

3)清理机柜滤网

机柜前门上的滤网应定期清洗。将滤网拆下后可用清水冲洗，冲净后晾干，再放回机柜内。

4)空压机及气源

空压机工作时会散发出大量热量，所处的房间应使用空调，要保持室内空气干燥，在潮湿的季节应该除湿。至少每周检查一次有无积水。晚上不做实验或不用气时应关断气路和电源。

5)检查及记录

经常检查并记录液氮、液氦高度，按时添加液氮液。

# 参 考 文 献

陈国松, 陈昌云, 孙尔康. 2015. 仪器分析实验[M]. 2 版. 南京: 南京大学出版社.

邓湘舟, 李晓. 2013. 现代分析化学实验[M]. 北京: 化学工业出版社.

傅若农. 2000. 色谱分析概论[M]. 北京: 化学工业出版社.

高汉宾, 张振芳. 2008. 核磁共振原理与实验方法[M]. 武汉: 武汉大学出版社.

国家药典委员会. 2015 中华人民共和国药典（一部）[M]. 北京: 中国医药科技出版社.

贾铮, 戴长松, 陈玲. 2013. 电化学测量方法[M]. 北京: 化学工业出版社.

刘虎威. 2000. 气相色谱方法及应用[M]. 北京: 化学工业出版社.

马继平, 王海龙, 李淑清, 等. 2009. 离子色谱法测定啤酒中五种阳离子[J]. 理化检验:化学分册, 45(9):
    1093-1094.

乔梁, 涂光忠. 2009. NMR 核磁共振[M]. 北京: 化学工业出版社.

首都师范大学《仪器分析实验》教材编写组. 2016. 仪器分析实验[M]. 北京: 科学出版社.

万其进, 喻德忠, 冉芳. 2008. 仪器分析实验[M]. 北京: 化学工业出版社.

王亦军, 吕海涛. 2009. 仪器分析实验[M]. 北京: 化学工业出版社.

王元兰, 张君枝, 黄自知. 2014. 仪器分析实验[M]. 北京: 化学工业出版社.

吴方迪, 张庆合. 2008. 色谱仪器维护与故障排除[M]. 北京: 化学工业出版社.

吴性良, 孔继烈. 2010. 分析化学原理[M]. 2 版. 北京: 化学工业出版社.

严宝珍. 2010. 图解核磁共振技术与实例[M]. 北京: 科学出版社.

于世林. 2005. 高效液相色谱方法及应用[M]. 北京: 化学工业出版社.

郁桂云, 钱晓荣. 2015. 仪器分析实验教程[M]. 2 版. 上海: 华东理工大学出版社.

张剑荣, 戚苓, 方惠群. 1996. 仪器分析实验[M]. 北京: 科学出版社.

中国科学技术大学化学与材料科学学院实验中心. 2011. 仪器分析实验[M]. 合肥: 中国科学技术大学出版社.

朱明华. 2000. 仪器分析[M]. 3 版. 北京: 高等教育出版社.

朱岩. 2007. 离子色谱仪器[M]. 北京: 化学工业出版社.

# 附　　录

## 附录1　一些基本物理常量

| 名称 | 符号 | 数值 | SI |
|---|---|---|---|
| 万有引力常量 | $g$ | 6.6720 | $\times 10^{-11} \text{Nm}^2 \cdot \text{kg}^{-2}$ |
| 真空中光速 | $c$ | 2.99792458 | $10^8 \text{m} \cdot \text{s}^{-1}$ |
| 统一原子质量单位 | u | 1.6605655 | $10^{-27}$ kg |
| 电子的质量 | $m_e$ | 9.109534 | $10^{-31}$ kg |
| 质子的质量 | $m_p$ | 1.6726485 | $10^7$ kg |
| 中子的质量 | $m_n$ | 1.6749543 | $10^{-27}$ kg |
| 基本电荷 | e | 1.6021892 | $10^{-19}$ C |
| 电子的比电荷 | $e/m_e$ | 1.7588047 | $10^{11}$ C $\cdot$ kg$^{-1}$ |
| 电子半径 | $r_e = e^2/4\pi\varepsilon_0 m_e c^2 = e^{*2}/m_e c^2$ | 2.8179380 | $10^{-15}$ m |
| 普朗克常量 | $h$ | 6.626176 | $10^{-34}$ J $\cdot$ s |
| 磁通量子 | $h/e = hc/e^*$ | 4.135701 | $10^{-15}$ J $\cdot$ S $\cdot$ C$^{-1}$ |
| 玻尔磁子 | $\mu_B = eh/2m_e = e^*h/2\,m_e c$ | 9.274078 | $10^{-24}$ J $\cdot$ T$^{-1}$ |
| 电子磁矩 | $\mu_e$ | 9.284832 | $10^{-24}$ J $\cdot$ T$^{-1}$ |
| 自由电子的 $g$-因子 | $2\mu_e/\mu_B$ | 2.00231931 | — |
| 核磁子 | $\mu_N = eh/2m_p = e^*h/2m_p c$ | 5.050824 | $10^{-27}$ J $\cdot$ T$^{-1}$ |
| 玻尔兹曼常量 | $k_B$ | 1.380662 | $10^{-23}$ $\cdot$ K$^{-1}$ |
| 阿伏伽德罗常量 | $N_A$ | 6.022045 | $10^{23}$ mol$^{-1}$ |
| 完全气体的体积（0℃，1atm） | $V_0$ | 2.241383 | $10^{-2}$ m$^3$ $\cdot$ mol$^{-1}$ |
| 摩尔气体常量 | $R = N_A k_B$ | 8.31441 | J $\cdot$ mol$^{-1}$ $\cdot$ K$^{-1}$ |
| 法拉第常量 | $F$ | 9.648456 | $10^4$ C $\cdot$ mol$^{-1}$ |

# 附录 2　气相色谱常用固定液

| 固定液名称 | 商品名称 | 极性 | 最高使用温度/℃ | 溶剂 | 分析对象 |
|---|---|---|---|---|---|
| 角鲨烷 | SQ | 非极性 | 150 | 乙醚、甲苯 | 一般烃类及非极性化合物 |
| 阿皮松 L | APL | 非极性 | 300 | 苯、氯仿 | 非极性高沸点有机化合物 |
| 聚二甲基硅氧烷 | SE-30<br>OV-101<br>HP-1<br>DB-1<br>AT-11 | 非极性 | 350 | 氯仿、甲苯 | 非极性或弱极性化合物，如挥发油、芳烃、脂肪酸甲酯等 |
| 二苯基(5%)二甲基硅氧烷 | SE-54<br>OV-73<br>HP-5<br>DB-5<br>AT-5 | 弱极性 | 350 | 甲苯 | 碳氢化合物、多核芳烃、酚、酯、药物胺等物质 |
| 二苯基(50%)二甲基硅氧烷 | OV-17<br>HP-50<br>HP-17<br>DB-17<br>AT-50 | 中极性 | 320 | 丙酮、苯 | 极性化合物，如脂肪酸甲酯、游离苯酚、氯代杀虫剂、碱性药物等 |
| 氰丙基苯基(14%)二甲基硅氧烷 | HP-1701<br>DB-1701<br>AT-1701<br>CP Sil 19 CB | 中极性 | 300 | 乙酸乙酯 | 药物、杀虫剂、除莠剂 |
| 氰丙基苯基(50%)二甲基硅氧烷 | OV-225 | 中极性 | 250 | 乙酸乙酯、氯仿 | 脂肪酸甲酯、多聚不饱和脂肪、中性甾醇等 |
| 三氟丙基(50%)甲基聚硅氧烷 | OV-210<br>QF-1 | 中极性 | 250 | 氯仿、二氯甲烷 | 含卤化合物、金属螯合物和甾族 |
| 邻苯二甲酸二壬酯 | DNP | 中极性 | 125 | 乙醚、甲醇 | 芳香族化合物、不饱和化合物和各种含氧化合物(醇、醛、酮、酸、酯等) |
| 聚丁二酸二乙二醇酯 | DEGS | 极性 | 225 | 丙酮、氯仿 | 饱和及不饱和脂肪酸酯、苯二甲酸酯异构体 |
| 聚乙二醇-20000 | Carbowax-20M<br>HP-Wax<br>DB-Wax<br>BP-20 | 极性 | 200 | 丙酮、氯仿 | 芳烃、酯和硝基化合物 |

# 附录 3　气相色谱相对质量校正因子 ($f$)

| 物质名称 | 热导检测器 | 氢火焰离子化检测器 | 物质名称 | 热导检测器 | 氢火焰离子化检测器 |
|---|---|---|---|---|---|
| 一、正构烷 | | | 五、芳香烃 | | |
| 甲烷 | 0.58 | 1.03 | 苯* | 1.00* | 0.89 |
| 乙烷 | 0.75 | 1.03 | 甲苯 | 1.02 | 0.94 |
| 丙烷 | 0.86 | 1.02 | 乙苯 | 1.05 | 0.97 |
| 丁烷 | 0.87 | 0.91 | 间二甲苯 | 1.04 | 0.96 |
| 戊烷 | 0.88 | 0.96 | 对二甲苯 | 1.04 | 1.00 |
| 己烷 | 0.89 | 0.97 | 邻二甲苯 | 1.08 | 0.93 |
| 庚烷* | 0.89 | 1.00* | 异丙苯 | 1.09 | 1.03 |
| 辛烷 | 0.92 | 1.03 | 正丙苯 | 1.05 | 0.99 |
| 壬烷 | 0.93 | 1.02 | 联苯 | 1.16 | |
| 二、异构烷 | | | 萘 | 1.19 | |
| 异丁烷 | 0.91 | | 四氢萘 | 1.16 | |
| 异戊烷 | 0.91 | 0.95 | 六、醇 | | |
| 2,2-二甲基丁烷 | 0.95 | 0.96 | 甲醇 | 0.75 | 4.35 |
| 2,3-二甲基丁烷 | 0.95 | 0.97 | 乙醇 | 0.82 | 2.18 |
| 2-甲基戊烷 | 0.92 | 0.95 | 正丙醇 | 0.92 | 1.67 |
| 3-甲基戊烷 | 0.93 | 0.96 | 异丙醇 | 0.91 | 1.89 |
| 2-甲基己烷 | 0.94 | 0.98 | 正丁醇 | 1.00 | 1.52 |
| 3-甲基己烷 | 0.96 | 0.98 | 异丁醇 | 0.98 | 1.47 |
| 三、环烷 | | | 仲丁醇 | 0.97 | 1.59 |
| 环戊烷 | 0.92 | 0.96 | 叔丁醇 | 0.98 | 1.35 |
| 甲基环戊烷 | 0.93 | 0.99 | 正戊醇 | | 1.39 |
| 环己烷 | 0.94 | 0.99 | 2-戊醇 | 1.02 | |
| 甲基环己烷 | 1.05 | 0.99 | 正己醇 | 1.11 | 1.35 |
| 1,1-二甲基环己烷 | 1.02 | 0.99 | 正庚醇 | 1.16 | |
| 乙基环己烷 | 0.99 | 0.97 | 正辛醇 | | 1.17 |
| 环庚烷 | | 0.99 | 正癸醇 | | 1.19 |
| 四、不饱和烃 | | | 环己醇 | 1.14 | |
| 乙烯 | 0.75 | 0.98 | 七、醛 | | |
| 丙烯 | 0.83 | | 乙醛 | 0.87 | |
| 异丁烯 | 0.88 | | 丁醛 | | 1.61 |
| 1-正丁烯 | 0.88 | | 庚醛 | | 1.30 |
| 1-戊烯 | 0.91 | | 辛醛 | | 1.28 |
| 1-己烯 | | 1.01 | 癸醛 | | 1.25 |
| 乙炔 | | 0.94 | | | |

续表

| 物质名称 | 热导检测器 | 氢火焰离子化检测器 | 物质名称 | 热导检测器 | 氢火焰离子化检测器 |
|---|---|---|---|---|---|
| 八、酮 | | | 正丁腈 | 0.84 | |
| 丙酮 | 0.87 | 2.04 | 苯胺 | 1.05 | 1.03 |
| 甲乙酮 | 0.95 | 1.64 | 十三、卤素化合物 | | |
| 二乙基酮 | 1.00 | | 二氯甲烷 | 1.14 | |
| 3-己酮 | 1.04 | | 氯仿 | 1.41 | |
| 2-己酮 | 0.98 | | 四氯化碳 | 1.64 | |
| 甲基正戊酮 | 1.10 | | 1,1-二氯乙烷 | 1.23 | |
| 环戊酮 | 1.01 | | 1,2-二氯乙烷 | 1.30 | |
| 环己酮 | 1.01 | | 三氯乙烯 | 1.45 | |
| 九、酸 | | | 1-氯丁烷 | 1.10 | |
| 乙酸 | | 4.17 | 1-氯戊烷 | 1.10 | |
| 丙酸 | | 2.50 | 1-氯己烷 | 1.14 | |
| 丁酸 | | 2.09 | 氯苯 | 1.25 | |
| 己酸 | | 1.58 | 邻氯甲苯 | 1.27 | |
| 庚酸 | | 1.64 | 氯代环己烷 | 1.27 | |
| 辛酸 | | 1.54 | 溴乙烷 | 1.43 | |
| 十、酯 | | | 1-溴丙烷 | 1.47 | |
| 乙酸甲酯 | | 5.0 | 1-溴丁烷 | 1.47 | |
| 乙酸乙酯 | 1.01 | 2.64 | 2-溴戊烷 | 1.52 | |
| 乙酸异丙酯 | 1.08 | 2.04 | 碘甲烷 | 1.89 | |
| 乙酸正丁酯 | 1.10 | 1.81 | 碘乙烷 | 1.89 | |
| 乙酸异丁酯 | | 1.85 | 十四、杂环化合物 | | |
| 乙酸异戊酯 | 1.10 | 1.61 | 四氢呋喃 | 1.11 | |
| 乙酸正戊酯 | 1.14 | | 吡咯 | 1.00 | |
| 乙酸正庚酯 | 1.19 | | 吡啶 | 1.01 | |
| 十一、醚 | | | 四氢吡咯 | 1.00 | |
| 乙醚 | 0.86 | | 喹啉 | 0.86 | |
| 异丙醚 | 1.01 | | 哌啶 | 1.06 | |
| 正丙醚 | 1.00 | | 十五、其他 | | |
| 乙基正丁基醚 | 1.01 | | 水 | 0.70 | 无信号 |
| 正丁醚 | 1.04 | | 硫化氢 | 1.14 | 无信号 |
| 正戊醚 | 1.10 | | 氨 | 0.54 | 无信号 |
| 十二、胺与腈 | | | 二氧化碳 | 1.18 | 无信号 |
| 正丁胺 | 0.82 | | 一氧化碳 | 0.86 | 无信号 |
| 正戊胺 | 0.73 | | 氩 | 0.22 | 无信号 |
| 正己胺 | 1.25 | | 氮 | 0.86 | 无信号 |
| 二乙胺 | | 1.64 | 氧 | 1.02 | 无信号 |
| 乙腈 | 0.68 | | | | |

*基准: $f_g$ 也可用 $f_m$ 表示。

# 附录4　高效液相色谱固定相与应用

## 附表 4-1　分配色谱固定相及应用（载体为高纯度硅胶）

| 色谱类型 | 键合基团 | 流动相 | 样品实例 | 常用色谱柱型号 | 生产厂家 |
|---|---|---|---|---|---|
| 正相分配色谱 | CN | 乙腈；正己烷；氯仿 | 脂溶性维生素；甾族；芳香醇；胺 | SinoPak CN<br>YMC-Pack CN<br>ZORBAX SB CN | 大连依利特公司<br>日本 YMC 公司<br>美国 Agilent 公司 |
| 正相分配色谱 | $NH_2$ | 正己烷；异丙醇 | 芳香胺；氯化农药；苯二甲酸 | Ultimate XB-$NH_2$<br>Spherisorb $NH_2$<br>Kromasil CN<br>ZORBAX $NH_2$ | 美国 Welch 公司<br>美国 Waters 公司<br>瑞典 Kromasil 公司<br>美国 Agilent 公司 |
| 反相分配色谱 | $C_{18}$ | 甲醇-水；乙腈-水；乙腈-四氢呋喃 | 多环芳烃；甘油三酯；脂溶性维生素；甾族 | Phenomenex Luna $C_{18}$<br>Kromasil $C_{18}$<br>Discovery $C_{18}$<br>ZORBAXSB $C_{18}$<br>Ultimate XB/AQ $C_{18}$<br>Hypersil BDS $C_{18}$<br>SinoPak $C_{18}$ | 美国 Phenomenex 公司<br>瑞典 Kromasil 公司<br>美国 Supelco 公司<br>美国 Agilent 公司<br>美国 Welch 公司<br>美国 Thermo 公司/大连依利特公司<br>大连依利特公司 |
| 反相分配色谱 | $C_8$ | 甲醇；水；乙腈 | 甾族；维生素；芳香酸；黄嘌呤；可溶于醇的天然产物 | Xtimate $C_8$<br>Hypersil BDS $C_8$<br>Optimic $C_8$<br>YMC-Pack $C_8$ | 美国 Welch 公司<br>美国 Thermo 公司<br>天津博纳艾杰尔科技公司<br>日本 YMC 公司 |

## 附表 4-2　离子交换色谱固定相及应用

| 色谱类型 | 键合基团 | 基质 | 流动相 | 样品实例 | 常用色谱柱型号 | 生产厂家 |
|---|---|---|---|---|---|---|
| 强阳离子交换 | $SO_3^-$ | 全多孔球形硅胶 | HCl 溶液 | 无机阳离子；氨基酸 | Venusil SCX<br>Hypersil BioBasic SCX<br>Nucleosil SA | 天津博纳艾杰尔科技公司<br>美国 Thermo 公司<br>德国 MN 公司 |
| 弱阳离子交换 | $CH_2COOH$ | 聚乙烯醇；聚羟基甲基丙烯酸酯 | 缓冲溶液（一定 pH 和离子强度） | 用于季铵盐类化合物或其他强阳离子的萃取 | Asahipak ES-502C 7C<br>IEC CM-825 | 日本 Shodex 公司 |
| 强阴离子交换 | $NR_3^+$ | 全多孔球形硅胶 | NaOH 溶液 | 核苷酸；糖；无机阴离子；有机酸 | Vertex SAX<br>ZORBAX SAX<br>IonPac AS27 | 美国 Vertex 公司<br>美国 Agilent 公司<br>美国 Thermo 公司 |
| 弱阴离子交换 | $NR_2$ | 聚乙烯醇；聚羟基甲基丙烯酸酯 | 缓冲溶液（一定 pH 和离子强度） | 蛋白质；肽；DNA；RNA | Asahipak ES-502N 7C<br>IEC DEAE-825 | 日本 Shodex 公司 |

#### 附表 4-3 空间排阻色谱固定相及应用

| 色谱类型 | 填料类型 | 流动相 | 样品实例 | 常用商品型号 | 生产厂家 |
|---|---|---|---|---|---|
| 凝胶渗透色谱（GPC） | 苯乙烯-二乙烯基苯共聚物 | 有机溶剂，如氯仿、四氢呋喃、二甲基甲酰胺 | 聚合物 | PLgel | 美国 Agilent 公司 |
| 凝胶过滤色谱（GFC） | 葡聚糖；琼脂糖；聚丙烯酰胺 | 水、缓冲溶液 | $\beta$-内酰胺类抗生素、蛋白、肽类、核酸、多糖 | Sephadex G10<br>Sepharose CL-2B<br>Bio-Gel P | 大连依利特公司<br>美国 GE（瑞典 pharmacia）<br>美国 Bio-rad 公司 |

#### 附表 4-4 手性固定相及应用

| 填料类型 | | 流动相 | 样品实例 | 常用色谱柱型号 | 生产厂家 |
|---|---|---|---|---|---|
| 环糊精型 | | 烷烃、醇类、乙腈、水、缓冲液、氯仿、二氯甲烷 | 含苯基、萘基、氰基的中性和酸性化合物 | RC-SCDP | 广州研创生物技术发展有限公司 |
| | | | | RC-MCDP | 广州研创生物技术发展有限公司 |
| | | | | Astec CYCLOBOND | 美国 Supelco 公司 |
| 纤维素型 | 键合型 | 二氯甲烷、氯仿、烷烃、醇类、乙腈、丙酮 | 含有酰胺基、芳香环取代基、氰基、羟基、氨基等基团化合物以及氨基酸衍生物 | RC-SCEP | 广州研创生物技术发展有限公司 |
| | | | | CHIRAL PAK-IC | 日本 Daicel 公司 |
| | 涂覆型 | 烷烃、醇类、乙腈 | | RC-CCEP | 广州研创生物技术发展有限公司 |
| | | | | Astec Cellulose DMP | 美国 Supelco 公司 |
| 大环糖肽型 | 万古霉素 | 甲醇、乙腈、水、缓冲溶液 | 中性分子、酰胺类、酸类、酯类和胺类 | Astec CHIROBIOTIC V | 美国 Supelco 公司 |
| | 替考拉宁 | 甲醇、乙醇、乙腈、水 | 氨基酸、小分子多肽、中性及环状芳香族化合物和胺类 | Astec CHIROBIOTIC T | 美国 Supelco 公司 |
| 蛋白质型 | $\alpha$-酸性糖蛋白 | 磷酸盐缓冲液和小比例的异丙醇，有时需加丁/辛酸等电荷调节剂 | 各种胺类、酸类及酰胺、酯、醇、亚砜等非光解质 | CHIRAL-AGP | 日本 Daicel 公司 |
| | 牛血清白蛋白 | 磷酸缓冲液、乙腈和异丙醇 | 华法林、奥沙西泮 | RC-BSA | 广州研创生物技术发展有限公司 |
| | 卵类黏蛋白 | 正己烷、乙醇、水、缓冲溶液 | 大量胺类和酸类化合物 | Ultron ES-OVM | 日本 Shinwa 公司 |
| 手性冠醚 | | 高氯酸-水 | 一级胺 | CHIRALPAK CR（+） | 日本 Daicel 公司 |

## 附录 5 高效液相色谱法常用流动相的性质

| 溶剂 | 紫外截止波长/nm | 极性参数 $P'$ | 黏度（25℃）/(mPa·s) | 在 $Al_2O_3$ 吸附剂上的溶剂强度参数 $\varepsilon_0$ | 质子受体作用力 $X_e$ | 质子给予作用力 $X_d$ | 强偶极作用力 $X_n$ |
|---|---|---|---|---|---|---|---|
| 正戊烷 | 195 | 0.0 | 0.22 | 0 | — | — | — |
| 正己烷 | 200 | 0.1 | 0.30 | 0.01 | — | — | — |
| 异辛烷 | 197 | 0.1 | 0.47 | 0.01 | — | — | — |
| 环己烷 | 210 | 0.2 | 1.0 | 0.04 | — | — | — |

续表

| 溶剂 | 紫外截止波长/nm | 极性参数 $P'$ | 黏度(25℃)/(mPa·s) | 在 $Al_2O_3$ 吸附剂上的溶剂强度参数 $\varepsilon_0$ | 质子受体作用力 $X_e$ | 质子给予作用力 $X_d$ | 强偶极作用力 $X_n$ |
|---|---|---|---|---|---|---|---|
| 四氯化碳 | 265 | 1.6 | 0.97 | 0.18 | — | — | — |
| 三乙胺 | — | 1.9 | 0.36 | 0.54 | 0.56 | 0.12 | 0.32 |
| 甲苯 | 285 | 2.4 | 0.59 | 0.29 | 0.25 | 0.28 | 0.47 |
| 二甲苯 | 290 | 2.5 | 0.62~0.81 | 0.26 | 0.27 | 0.28 | 0.45 |
| 苯 | 278 | 2.7 | 0.65 | 0.32 | 0.23 | 0.32 | 0.45 |
| 乙醚 | 210 | 2.8 | 0.24 | 0.38 | 0.53 | 0.13 | 0.34 |
| 二氯甲烷 | 230 | 3.1 | 0.41 | 0.42 | 0.24 | 0.18 | 0.53 |
| 1,2-二氯乙烷 | 228 | 3.5 | 0.78 | 0.44 | 0.30 | 0.21 | 0.49 |
| 异丙醇 | 210 | 3.9 | 2.3 | 0.82 | 0.55 | 0.19 | 0.26 |
| 四氢呋喃 | 220 | 4.0 | 0.46 | 0.57 | 0.38 | 0.20 | 0.42 |
| 正丙醇 | 210 | 4.0 | 2.3 | 0.82 | 0.53 | 0.21 | 0.26 |
| 氯仿 | 245 | 4.1 | 0.53 | 0.40 | 0.25 | 0.41 | 0.33 |
| 乙醇 | 210 | 4.3 | 1.08 | 0.88 | 0.51 | 0.19 | 0.29 |
| 乙酸乙酯 | 256 | 4.4 | 0.43 | 0.58 | 0.34 | 0.23 | 0.43 |
| 甲乙酮 | 330 | 4.7 | 0.40 | 0.51 | 0.35 | 0.22 | 0.43 |
| 二氧六环 | 215 | 4.8 | 1.2 | 0.56 | 0.36 | 0.24 | 0.40 |
| 甲醇 | 210 | 5.1 | 0.54 | 0.95 | 0.48 | 0.22 | 0.31 |
| 丙酮 | 330 | 5.1 | 0.3 | 0.56 | 0.35 | 0.23 | 0.42 |
| 吡啶 | 305 | 5.3 | 0.94 | 0.71 | 0.41 | 0.22 | 0.36 |
| 乙腈 | 190 | 5.8 | 0.34 | 0.65 | 0.31 | 0.27 | 0.42 |
| 乙酸 | — | 6.0 | 1.1 | 大 | 0.39 | 0.31 | 0.30 |
| 苯胺 | — | 6.3 | 3.77 | 0.62 | 0.32 | 0.32 | 0.36 |
| 甲酰胺 | — | 9.6 | 3.3 | | 0.36 | 0.33 | 0.30 |
| 水 | 190 | 10.2 | 0.89 | 很大 | 0.37 | 0.37 | 0.25 |

## 附录6　部分离子选择性电极的特性

| 电极名称 | 类型 | 测定浓度范围/(mol·L$^{-1}$) | 大约斜率mV/数量级 | 主要干扰 | 温度范围/K |
|---|---|---|---|---|---|
| 氨(铵) | 气敏 | $1\sim1\times10^{-6}$ | -58 | 挥发性胺 | 273~323 |
| 溴化物 | 固态 | $1\sim5\times10^{-6}$ | -57 | $S^{2-}$、$I^-$ | 273~353 |
| 镉 | 固态 | $1\sim1\times10^{-7}$ | +25 | $Ag^+$、$Hg^{2+}$、$Cu^{2+}$ | 273~323 |
| 钙 | 液膜 | $1\sim1\times10^{-6}$ | +24 | $Zn^{2+}$、$Pb^{2+}$、$Cu^{2+}$ | 273~323 |
| 氯化物 | 液膜 | $1\sim1\times10^{-6}$ | -55 | $ClO_4^-$、$I^-$、$NO_3^-$、$SO_4^{2-}$、$Br^-$、$OH^-$、$OAc^-$ | 273~323 |
| | 固态 | $1\sim5\times10^{-5}$ | -57 | $S^{2-}$、$Br^-$、$I^-$、$CN^-$ | 273~353 |

| 电极名称 | 类型 | 测定浓度范围 /(mol·L⁻¹) | 大约斜率 mV/数量级 | 主要干扰 | 温度范围/K |
|---|---|---|---|---|---|
| 氯化物 | 复合 | $1\sim5\times10^{-5}$ | $-57$ | $S^{2-}$、$Br^-$、$I^-$、$CN^-$ | $273\sim353$ |
| 氯 | 固态 | $3\times10^{-4}\sim1\times10^{-7}$ | $+29$ | 与碘量法相同 | $273\sim353$ |
| 铜 | 固态 | 饱和~ $1\times10^{-8}$ | $+26$ | $Br^-$、$Ag^+$、$Hg^{2+}$ | $273\sim353$ |
| 氰化物 | 固态 | $1\times10^{-2}\sim1\times10^{-6}$ | $-54$ | $S^{2-}$、$Br^-$、$I^-$、$Cl^-$ | $273\sim353$ |
| 氟化物 | 固态 | 饱和~ $1\times10^{-6}$ | $-56$ | $OH^-$ | $273\sim353$ |
| 氟硼酸盐 | 液膜 | 饱和~ $3\times10^{-6}$ | $-56$ | $NO_2^-$、$Br^-$、$OAc^-$ | $273\sim353$ |
| 硫化氢 | 气敏 | $1\times10^{-2}\sim1\times10^{-6}$ | $-28$ | | $273\sim353$ |
| 碘化物 | 固态 | $1\sim2\times10^{-7}$ | $-57$ | $S^{2-}$ | $273\sim353$ |
| 铅 | 固态 | $1\sim1\times10^{-7}$ | $+25$ | $Ag^+$、$Hg^{2+}$、$Cu^{2+}$ | $273\sim353$ |
| 硝酸盐 | 液膜 | $1\sim6\times10^{-6}$ | $-55$ | $ClO_4^-$、$I^-$、$ClO_3^-$、$Br^-$、$HS^-$ | $273\sim323$ |
| 过氯酸盐 | 液膜 | $1\sim2\times10^{-6}$ | $-55$ | $I^-$、$NO_3^-$、$Br^-$ | $273\sim323$ |
| 钾 | 液膜 | $1\sim1\times10^{-5}$ | $+54$ | $Cs^+$、$NH_4^+$、$H^+$ | $273\sim353$ |
| 银/硫化物 | 固态 | $Ag^+/1\sim2\times10^{-7}$ $S^{2-}/1\sim1\times10^{-7}$ | $+56$ $-28$ | $Hg^{2+}$ | $273\sim353$ |
| 钠 | 固态 | 饱和~ $1\times10^{-6}$ | $+55$ | $Ag^+$、$H^+$、$Li^+$ | $273\sim353$ |
| 硫氰酸盐 | 固态 | $1\sim5\times10^{-6}$ | $-56$ | $S^{2-}$、$CN^-$、$S_2O_3^{2-}$、$NH_3$、$Cl^-$、$OH^-$ | |

# 附录7　KCl 溶液的电导率

| t/℃ | $\kappa$/(S·m⁻¹) | | | |
|---|---|---|---|---|
| | 1.000mol·L⁻¹* | 0.1000mol·L⁻¹ | 0.0200mol·L⁻¹ | 0.0100mol·L⁻¹ |
| 0 | 0.06541 | 0.00715 | 0.001521 | 0.000776 |
| 5 | 0.07414 | 0.00822 | 0.001752 | 0.000896 |
| 10 | 0.08319 | 0.00933 | 0.001994 | 0.001020 |
| 15 | 0.09252 | 0.01048 | 0.002243 | 0.001147 |
| 16 | 0.09441 | 0.01072 | 0.002294 | 0.001173 |
| 17 | 0.09631 | 0.01095 | 0.002345 | 0.001199 |
| 18 | 0.09822 | 0.01119 | 0.002397 | 0.001225 |
| 19 | 0.10014 | 0.01143 | 0.002449 | 0.001251 |
| 20 | 0.10207 | 0.01167 | 0.002501 | 0.001278 |
| 21 | 0.10400 | 0.01191 | 0.002553 | 0.001305 |
| 22 | 0.10594 | 0.01215 | 0.002606 | 0.001332 |
| 23 | 0.10789 | 0.01239 | 0.002659 | 0.001359 |
| 24 | 0.10984 | 0.01264 | 0.002712 | 0.001386 |
| 25 | 0.11180 | 0.01288 | 0.002765 | 0.001413 |

续表

| $t/℃$ | $\kappa/(S \cdot m^{-1})$ | | | |
|---|---|---|---|---|
| | $1.000mol \cdot L^{-1*}$ | $0.1000mol \cdot L^{-1}$ | $0.0200mol \cdot L^{-1}$ | $0.0100mol \cdot L^{-1}$ |
| 26 | 0.11377 | 0.01313 | 0.002819 | 0.001441 |
| 27 | 0.11574 | 0.01337 | 0.002873 | 0.001468 |
| 28 | | 0.01362 | 0.002927 | 0.001496 |
| 29 | | 0.01387 | 0.002981 | 0.001524 |
| 30 | | 0.01412 | 0.003036 | 0.001552 |
| 35 | | 0.01539 | 0.003312 | |
| 36 | | 0.01564 | 0.003368 | |

*在空气中称取 74.56g KCl，溶于 78℃水中，稀释到 1L，其浓度为 1.000mol · L⁻¹（密度 1.0449g · cm⁻³），再稀释得其他浓度的溶液。

## 附录 8 无限稀释时常见离子的摩尔电导率（25℃）

| 正离子 | $\Lambda_m/(S \cdot m^2 \cdot mol^{-1})$ | 负离子 | $\Lambda_m/(S \cdot m^2 \cdot mol^{-1})$ |
|---|---|---|---|
| $H^+$ | 3.4982 | $OH^-$ | 1.98 |
| $Tl^+$ | 0.747 | $Br^-$ | 0.784 |
| $K^+$ | 0.7352 | $I^-$ | 0.768 |
| $NH_4^+$ | 0.734 | $Cl^-$ | 0.7634 |
| $Ag^+$ | 0.6192 | $NO_3^-$ | 0.7144 |
| $Na^+$ | 0.5011 | $ClO_4^-$ | 0.68 |
| $Li^+$ | 0.3869 | $ClO_3^-$ | 0.64 |
| $Cu^{2+}$ | 1.08 | $MnO_4^-$ | 0.62 |
| $Zn^{2+}$ | 1.08 | $HClO_3^-$ | 0.4448 |
| $Cd^{2+}$ | 1.08 | $AcO^-$ | 0.409 |
| $Mg^{2+}$ | 1.0612 | $C_2O_4^{2-}$ | 0.480 |
| $Ca^{2+}$ | 1.190 | $SO_4^{2-}$ | 1.596 |
| $Ba^{2+}$ | 1.2728 | $CO_3^{2-}$ | 1.66 |
| $Sr^{2+}$ | 1.1892 | $[Fe(CN)_6]^{3-}$ | 3.030 |
| $La^{3+}$ | 2.088 | $[Fe(CN)_6]^{4-}$ | 4.420 |

## 附录 9 常见火焰类型及最高温度

| 火焰类型 | 最高温度/℃ |
|---|---|
| 氩气-氢气 | 1577 |
| 空气-氢气 | 2045 |
| 空气-乙炔 | 2300 |
| 氧化亚氮-乙炔 | 2955 |

# 附录10  常见待测元素标准溶液的制备方法

| 序号 | 元素 | 浓度/(g·L⁻¹) | 标准物质 | 溶液的制备方法 |
|---|---|---|---|---|
| 1 | Ag(银) | 1.000 | 硝酸银($AgNO_3$) | 1.575g 硝酸银在 110℃干燥，用硝酸($0.1mol·L^{-1}$)溶解后，再用硝酸($0.1mol·L^{-1}$)准确稀释到 1000mL |
| 2 | Al(铝) | 1.000 | 金属铝 99.9%以上 | 1.000g 金属铝用 50mL(1∶1)盐酸加热溶解，冷却后用水准确地稀释到 1000mL |
| 3 | As(砷) | 1.000 | 氧化砷(Ⅲ) 99.9%以上 | 氧化砷(Ⅲ)在 105℃加热约 2h 后在干燥器中冷却。取 1.320g 溶解于尽可能少的氢氧化钠溶液($1mol·L^{-1}$)中，用水准确地稀释定容到 1000mL |
| 4 | Au(金) | 1.000 | 高纯金 | 0.100g 高纯金溶解于几毫升王水中，在水浴上蒸发至干。加入 1mL 盐酸后蒸发至干用水和盐酸溶解，准确稀释到 100mL。盐酸浓度调节至 $1mol·L^{-1}$ |
| 5 | B(硼) | 1.000 | 硼酸($H_3BO_3$) | 5.715g 纯硼酸溶解于水中，稀释到 1000mL |
| 6 | Be(铍) | 1.000 | 金属铍 99.9%以上 | 0.100g 金属铍加热溶解于盐酸(1∶1)10mL 中，冷却后用水稀释到 100mL。盐酸浓度调节至 $1mol·L^{-1}$ |
| 7 | Bi(铋) | 1.000 | 金属铋 99.9%以上 | 0.100g 金属铋加热溶解于盐酸(1∶1)10mL 中，冷却后用水稀释到 100mL。盐酸浓度调节至 $1mol·L^{-1}$ |
| 8 | Ca(钙) | 1.000 | 碳酸钙($CaCO_3$) | 0.2497g 碳酸钙在 110℃干燥约 1h 后，溶解于盐酸(1∶1)5mL 中，用水准确稀释到 100mL |
| 9 | Cd(镉) | 1.000 | 金属镉 99.9%以上 | 1.000g 金属镉加热溶解于硝酸(1∶1)30mL 中，冷却后用水准确稀释到 1000mL |
| 10 | Co(钴) | 1.000 | 金属钴 99.9%以上 | 1.000g 金属钴加热溶解于硝酸(1∶1)30mL 中，冷却后用水准确稀释到 1000mL |
| 11 | Cr(铬) | 1.000 | 金属铬 99.9%以上 | 1.000g 金属铬加热溶解于 20mL 王水中，冷却后用水准确稀释到 1000mL |
| 12 | Cs(铯) | 1.000 | 氯化铯(CsCl) | 1.267g 氯化铯溶解于水中，加入盐酸后用水准确稀释到 1000mL |
| 13 | Cu(铜) | 1.000 | 金属铜 99.9%以上 | 1.000g 金属铜加热溶解于硝酸(1∶1)30mL 中，冷却后加入 50mL 硝酸(1∶1)，用水准确稀释到 1000mL |
| 14 | Fe(铁) | 1.000 | 纯铁 99.9%以上 | 1.000g 纯铁加热溶解于 20mL 王水，冷却后准确稀释到 1000mL |
| 15 | Ge(锗) | 1.000 | 氧化锗（$GeO_2$) | 1.000g 纯铁加热溶解于 20mL 王水，冷却后准确稀释到 1000mL |
| 16 | Hg(汞) | 1.000 | 氯化汞（$HgCl_2$) | 1.354g 氯化汞溶解于水中，用水准确稀释到 1000mL |
| 17 | K(钾) | 1.000 | 氯化钾(KCl) | 氯化钾在 600℃下加热约 1h 后，在干燥器中冷却。取 1.907g 溶解于水中，在加入盐酸后用水准确稀释到 1000mL。盐酸浓度调节到 $0.1mol·L^{-1}$ |
| 18 | Li(锂) | 1.000 | 氯化锂(LiCl) | 0.611g 氯化锂溶解于水中，加入盐酸后用水准确稀释到 1000mL。盐酸浓度调节到 $0.1mol·L^{-1}$ |

续表

| 序号 | 元素 | 浓度 /(g·L⁻¹) | 标准物质 | 溶液的制备方法 |
|---|---|---|---|---|
| 19 | Mg(镁) | 1.000 | 金属镁 99.9%以上 | 1.000g 金属镁加热溶解于盐酸(1:5)60mL 中，冷却后用水准确稀释到 1000mL |
| 20 | Mn(锰) | 1.000 | 金属锰 99.9%以上 | 1.000g 金属锰加热溶解于20mL 王水，冷却后准确稀释到 1000mL |
| 21 | Mo(钼) | 1.000 | 金属钼 99.9%以上 | 1.000g 金属钼加热溶解于盐酸(1:1)30mL 和少量的硝酸中，冷却后用水准确稀释到 1000mL |
| 22 | Na(钠) | 1.000 | 氯化钠(NaCl) | 氯化钠在 600℃加热约 1h，在干燥器中冷却，取 2.542g 溶解于水中，加入盐酸后用水准确稀释到 1000mL。盐酸浓度调节到 0.1mol·L⁻¹ |
| 23 | Ni(镍) | 1.000 | 金属镍 99.9%以上 | 1.000g 金属镍加热溶解于硝酸(1:1)30mL，用水准确稀释到 1000mL |
| 24 | Pb(铅) | 1.000 | 金属铅 99.9%以上 | 1.000g 金属铅加热溶解于硝酸(1:1)30mL，用水准确稀释到 1000mL |
| 25 | Pd(钯) | 1.000 | 金属钯 99.9%以上 | 1.000g 金属钯加热溶解于 30mL 王水中，在水浴上蒸发至干。加入盐酸，再次蒸发至干。加入盐酸和水浴溶解。然后用水准确稀释到 1000mL。盐酸浓度调节到 0.1mol·L⁻¹ |
| 26 | Pt(铂) | 1.000 | 铂 99.9%以上 | 0.1g 铂加热溶解于 20mL 王水中，在水浴上蒸发至干。然后用盐酸溶解，用水准确稀释到 100mL。盐酸浓度调节到 0.1mol·L⁻¹ |
| 27 | Sb(锑) | 1.000 | 金属锑 99.9%以上 | 0.1g 金属锑加热溶解于 20mL 王水中，冷却后用盐酸(1:1)稀释到 100mL |
| 28 | Si(硅) | 1.000 | 二氧化硅(SiO₂) | 二氧化硅在 700~800℃加热约 1h，在干燥器中冷却。取 0.214g 置入坩埚中，加入无水碳酸钠熔化 2.0h，冷却后用水准确地稀释到 100mL |
| 29 | Sn(锡) | 1.000 | 金属锡 99.9%以上 | 0.500g 金属锡加入 50mL 盐酸中。然后在 50~80℃下加热溶解。冷却后加入 200mL 盐酸中，用水准确稀释到 500mL |
| 30 | Sr(锶) | 1.000 | 碳酸锶(SrCO₃) | 1.685g 碳酸锶用盐酸溶解，加热除去二氧化碳后，冷却后用水准确稀释到 1000mL |
| 31 | Ti(钛) | 1.000 | 金属钛 99.9%以上 | 0.500g 金属钛加热溶解于 100mL 盐酸(1:1)中，冷却后用盐酸(1:2)准确稀释到 500mL |
| 32 | Tl(铊) | 1.000 | 金属铊 99.9%以上 | 1.000g 金属铊加热溶解于 20mL 硝酸(1:1)中，冷却后用水准确稀释到 1000mL |
| 33 | V(钒) | 1.000 | 金属钒 99.9%以上 | 1.000g 金属钒加热溶解于 30mL 王水中，浓缩至近干。然后加入 20mL 盐酸中，冷却后用水准确稀释到 1000mL |
| 34 | Zn(锌) | 1.000 | 金属锌 99.9%以上 | 1.000g 金属锌加热溶解于 30mL 硝酸(1:1)中，冷却后用水准确稀释到 1000mL |

注：标准物质均要求为基准物质。

# 附录 11　紫外光谱吸收特征及计算

### 附表 11-1　部分含杂原子的饱和化合物 n→σ* 的吸收特征

| 化合物 | $\lambda_{max}$/nm | $\varepsilon_{max}$ | 溶剂 |
|---|---|---|---|
| 甲醇 | 177 | 200 | 己烷 |
| 1-己硫醇 | 224 | 126 | 环己烷 |
| 二正丁基硫醚 | 210/229(s) | 1200 | 乙醇 |
| 三甲基胺 | 199 | 3950 | 己烷 |
| N-甲基哌啶 | 213(s) | 1600 | 乙醚 |
| 氯代甲烷 | 173(s) | 200 | 己烷 |
| 溴代甲烷 | 208 | 300 | 己烷 |
| 碘代甲烷 | 259 | 400 | 己烷 |

注：(s)为肩峰或拐点。

### 附表 11-2　含不饱和杂原子化合物的 R 吸收带

| 化合物 | 丙酮 | 乙醛 | 乙酸 | 乙酸乙酯 | 乙腈 | 硝酸乙酯 | 硝基甲烷 | 偶氮甲烷 | 甲基环己基亚砜 | 二甲基亚砜 |
|---|---|---|---|---|---|---|---|---|---|---|
| $\lambda_{max}$/nm | 279 | 290 | 204 | 207 | <160 | 271 | 270 | 347 | 210 | <180 |
| $\varepsilon_{max}$ | 15 | 16 | 60 | 69 | — | 18.6 | 12 | 45 | 1500 | — |
| 溶剂 | 己烷 | 庚烷 | 水 | 石油醚 | — | 乙醇 | 二氧六环 | 二氧六环 | 醇 | — |

### 附表 11-3　共轭烯烃吸收带波长的计算法

| 基团 | 对吸收带波长的贡献/nm |
|---|---|
| 共轭双烯的基本骨架 C=C—C=C | 217 |
| 环内双烯 | 36 |
| 每增加一个共轭双烯 | 30 |
| 每一个烷基或环烷取代基 | 5 |
| 每一个环外双键 | 5 |
| 每一个助色团取代：RCOO— | 0 |
| RO— | 6 |
| RS— | 30 |
| Cl 或 Br | 5 |
| R$_2$N— | 60 |

### 附表 11-4　苯及其简单衍生物的紫外光谱特征

| 化合物 | $\lambda_{max}/nm\,(\varepsilon_{max})$ | $\lambda_{max}/nm\,(\varepsilon_{max})$ | $E_2$ 或 K 吸收带 $\lambda_{max}/nm\,(\varepsilon_{max})$ | B 吸收带 | R 吸收带 | 溶剂 |
|---|---|---|---|---|---|---|
| 苯 | 204(7900) | 256(200) | — | | 己烷 | |
| 甲苯 | 206(7000) | 261(225) | | — | | 己烷 |
| 氯苯 | 210(7600) | 265(240) | | — | | 乙醇 |
| 苯甲醚 | 217(6400) | 269(1480) | | — | | 2%甲醇 |
| 苯酚 | 210(6200) | 270(1450) | | — | | 水 |
| 苯酚盐阴离子 | 235(9400) | 287(2600) | | — | | 水(碱性) |
| 苯胺 | 230(8600) | 280(1430) | | — | | 水(pH 11) |
| 苯胺阳离子 | 203(7500) | 254(160) | | — | | 水(pH 3) |
| 苯硫酚 | 236($1\times10^4$) | 269(700) | | — | | 己烷 |
| 苯乙烯 | 244*($1.2\times10^4$) | 282(450) | | — | | 醇 |
| 苯甲醛 | 244*($1.5\times10^4$) | 280(1500) | | — | | 醇 |
| 苯乙酮 | 240*($1.3\times10^4$) | 278(1100) | | — | | 醇 |
| 苯甲酸 | 230*($1\times10^4$) | 270(800) | | — | | 水 |
| 硝基苯 | 252*($1\times10^4$) | 280(1000) | | — | | 醇 |
| 联苯 | 246*($2\times10^4$) | 淹没 | | — | | 醇 |

*生色团与苯环相连时产生的 K 吸收带。

### 附表 11-5　部分稠环芳烃的吸收特征

| 化合物 | 环数 | $E_1$ 吸收带 $\lambda_{max}/nm\,(\varepsilon_{max})$ | $E_2$ 吸收带 $\lambda_{max}/nm\,(\varepsilon_{max})$ | B 吸收带 | 溶剂 $\lambda_{max}/nm\,(\varepsilon_{max})$ | |
|---|---|---|---|---|---|---|
| 萘 | 2 | 221($1.17\times10^5$) | 275(5600) | | 311(250) | 己烷 |
| 蒽 | 3 | 252($2.2\times10^5$) | 356(8500) | 淹没 | | 己烷 |
| 菲* | 3 | 251($9\times10^4$) | 292($2\times10^4$) | 345(390) | | 乙醇 |
| 并四苯 | 4 | 280($1.8\times10^5$) | 474($1.2\times10^4$) | 淹没 | | 乙醇 |
| 1,2-苯并蒽* | 4 | 290($1.3\times10^5$) | 329(8000) | 385(1100) | | 乙醇 |
| 1,2-苯并菲 | 4 | 267($1.6\times10^5$) | 306($1.5\times10^5$) | 360(1000) | | 乙醇 |

*角型稠环芳烃。

### 附表 11-6　$\alpha$、$\beta$-不饱和羰基化合物 [1] K 吸收带波长 [2] 的计算方法

| 基团 | 对吸收带波长的贡献/nm |
|---|---|
| 基本值 | |
| 链状和六元环 $\alpha$，$\beta$-不饱和酮 | 215 |
| 五元环 $\alpha$，$\beta$-不饱和酮 | 202 |
| $\alpha$，$\beta$-不饱和醛 | 210 |
| $\alpha$，$\beta$-不饱和醛 | 195 |

续表

| 基团 | | 对吸收带波长的贡献/nm |
|---|---|---|
| 增量 | | |
| 每增加一个共轭双键 | | 30 |
| 同环共轭双烯 | | 39 |
| 环外双键 | | 5 |
| 烷基或环烷取代基 | $\alpha$ | 10 |
| | $\beta$ | 12 |
| | $\gamma$ 及更高 | 18 |
| 助色团取代 | | |
| —OH | $\alpha$ | 35 |
| | $\beta$ | 30 |
| | $\delta$ | 50 |
| —OAc | $\alpha$、$\beta$、$\delta$ | 6 |
| —OR | $\alpha$ | 35 |
| | $\beta$ | 30 |
| | $\gamma$ | 17 |
| | $\delta$ | 31 |
| —SR | $\beta$ | 85 |
| —Cl | $\alpha$ | 15 |
| | $\beta$ | 12 |
| —Br | $\alpha$ | 25 |
| | $\beta$ | 30 |
| —NR$_2$ | $\beta$ | 95 |

1) $\alpha$，$\beta$ 不饱和羰基化合物的母体结构。

2) 本表数据适合乙醇为溶剂的情况，若用其他溶剂时须作校正。校正方法是计算值减去相应溶剂的校正值，然后与实测值比较。

附表 11-7　溶剂校正

| 溶剂 | 甲醇、乙醇 | 氯仿 | 二氧六环 | 乙醚 | 正己烷 | 水 |
|---|---|---|---|---|---|---|
| 校正值/nm | 0 | 1 | 5 | 7 | 11 | −8 |

附表 11-8　常见生色团的吸收峰

| 生色团 | 化合物 | 溶剂 | $\lambda_{max}$/nm | $\varepsilon_{max}$ |
|---|---|---|---|---|
| $H_2C{=}CH_2$ | 乙烯(或 1-己烯) | 气态(庚烷) | 171(180) | 15530(12500) |
| $HC{\equiv}CH$ | 乙炔 | 气态 | 173 | 6000 |
| $H_2C{=}O$ | 乙醛 | 蒸气 | 289,182 | 12.5,10000 |
| $(CH_3)_2C{=}O$ | 丙酮 | 环己烷 | 190,279 | 1000,22 |
| —COOH | 乙酸 | 水 | 204 | 40 |
| —COCl | 乙酰氯 | 庚烷 | 240 | 34 |
| —COOC$_2$H$_5$ | 乙酸乙酯 | 水 | 204 | 60 |
| —CONH$_2$ | 乙酰胺 | 甲醇 | 295 | 160 |
| —NO$_2$ | 硝基甲烷 | 水 | 270 | 14 |

| 生色团 | 化合物 | 溶剂 | $\lambda_{max}$/nm | $\varepsilon_{max}$ |
|---|---|---|---|---|
| $(CH_3)_2C=N-OH$ | 丙酮肟 | 气态 | 190,300 | 5000,— |
| $CH_2=N^+=N^-$ | 重氮甲烷 | 乙醚 | 417 | 7 |
| $C_6H_6$ | 苯 | 水 | 254,203.5 | 205,7400 |
| $CH_3-C_6H_5$ | 甲苯 | 水 | 261,206.5 | 225,7000 |
| $H_2C=CH-CH=CH_2$ | 1,3-丁二烯 | 正己烷 | 217 | 21000 |

注：孤立的 $C=C$，$C\equiv C$ 的 $\pi\rightarrow\pi^*$ 跃迁的吸收峰都在远紫外区，但当分子中再引入一个与之共轭的不饱和键时，吸收就进入紫外区，所以该表将 $C=C$，$C\equiv C$ 也算作生色团。

# 附录 12　有机化合物的键能(kJ·mol$^{-1}$)

| 键类型 | C—C | C—N | C—O | C—S | C—H | C—F | C—Cl | C—Br | C—I | O—H |
|---|---|---|---|---|---|---|---|---|---|---|
| 单键 | 345 | 304 | 359 | 272 | 409 | 485 | 338 | 284 | 213 | 462 |
| 双键 | 607 | 615 | 748 | 535 | | | | | | |
| 三键 | 835 | 889 | | | | | | | | |

# 附录 13　基团振动与波数的关系

| 类型 | 类型 | 波数/cm$^{-1}$ | 备注 |
|---|---|---|---|
| 烷烃 | C—H | 2975～2800 | 伸缩振动 |
| | $CH_2$ | 约 1465 | |
| | $CH_3$ | 1385～1370 | 弯曲振动 |
| | 环丙烷，—$CH_2$— | 3100～3070 | 弯曲振动 |
| | 环丁烷，—$CH_2$— | 3000～2975 | |
| | 环戊烷，—$CH_2$— | 2960～2950 | |
| 烯烃 | $=CH$ | 3100～3010 | 伸缩振动 |
| | $C=C$ | 1690～1560 | 伸缩振动 |
| | —$CH=CH_2$ | 995～980 | 弯曲振动 |
| | $C=CH_2$ | 895～885 | 弯曲振动 |
| 炔烃 | $\equiv C-H$ | 约 3300 | 伸缩振动 |
| | $\equiv C-H$ | 650～600 | 弯曲振动 |
| | $C\equiv C$ | 约 2150 | |
| 芳烃 | Ar—H | 3080～3010 | |
| | 一取代 | 770～730，710～690 | |
| | 邻二取代 | 770～735 | |
| | 间二取代 | 900～960，810～750，710～690 | |
| | 对二取代 | 860～800 | |

续表

| | 类型 | 波数/cm⁻¹ | 备注 |
|---|---|---|---|
| 醇 | O—H | 约 3650 或 3400～3300 | |
| | C—O | 1260～1000 | |
| 醚 | 脂肪醚 C—O—C | 1300～1000 | |
| | 芳香醚 C—O—C | 约 1250 和 1120 | |
| 醛 | O=C—H | 约 2820，约 2720 | |
| | C=O | 约 1725 | |
| 酮 | C=O | 约 1715 | |
| | C—C | 1300～1100 | |
| 酸 | O—H | 3400～2400 | |
| | O—H | 1440～1400 | 伸缩振动 |
| | C—O | 1320～1210 | 弯曲振动 |
| | C=O | 1760 或 1710 | |
| 酯 | C=O | 1750～1735 | |
| | C—O—C | 1260～1230 | 乙酸酯 |
| | C—O—C | 1210～1160 | |
| 酸酐 | C=O | 1830～1800 和 1775～1740 | |
| | C—O | 1300～900 | |
| 胺 | N—H | 3500～3300 | 伸缩振动 |
| | N—H | 1640～1500 | 弯曲振动 |
| | C—H | 1360～1025 | |
| 酰胺 | N—H | 3500～3180 | |
| | C=O | 1680～1630 | |
| | 伯 N—H | 1640～1550 | |
| | 仲 N—H | 1570～1515 | |
| 砜 | S=O | 1350～1300 | 不对称伸缩振动 |
| | S=O | 1160～1120 | 对称伸缩振动 |
| 亚砜 | S=O | 1070～1030 | |
| 磺酸 | S=O | 1350～1342 | 不对称伸缩振动 |
| | S=O | 1165～1150 | 对称伸缩振动 |
| 卤代烃 | C—F | 1400～1000 | |
| | C—Cl | 785～540 | |
| | C—Br | 650～510 | |
| | C—I | 600～485 | |
| 硝酸酯 | N=O | 1650～1500 | 不对称伸缩振动 |
| | N=O | 1300～1250 | 对称伸缩振动 |
| 亚硝酸酯 | N=O | 1680～1610 | |
| | O—N | 815～750 | |
| 氰基化合物 | R—C≡N | 2260～2210 | |
| 磷氧化合物 | P=O | 1210～1140 | |
| 硫酮 | —C=S | 1200～1050 | |

# 附录 14 荧光物质的波长

**附表 14-1 苯及其衍生物的荧光（乙醇溶液）**

| 化合物 | 分子式 | 荧光波长/nm | 相对荧光强度 |
|---|---|---|---|
| 苯 | $C_6H_6$ | 270～310 | 10 |
| 甲苯 | $C_6H_5CH_3$ | 270～320 | 17 |
| 丙苯 | $C_6H_5C_3H_7$ | 270～320 | 10 |
| 氟苯 | $C_6H_5F$ | 270～320 | 7 |
| 氯苯 | $C_6H_5Cl$ | 275～345 | 7 |
| 溴苯 | $C_6H_5Br$ | 290～380 | 5 |
| 碘苯 | $C_6H_5I$ | — | 0 |
| 苯酚 | $C_6H_5OH$ | 285～365 | 18 |
| 酚氧离子 | $C_6H_5O^-$ | 310～400 | 10 |
| 苯甲醚 | $C_6H_5OCH_3$ | 285～345 | 20 |
| 苯胺 | $C_6H_5NH_2$ | 310～405 | 20 |
| 苯胺离子 | $C_6H_5NH_3^+$ | — | 0 |
| 苯甲酸 | $C_6H_5COOH$ | 310～390 | 3 |
| 苯腈 | $C_6H_5CN$ | 280～360 | 20 |
| 硝基苯 | $C_6H_5NO_2$ | — | 0 |

**附表 14-2 某些有机化合物的荧光测定法**

| 测定物质 | 试剂 | 激发光波长/nm | 荧光波长/nm | 测定范围 $c/(\mu g \cdot mL^{-1})$ |
|---|---|---|---|---|
| 糠醛 | 苯胺 | 紫外 | 505 | 0.1～2 |
| 蒽 | 蒽酮 | 465 | 400 | 1.5～15 |
| 苯基水杨酸酯 | $N,N$-二甲基甲酰胺（KOH） | 365 | 410 | 0～5 |
| 1-萘酚 | $0.1 mol \cdot L^{-1}$ NaOH | 366 | 500 | $3\times10^{-8}$～$5\times10^{-6}$ mol·L$^{-1}$ |
| 阿脲（四氧嘧啶） | 苯二胺 | 紫外（365） | 485 | $10^{-10}$ |
| 维生素 A | 无水乙醇 | 345 | 490 | 0～20 |
| 氨基酸 | 氧化酶等 | 315 | 425 | 0.01～50 |
| 蛋白质 | 曙红 Y | 紫外 | 540 | 0.06～6 |
| 肾上腺素 | 乙二胺 | 420 | 525 | 0.001～0.02 |
| 胍基丁胺 | 邻苯二醛 | 365 | 470 | 0.05～5 |
| 玻璃酸酶 | 3-乙酰氧基吲哚 | 395 | 470 | 0.001～0.033 |
| 青霉素 | $\alpha$-甲氧基-6-氯-9-($\beta$氨乙基)-氨基氮杂蒽 | 420 | 500 | 0.0625～0.625 |

### 附表 14-3　某些无机物的荧光测定法

| 无机物 | 荧光试剂 | 激发波长/nm | 荧光波长/nm | 灵敏度/$(\mu g \cdot mL^{-1})$ |
|---|---|---|---|---|
| Ag | 四氯荧光素 | 540 | 580 | 0.1 |
| Al | 桑色素 | 430 | 500 | 0.1 |
|  | 石榴茜素 R | 470 | 500 | 0.007 |
| Br | 荧光素 | 440 | 470 | 0.002 |
| Ca | 乙二醛-双-(4-羟苄基腙) | 453 | 523 | 0.0004 |
| Cl | 荧光素+$AgNO_3$ | 254 | 505 | 0.002 |
| CN | 2″,7″-双(乙酸基汞)荧光素 | 500 | 650 | 0.1 |
| Fe | 曙红+1，10-二氮杂菲 | 540 | 580 | 0.1 |
| Pb | 曙红+1，10-二氮杂菲 | 540 | 580 | 0.1 |
| Zn | 8-羟基喹啉 | 365 | 520 | 0.5 |
| F | 石榴茜素 R-Al 络合物 | 470 | 500 | 0.001 |
| $B_4O_7^{2-}$ | 二苯乙醇酮 | 370 | 450 | 0.04 |
| Li | 8-羟基喹啉 | 370 | 580 | 0.2 |
| Sn | 黄酮醇 | 400 | 470 | 0.008 |